U0258851

前沿科技
关键技术研究
On Key Technologies of
Frontier Science and Technology

“十四五”国家重点出版物出版规划重大工程

烧结钕铁硼稀土永磁材料及其表面防护技术

吴玉程　刘家琴　曹玉杰
张鹏杰　衣晓飞　刘友好　著

中国科学技术大学出版社

内容简介

本书围绕高性能稀土钕铁硼(NdFeB)永磁材料的关键制备技术、表面绿色防护技术等展开撰写,主要内容来源于近十年合肥工业大学吴玉程教授课题组与稀土 NdFeB 永磁材料制造行业知名企业安徽大地熊新材料股份有限公司,在共同完成国家 863 计划、国家科技支撑计划、国家火炬计划、科技部科技型中小企业创新基金项目,以及其他省、市级科研项目过程中所取得的最新科研成果。可作为有关高校、科研院所的稀土工程、材料、冶金、化工类专业硕博士研究生和本科生的教学用书或参考书,也可作为稀土材料行业的研发人员和专业技术人才从事稀土材料研发与生产的技术参考资料。

图书在版编目(CIP)数据

烧结钕铁硼稀土永磁材料及其表面防护技术/吴玉程等著. —合肥:中国科学技术大学出版社,2022.12

(前沿科技关键技术研究丛书)

"十四五"国家重点出版物出版规划重大工程

ISBN 978-7-312-05498-3

Ⅰ.烧… Ⅱ.吴… Ⅲ.钕铁硼—稀土永磁材料—防腐—研究 Ⅳ.TM273

中国版本图书馆 CIP 数据核字(2022)第 123315 号

烧结钕铁硼稀土永磁材料及其表面防护技术

SHAOJIE NÜ-TIE-PENG XITU YONGCI CAILIAO JI QI BIAOMIAN FANGHU JISHU

出版 中国科学技术大学出版社
安徽省合肥市金寨路 96 号,230026
http://press.ustc.edu.cn

印刷 合肥华苑印刷包装有限公司

发行 中国科学技术大学出版社

开本 787 mm×1092 mm 1/16

印张 15.75

字数 364 千

版次 2022 年 12 月第 1 版

印次 2022 年 12 月第 1 次印刷

定价 128.00 元

前　言

　　稀土是关系国家安全和发展的重要战略资源之一,素有"新材料之母"的美誉,具有优异的光、电、磁等物理特性。稀土与其他材料能够组成性能各异、品种繁多的稀土新材料,广泛应用于尖端科技领域和军工领域。目前,稀土永磁、发光、储氢、催化等稀土功能材料,已是高端装备制造、新能源、电子信息等高新技术产业不可缺少的基础材料。稀土永磁材料是一类以稀土金属元素和过渡金属元素形成的金属间化合物为主要组成单元的永磁材料,现分为第一代 $SmCo_5$、第二代 Sm_2Co_{17} 和第三代 NdFeB 永磁材料。其中,NdFeB(钕铁硼)永磁材料号称"磁王",是已知综合性能最高的一种永磁材料。稀土永磁材料是当前产业规模最大、应用领域最广的一类稀土新材料,在航空航天、高档数控机床、先进轨道交通装备、新能源汽车、现代武器装备等高新技术领域发挥重要作用,能够显著提升相关产品性能和效率,其应用范围和应用量在一定程度上反映了一个国家的高技术产业发展水平。

　　稀土钕铁硼永磁材料是目前磁性能最高、应用范围最广、发展速度最快、综合性能最优的永磁材料。随着全球"双碳"经济、节能环保型社会的建设,新能源汽车、节能家电、风力发电、国防军工等新兴行业逐渐崛起,高性能钕铁硼永磁材料的需求不断出现新的增长点,钕铁硼产量和消耗量迅猛增长。数据表明,2015至2020年,全球高性能钕铁硼永磁材料的消耗量由约 3.42 万吨增至约 6.50 万吨,复合年增长率约 13.7%。中国高性能钕铁硼永磁材料的消耗量由约 1.94 万吨增至约 4.05 万吨,复合年增长率约为 15.8%。展望未来,中国高性能钕铁硼永磁材料的消耗量以约 16.6% 的复合年增长率增长,到 2025 年将达约 8.71 万吨,增长速度也大于全球消耗量约 14.7% 的复合年增长率。

　　钕铁硼永磁材料具有高剩磁和最大磁能积,是制造效能高、体积小、质量轻的磁性功能器件的理想材料。然而,烧结钕铁硼磁体具有多相结构,各相之间的电位差较大,尤其是晶界富稀土相的化学活性高,在高温、高湿或与腐蚀介质接触时易被腐蚀,导致磁性能下降,严重制约了磁体在高温、高湿等要求磁体具有高耐蚀性领域的应用。此外,烧结钕铁硼的多孔性使其容易吸纳腐蚀介质,造成磁体腐蚀和服役性能下降或失效,降低了磁性器件的稳定性和可靠性,从而限制了钕铁硼磁体的应用环境和领域。因此,提高烧结钕铁硼磁体的耐腐蚀性能与防护对拓宽其应用领域具有重要意义。

合肥工业大学磁性功能材料研究团队吴玉程教授、刘家琴研究员等,长期致力于稀土钕铁硼永磁材料及其表面防护技术的研究工作,与专业从事高性能稀土永磁材料研发、制造与经营为一体的高新技术企业安徽大地熊新材料股份有限公司广泛开展产、学、研合作,联合培养张鹏杰、曹玉杰等一批博士、硕士研究生及博士后,联合推进"稀土永磁材料"国家重点实验室建设,共同承担国家科技支撑计划(2012BAE02B00)、国家自然科学基金(20571022)、安徽省科技计划项目(08010201044)、安徽省科技重大专项(17030901098,18030901098)、安徽省重点研究和开发计划(1804a09020068,202104a05020019)等项目的研究,获安徽省科技进步一等奖,将取得的部分科研成果总结成《烧结钕铁硼稀土永磁材料及其表面防护技术》一书。吴玉程教授总体策划、著述,刘家琴研究员、曹玉杰博士、张鹏杰博士、衣晓飞高级工程师和刘友好博士参与部分章节撰写,其中,曹玉杰负责资料整理,刘家琴负责修订统稿。在项目研究执行和人才培养过程中,得到"有色金属材料与加工"国家地方联合工程研究中心、"稀土永磁材料"国家重点实验室、"先进功能材料与器件"安徽省重点实验室等支持。

由于作者水平有限,书中难免存在谬误,敬请批评指正!

吴玉程

壬寅年秋(2022年11月)于合肥

目　　录

第1章　绪　　论

　　磁性材料标志着一个国家电子工业发展水平,是推动人类社会不断向前发展的关键功能材料。随着社会经济的发展与工业的进步,磁性材料被广泛应用于风力发电、汽车工业、石油化工、仪器仪表、计算机、家用电器、医疗器械、航空航天、国防军工等诸多领域,比如风电领域的旋转马达,医疗设备中的核磁共振仪和扬声器中的环形磁铁等。磁性材料的应用极大地推动了科学技术的发展。

1.1　磁性材料简介

　　由过渡族金属 Fe、Co、Ni 及其合金组成的可以直接或者间接产生磁性的物质被称为磁性材料。通常,依据磁性材料的内部结构及其在外部磁场中所表现出的性状,将其分为铁磁性、亚铁磁性、反铁磁性、顺磁性和抗磁性材料等[1]。其中,铁磁性材料和亚铁磁性材料被称为强磁性材料,顺磁性材料和抗磁性材料被称为弱磁性材料。依据磁性材料的磁性能及其应用情况,将其分为永磁材料、半硬磁材料、软磁材料、磁致伸缩材料、磁制冷材料、磁光材料、磁选材料和磁电阻材料等[2]。

　　永磁材料,通常是指经过外部磁场磁化后能长期保持恒定磁性的材料,永磁材料以其较宽的磁滞回线、高剩磁及高矫顽力等特点又被称为硬磁材料。目前,常用永磁材料包括 Fe-Cr-Co 系永磁、铁氧体系永磁、Al-Ni-Co 系永磁、稀土永磁以及复合永磁材料等[3]。其中,烧结钕铁硼(NdFeB)稀土永磁材料因具备优异的综合磁性能(高剩磁、高矫顽力和高磁能积)被称为当代"磁王"[4]。

　　软磁材料,是指磁化过程发生在矫顽力 $H_c \leqslant 1000$ A·m^{-1} 的弱磁场中,易于磁化和退磁的材料。软磁材料的饱和磁化强度、初始磁导率和电阻率较高,但其剩余磁感应强度、内禀矫顽力和磁致伸缩系数较低,其磁滞回线属于瘦高型。软磁材料的功能主要是电磁能量的传输与转换、导磁等,广泛应用于无线电、通讯、继电器、变压器等电工和电子设备。其中,硅钢片和各类软磁铁氧体是应用最多的软磁材料。

　　磁制冷材料,通常是指具有磁热效应的磁性材料。施加外磁场时,磁体磁矩与外磁场方向保持一致,磁熵减小;去除外磁场时,磁体内磁矩变得紊乱且磁熵变大。由热力学可知,这种现象发生的原因在于磁性材料通过吸收/释放热量实现与外部环境的热量交换。

　　磁性液体材料,又称为磁流体或磁液,既具有固体磁性材料的磁性,又具有液体的流动性,是一类新型磁性功能材料,是通过采用表面活性剂对纳米磁性颗粒进行活化处理,然后将其高度分散于载液中而制得的一种均匀稳定的胶体溶液,表现出特殊的光、电、磁、声、热等性能。磁性液体材料在静态时无磁性吸引力,在外磁场的作用下表现出磁特性,广泛应用于磁流体密封、润滑、医疗器械、光显示、音量调节及能量转换等领域。

磁致伸缩材料,是指将电磁能和机械能相互转换的磁性材料,其主要特点是能量密度高、耦合系数大,在外加磁场作用下会发生机械形变,又被称为压磁材料。磁致伸缩材料具有磁声和磁力转换的作用,通常被应用于通信设备的机械滤波器、超声波发生器的振动头和电脉冲信号延迟线等。磁致伸缩材料通常包括 Ni 系、Fe 系、Ni-Co 系合金和部分铁氧体。

1.2　稀土永磁材料概述

永磁材料和软磁材料是日常生活生产中最常用的磁性功能材料。其中,软磁材料磁化至饱和状态并撤去外磁场作用后,由于其矫顽力低,没有明显的剩磁;永磁材料的矫顽力高,当磁化至饱和状态并撤去外磁场作用后,仍可长久保持恒定磁性,因此永磁材料能够作为磁场源在一定空间内提供持久恒定的磁场。

实际应用的永磁材料,先后经历了磁钢、Al-Ni-Co 系铸造永磁、铁氧体系永磁、Sm-Co 系稀土永磁、Nd-Fe-B 系稀土永磁以及其他永磁材料等 6 个发展历程,如图 1.1 所示[5]。

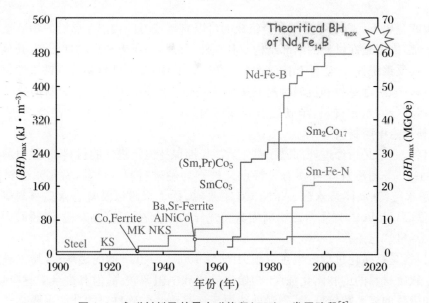

图 1.1　永磁材料及其最大磁能积(BH)$_{max}$发展阶段[5]

自 20 世纪 60 年代起,稀土永磁材料以其优异的磁性能开启了永磁材料发展的新纪元。1967 年,以 1∶5 型 Sm-Co 系永磁合金为代表的第一代稀土永磁材料得到快速发展[6];20 世纪 70 年代研发的第二代稀土永磁材料是以 2∶17 型 Sm-Co 系永磁合金为代表[7];与第一代和第二代 Sm-Co 系稀土永磁材料相比,1983 年研发的第三代 Nd-Fe-B 系稀土永磁材料[8]具有更优的综合磁性能和较低的价格等优势,应用领域不断扩大,应用前景十分广阔。

1.3 烧结钕铁硼稀土永磁材料

根据制备工艺的不同,通常将 Nd-Fe-B 系稀土永磁材料分为烧结 NdFeB、粘结 NdFeB 以及热压 NdFeB 稀土永磁材料。三类 Nd-Fe-B 系稀土永磁材料的制备工艺、特点和具体应用情况见表1.1。烧结 NdFeB 稀土永磁材料由日本住友特殊金属公司(Sumitomo Special Metals Co. Ltd.,SSM,简称住友公司)的 Sagawa 等首次报道[8]。烧结 NdFeB 稀土永磁材料的磁性能如下:剩磁 $B_r = 1.25$ T,内禀矫顽力 $H_{cj} = 875.6$ kA·m^{-1},磁感矫顽力 $H_{cb} = 796$ kA·m^{-1},最大磁能积 $(BH)_{max} = 286.6$ kJ·m^{-3}。烧结 NdFeB 稀土永磁材料自问世以来就表现出优异的磁性能,是当前磁性能最高、应用最广和产量最大的稀土永磁材料,对于推动社会发展具有重要的现实意义。

表 1.1 Nd-Fe-B 系稀土永磁材料的制备工艺、特点及应用

钕铁硼种类	制备工艺	特点	应用
烧结 NdFeB	粉末冶金工艺,将压制的坯料烧结而成	高矫顽力,高磁能积,高工作温度	各类电机、能源、信息、智能制造,市场份额大
粘结 NdFeB	将钕铁硼磁粉与高分子材料及各种添加剂混合均匀,再进行模压、注塑成型	造价低廉,体积小,精度高,耐蚀性好,磁场均匀稳定	信息技术、办公自动化、消费类电子,市场份额少
热压 NdFeB	热挤压、热变形工艺	致密度高,取向度高,矫顽力高,耐蚀性好,近终成型	汽车 EPS,市场份额更少

不同种类的永磁材料在同样吸取 5 kg 铁块时所用到的磁体重量和体积如图1.2所示。从图1.2可知,同样吸起 5 kg 的铁块,需要铁氧体 86 g,其尺寸为 Φ20 mm×55 mm;其次需要 Al-Ni-Co 永磁合金 70 g,其尺寸为 Φ20 mm×32 mm;然后需要 $SmCo_5$ 和 Sm_2Co_{17} 磁体各 28 g 和 20 g,其尺寸分别为 Φ20 mm×11 mm 和 Φ20 mm×7 mm;最后,需要烧结钕铁硼磁体仅为 12 g,尺寸为 Φ20 mm×5 mm。由此可见,当吸取相同质量的铁块时,所需烧结钕铁硼磁体的质量和尺寸最小。因此,烧结钕铁硼磁体的应用有助于实现磁性元器件向轻量化、小型化和精密化方向发展。

1.3.1 烧结钕铁硼磁体的制备工艺

在工业生产中,通常采用单合金方法、双合金方法和多合金方法等粉末冶金工艺制备烧结钕铁硼磁体。其中,单合金方法是指单独冶炼一种合金;双合金方法是指分别熔炼主合金和辅合金的冶炼方法;多合金方法是指冶炼一种主合金和另外两种辅合金的方法。烧结钕铁硼磁体的制备工艺流程如图1.3所示。

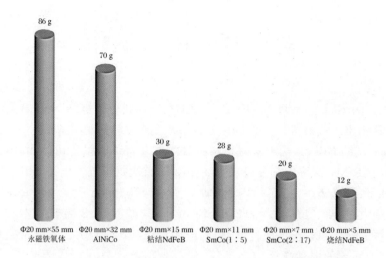

图 1.2　不同永磁材料吸起 5 kg 铁块时所需的体积与质量

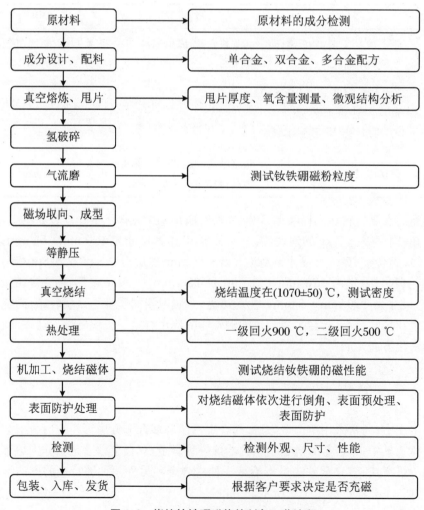

图 1.3　烧结钕铁硼磁体的制备工艺流程

永磁材料的化学和物理特性是由材料本身的化学成分和微观结构所共同决定的。其中,烧结钕铁硼磁体主要由主相($Nd_2Fe_{14}B$)、晶界富稀土相和极少的富 B 相组成。为了获得更高的磁性能,在钕铁硼合金成分设计时应尽可能地接近 2∶14∶1 主相;为了降低磁体的孔隙率,提高致密度,并且尽量消除主相之间的磁化耦合,可适当多添加一些稀土元素以有利于液相烧结,从而在主相周围形成均匀分布的晶界富稀土相。针对磁体的具体使用环境,可以通过添加少量的 Dy、Tb、Co、Al、Cu、Zr、Ga、Nb 等元素来改善磁体的相关性能。

1. 成分设计与配料

根据所设计的钕铁硼合金成分进行配料。由于原材料中的杂质对磁体磁性能是有害的,其纯度的高低直接决定了磁性能的优劣,所以需要保证原材料具有较高的纯度。此外,还要去除原材料表面的锈层、氧化物、夹杂物以及灰土等,可采用喷丸机或滚筒除锈机对原材料进行表面处理,直到金属表面无腐蚀斑点及其他污染,恢复其金属表面光泽。选择合适的原材料是获得良好磁性能的前提,所选用的原材料为镨钕合金(纯度≥99.5%,含镨 20 wt.%[①]),工业纯铁(纯度≥99.5%),硼铁合金(含硼 19.78 wt.%),钛铁合金(含钛 79.05 wt.%)以及纯钴、铝、铜、铽等。

2. 合金熔炼

为了避免 α-Fe 杂质相的析出及富 Nd 相的不均匀分布,采用真空感应速凝技术进行合金熔炼,其制备工艺如图 1.4 所示。原材料在坩埚中的放置顺序为:难熔金属(如铁棒)放在底部,微量金属放在中间,最上面放置镨钕合金等稀土金属。具体操作是:关闭炉门,将真空室内的真空度抽至 10^{-2} Pa 以下,随后对原材料进行预热处理,使原材料内的气体释放出去,当坩埚内的铁棒变红后停止加热,再次将真空室内的真空度抽至 10^{-2} Pa 以下,向真空室内充入高纯氩(Ar)气,使真空室内的气压达到 0.05 MPa。利用中频电源对坩埚内的原材料进行加热,待坩埚内的金属全部熔化后,利用电磁搅拌精炼 2~3 min,将熔化后的合金溶液缓慢地浇注在水冷铜辊上,其中铜辊的转速为 1 m/s,合金溶液在 10^2~10^4 ℃/s 的冷速下急速冷却,并形成厚度为 0.2~0.4 mm 的带状薄片。

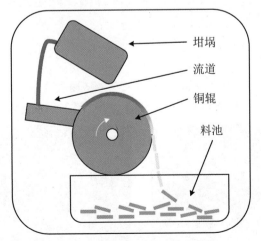

坩埚

流道

铜辊

料池

图 1.4 速凝片制备工艺示意图

---

① wt.%是质量百分数的单位。

烧结钕铁硼磁体的磁性能受速凝片组织结构的影响。采用真空感应速凝工艺制备的速凝片显微结构应满足以下要求：速凝片中未出现 α-Fe 杂质相；未见团块状的晶界富 Nd 相，同时晶界富 Nd 相以薄片状均匀连续地分布在晶界处；没有非晶区或超细（<1 μm）的等轴晶区；速凝片之间无粘连现象；从速凝片的贴辊面到自由面是穿透式的细小柱状晶结构。速凝片的微观组织如图 1.5 所示。

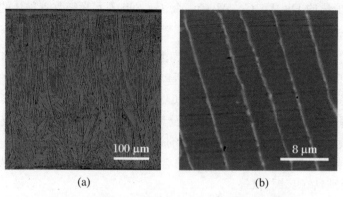

图 1.5　速凝片的微观组织：(a) 未腐蚀；(b) 腐蚀

3. 氢破碎＋气流磨制粉

将制备的速凝片装入氢破碎炉内，抽真空后充入高纯氢气，在一定条件下，钕铁硼速凝片中的主相 $Nd_2Fe_{14}B$ 和富 Nd 相与 H_2 发生以下反应：

$$Nd_2Fe_{14}B + H_2 \longrightarrow Nd_2Fe_{14}BH_x + Q_1 \tag{1.1}$$

$$Nd + H_2 \longrightarrow NdH_y + Q_2 \tag{1.2}$$

位于晶界处的富 Nd 相优先发生吸氢反应，从而导致其体积膨胀，所产生内应力使速凝片发生沿晶断裂。由于吸氢是一个放热过程，富 Nd 相沿晶断裂放热使炉内温度上升，随后主相 $Nd_2Fe_{14}B$ 吸氢膨胀发生穿晶断裂，使速凝片发生破碎。

当速凝片吸氢饱和后，对氢破碎炉进行抽真空、加热，此时进入脱氢反应阶段，将发生以下反应：

$$Nd_2Fe_{14}BH_x \longrightarrow Nd_2Fe_{14}B + H_2 + Q_3 \tag{1.3}$$

$$NdH_y \longrightarrow Nd + H_2 + Q_4 \tag{1.4}$$

对氢化后的速凝片在真空中进行加热处理，氢气会从速凝片中脱出。至脱氢结束，获得尺寸为 1 mm 以下的粗粉，其大部分尺寸在 100~300 μm。图 1.6 为氢破碎后粗粉的微观结构。

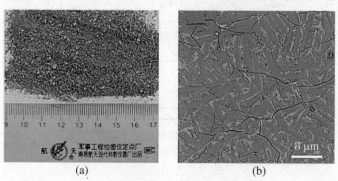

图 1.6　氢破碎粉末(a)及其微观结构(b)

由于氢破粉的粒度较大,未达到制备烧结钕铁硼磁体所要求的尺寸,接下来采用气流磨制粉工艺对氢破粉进行进一步破碎处理。气流磨制粉采用高速气流将粉末颗粒加速到超声速使之发生相互碰撞而破碎。将具有高脆性的氢破粉置于高纯氮气保护的气流中,高速气流作用下,氢破粉之间会发生碰撞碎裂,通过调节分选轮转速对气流磨粉末进行筛选,获得平均粒度在 2~4 μm 之间的细粉。采用激光粒度测定仪测量粉末的平均粒度,典型的钕铁硼金粉末颗粒形貌和粉末粒度分布如图 1.7 所示。

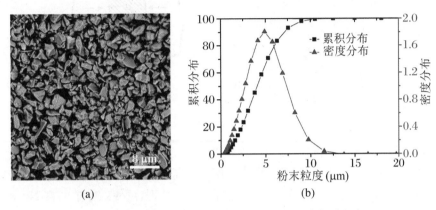

图 1.7 典型钕铁硼合金(a)粉末形貌及(b)粉末粒度分布

4. 取向成型

烧结钕铁硼磁体的磁性能来源于单轴晶体且具有四方结构的磁性相 $Nd_2Fe_{14}B$,其中 c 轴是其易磁化轴。因此,当所有磁粉的 c 轴均沿相同方向分布时,所制备的磁体具有最大的剩磁。在氮气保护下,将气流磨制备的合金粉末置于所需的模具中,在成型的同时施加 2 T 的外磁场对模具中的磁粉进行取向,再通过施加反向退磁场,获得退磁态的毛坯,并对退磁态的毛坯进行真空包装(取向成型示意图如图 1.8 所示)。由于毛坯的致密度低,需要再进行油冷等静压。将真空包装好的毛坯置于油冷等静压机中,在 225 MPa 的压力下保压 25 s,进一步提高了毛坯的致密度,获得致密度较高的压坯。

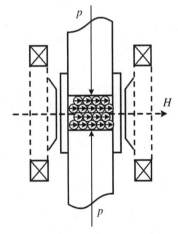

5. 烧结与回火热处理

由于等静压后压坯的相对密度仅有 60% 左右,存在较多的孔隙,且颗粒之间属于机械接触,结合强度低。为了进一步提高压坯的致密度和相关性能,使其具有烧结钕铁

图 1.8 取向成型过程示意图

硼磁体的微观结构特征,需要对钕铁硼压坯进行烧结处理。因烧结钕铁硼磁体主相的熔点在 1185 ℃,晶界富钕相的熔点在 655 ℃,其烧结温度通常设定为 1050 ℃,所以钕铁硼压坯的烧结属于典型的液相烧结(图 1.9)。磁体的液相烧结主要经历以下三个过程:液相的生成与流动;部分固相(大颗粒的凸起和棱角以及小颗粒细粉)的溶解与析出;最后是固相烧结。在氮气的保护下,将钕铁硼压坯置于真空烧结炉内,关闭炉门,抽真空至 $2×10^{-3}$ Pa,按照设计的烧结工艺(图 1.10(a))进行加热。压坯中吸附的气体、氢破碎时残存的氢气和混料时添加的添加剂等杂质,需要在不同温度段脱出,避免残留在磁体内部影响磁性能;随后进入烧

结阶段（曲线中最高温度即为烧结温度）；最后停止加热，并向真空烧结炉内通入高纯氩气，打开风机进行风冷，最终制备获得烧结钕铁硼磁体。

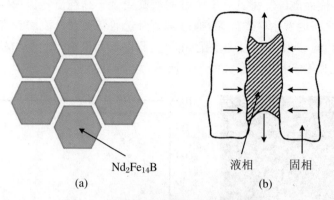

$$Nd_2Fe_{14}B$$

(a)　　　　　　　　　(b)

液相　　固相

图 1.9　钕铁硼压坯的液相烧结示意图

烧结后磁体的密度和剩磁能够达到烧结钕铁硼磁体的要求，但是烧结磁体的微观组织和矫顽力有待进一步改善。需要针对不同成分配方的磁体，选择相应的回火热处理工艺，典型回火热处理工艺曲线如图 1.10(b)所示。通过回火热处理，可使磁体中的富 Nd 相重新脱熔出来，在 $Nd_2Fe_{14}B$ 主相晶粒周围形成均匀连续分布的晶界富 Nd 相，起到去磁耦合的作用，能够明显提高磁体矫顽力。

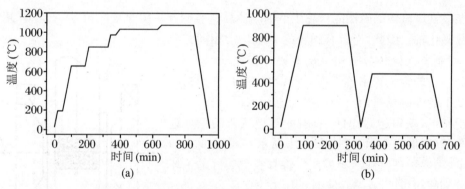

图 1.10　钕铁硼压坯的烧结(a)和热处理(b)温度曲线

6. 机加工及后续处理

根据实际应用需要，采用不同的机加工方式将最终的烧结钕铁硼磁体加工成一定的形状和尺寸。根据客户要求，主要采用双端面磨床、磨削切片机和线切割等机加工设备，将烧结钕铁硼磁体分别加工成相应的规格与形状，且采用不同的防护技术对烧结钕铁硼磁体进行表面防护处理，提高烧结钕铁硼磁体的耐腐蚀性能。

1.3.2　烧结钕铁硼磁体的磁性来源

以拥有 4f 轨道的稀土金属元素（RE）和拥有 3d 轨道的过渡族金属元素（M）所构成的金属间化合物为基础的永磁材料被称为稀土永磁材料，其优异的磁性能是由稀土金属元素和过渡族金属元素的原子结构共同决定的。原子磁性是物质磁性的来源，原子中电子自旋磁矩和轨道磁矩是原子核磁矩的 1835 倍,所以物质磁性的主要载体是电子。

首先,常见化合价为 +3 价的稀土金属,其 5s 和 5p 电子会对 4f 电子电荷产生屏蔽作用,从而使 4f 电子的晶场作用远弱于其自旋-轨道耦合,所以其具有高矫顽力的前提在于拥有较强的磁晶各向异性场。因纯稀土金属的 4f 电子层受到屏蔽的原因,导致其电子云之间的交换作用弱,表现为居里温度低。因此,室温下稀土元素之间很难形成具有应用价值的磁性材料。

其次,常见化合价为 +2 价的过渡族金属 Fe、Co 和 Ni,当其 4s 轨道上的两个电子成为公有自由电子后,3d 电子作为最外层电子暴露在晶场中,此时 3d 电子轨道磁矩对原子磁矩无贡献,所以其原子轨道磁矩被“冻结”,仅有 3d 电子自旋磁矩起作用。3d 过渡族金属离子的晶场强于自旋-轨道耦合,则其磁晶各向异性比稀土金属要小得多,表现为居里温度高。通过上述分析发现,4f 稀土金属和 3d 过渡族金属(Fe、Co、Ni)形成的金属间化合物是具有使用价值的稀土永磁材料。

在金属间化合物 $RE_2Fe_{14}B$ 中,因 Fe-Fe 的 3d 电子之间具有很强的直接交换作用,能够使游动的 4s 和 6s 电子发生极化,从而造成过渡族金属原子和稀土金属原子的自旋磁矩总是反向平行排列,根据洪德规则[1],轻稀土元素的 4f 电子自旋磁矩与轨道磁矩反向平行排列,而重稀土元素的 4f 电子自旋磁矩与轨道磁矩同向平行排列。金属间化合物 $RE_2Fe_{14}B$ 中 Fe 原子的自旋磁矩与稀土原子磁矩之间的关系如图 1.11 所示。图中 μ_S^{3d} 表示 Fe 原子 3d 电子自旋磁矩,μ_S^{4f} 和 μ_L^{4f} 分别表示稀土金属 4f 电子的自旋磁矩和轨道磁矩,而 μ_J^{4f} 表示稀土元素的原子磁矩。从图 1.11 可知,铁磁性耦合的轻稀土化合物中 μ_S^{3d} 和 μ_J^{4f} 为同向平行排列,而亚铁磁性耦合的重稀土化合物中 μ_S^{3d} 和 μ_J^{4f} 为反向平行排列。因此,轻稀土化合物 $RE_2Fe_{14}B$ 的饱和磁化强度 M_s 高,而重稀土化合物 $RE_2Fe_{14}B$ 的饱和磁化强度 M_s 低。

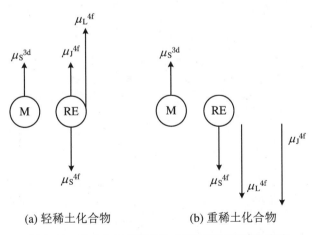

(a) 轻稀土化合物　　　　　　(b) 重稀土化合物

图 1.11　稀土金属间化合物中原子磁矩的耦合方式

1.3.3　烧结钕铁硼磁体的组织结构

烧结钕铁硼磁体的化学成分与组织结构共同决定了其磁性能。其中,磁体的非结构敏感磁参量(饱和磁化强度、磁晶各向异性场和居里温度等)是由材料的化学成分决定的;在材料化学成分一定的情况下,磁体的结构敏感磁参量(剩磁、矫顽力和最大磁能积等)是由其组织结构决定的。

　　烧结钕铁硼磁体的组织结构如图 1.12 所示[9]。由图可知,烧结钕铁硼磁体主要包括主相、富稀土相和富硼相等。其中,主相是包晶反应所生成的,具有高饱和磁极化强度和磁晶各向异性场的主相体积分数约占 84%。晶界富稀土相的体积分数约占 14%(见图 1.12 中的带状组织),非磁性的晶界富稀土相能够促进液相烧结,有助于磁体的致密化,并且能够起到去磁耦合的作用。少量富硼相以颗粒状分布在晶界区域(见图 1.12 中的小圆球),富硼相的存在对磁体磁性无贡献。除此之外,磁体中还分布着少量颗粒状的杂质相(如 α-Fe 相、氧化钕等)。烧结钕铁硼磁体的组织结构及各项特征见表 1.2[9]。

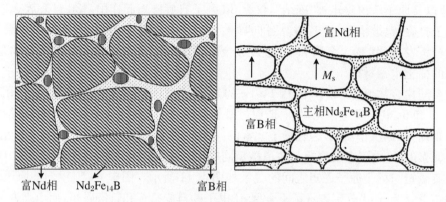

富Nd相　　Nd$_2$Fe$_{14}$B　　　　　　富B相

图 1.12　烧结钕铁硼组织结构示意图[9]

表 1.2　烧结钕铁硼磁体的相组成及特征[9]

相的名称	成分(at.%)①	相的特征与分布
Nd$_2$Fe$_{14}$B 主相	Nd:Fe:B=2:14:1	多边形,尺寸 3~15 μm,晶体取向不同
富 Nd 相	Fe:Nd=1:(1.2~1.4) Fe:Nd=1:(2.0~2.3) Fe:Nd=1:(3.5~4.4) Fe:Nd>1:7	薄片状、颗粒状或块状,沿晶界、晶界角隅处、晶粒内部分布
富 B 相	Nd:Fe:B=1.2:4:4	孤立块状或小颗粒,分布在晶界角隅处、晶粒内部
Nd 的氧化物	Nd$_2$O$_3$	颗粒状沉淀,分布在晶界角隅处
外来的杂质	氯化物(NdCl$_4$)	颗粒状,分布在晶界或晶界角隅处

　　在烧结钕铁硼磁体中,其磁性能来源于拥有四方晶体结构的磁性相 Nd$_2$Fe$_{14}$B,晶体结构如图 1.13 所示[10]。Nd$_2$Fe$_{14}$B 主相的空间群为 P4$_2$/mnm,晶格常数 a 为 0.880 nm,c 为 1.221 nm,其理论密度为 7.62 g·cm^{-3}。每个晶胞包括 4 个 Nd$_2$Fe$_{14}$B 分子,其中占据 4f 和 4g 两个晶位的 Nd 原子共有 8 个,占据 16k1、16 k2、8 j1、8j2、4e 和 4c 六个晶位的 Fe 原子共有 56 个,占据 4g 一个晶位的 B 原子共有 4 个。主相 Nd$_2$Fe$_{14}$B 呈现显著的单轴磁晶各向异性,原因在于 4g 晶位的 Nd 原子和 B 原子在垂直于 c 轴平面上的上下不对称分布,其

① at.% 是原子百分含量的单位。

易磁化方向为 c 轴。磁体的内禀磁性能主要包括：饱和磁化强度 M_s 为 1.6 T，磁晶各向异性场 H_A 为 12 MA·m^{-1}，居里温度 T_c 为 312 ℃，理论磁能积为 512 kJ·m^{-3}（64 MGOe）[3]。因此，磁体的磁性能是由主相 $Nd_2Fe_{14}B$ 的化学成分、晶粒尺寸、取向度、体积分数和晶粒边界的组织结构共同决定的。

在烧结钕铁硼磁体多相结构中，除了提供内禀磁性能的 $Nd_2Fe_{14}B$ 相之外，呈薄片状连续分布的富 Nd 相对磁体的磁硬化也起到至关重要的作用。首先，磁体的烧结温度一般在 1000～1100 ℃之间，富 Nd 相的熔点在 650 ℃左右，所以在烧结过程中 $Nd_2Fe_{14}B$ 主相仍为固态，此时富 Nd 相已完全转变为液态，沿着 $Nd_2Fe_{14}B$ 主相之间的晶界流动，能够有效促进磁体的致密化。其次，沿晶界连续分布的适量薄片状富 Nd 相可以阻隔相邻主相晶粒之间的接触，起到去磁耦合作用。需要注意的是，应避免晶界角隅处以及晶粒内部颗粒状/块状富 Nd 相的出现。因此，烧结钕铁硼磁体较为理想的显微组织为：主相晶粒尺寸较为均一，无明显的成分偏析；易磁化轴全部沿同一个方向取向；晶界富 Nd 相均匀连续地分布在主相晶粒周围。

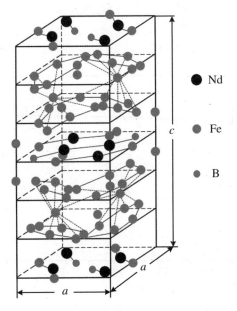

Nd

Fe

B

图 1.13　$Nd_2Fe_{14}B$ 的晶胞结构示意图[10]

1.3.4　烧结钕铁硼磁体的技术磁参量

永磁材料的主要作用是提供磁场或磁力。作为永磁材料的技术磁参量包括非结构敏感磁参量和结构敏感磁参量。其中，非结构敏感磁参量主要包括饱和磁化强度 M_s 和居里温度 T_c，结构敏感磁参量主要包括剩磁、矫顽力、最大磁能积、温度系数和方形度等。

1. 剩磁

将技术磁化至饱和状态并撤去外磁场后，磁体在磁化方向上保留的 B_r 和 M_r 统一简称为剩磁。其中，B_r 被称为剩余磁感应强度，M_r 被称为剩余磁化强度，其单位为 T 或 Gs(kGs)。作为结构敏感磁参量的剩磁不仅受饱和磁化强度 M_s 的影响，同时也受微观组织的影响。

M_r可用式(1.5)表示,B_r可用式(1.6)表示[3]。其中,B_r的理论极限值是$\mu_0 M_s$。根据式(1.5)可知,要想获得高剩磁,首先是选取高M_s的材料,其次是提高A,$\overline{\cos\theta}$和d,降低V_n。

$$M_r = A(1-V_n)\frac{d}{d_0}\overline{\cos\theta}M_s \tag{1.5}$$

$$B_r = \mu_0 M_r \tag{1.6}$$

式(1.5)中,A为正向磁畴体积分数;$\overline{\cos\theta}$为晶粒取向;d_0和d分别是磁体的理论密度及实际密度;V_n是非磁性相的体积分数。

2. 矫顽力

磁体在技术磁化至饱和状态并撤去外磁场后,使B_r降到零时所需的反向磁场称为磁感矫顽力(H_{cb}),使J_r降到零时所需的反向磁场称为内禀矫顽力(H_{cj}),其单位为 A·m^{-1}(kA·m^{-1})或 Oe(kOe),对应的B-H曲线和J-H曲线如图1.14所示。由图可看出,当$H_{cj} \geqslant H_{cb}$时,H坐标用$\mu_0 H$表示,此时$H_{cb} \leqslant B_r$,所以H_{cb}的理论极限值是B_r,磁晶各向异性场H_A是H_{cj}的理论值[3]。其中,作为永磁材料十分重要的结构敏感参量,H_{cj}的大小能够直接反映永磁材料抵抗外磁场退磁能力的强弱。因此,H_{cj}越高,表明其抗退磁能力越强,温度稳定性就会越好,能够在较高温度下长期稳定工作。当前,烧结钕铁硼磁体的实际矫顽力仅为其理论值($H_A = 5572$ kA·m^{-1}[11])的1/30~1/3,仍有巨大的提升空间。

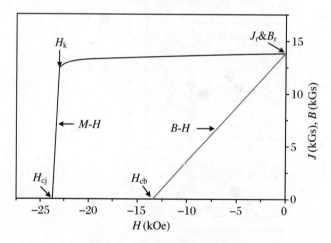

图1.14　永磁材料的退磁曲线

通过深入研究矫顽力的本质,可以指导制备出高矫顽力的烧结钕铁硼磁体,磁体的形核机制主要包括反磁化畴形核的形核场理论和晶粒长大的发动场理论,以及晶粒边界对畴壁的钉扎场理论[12-14]。当前,普遍采用反磁化畴形核的形核场理论来阐释烧结钕铁硼磁体的内禀矫顽力,H_{cj}可用式(1.7)来表示。可以看出,为了提高磁体的H_{cj},通过调控钕铁硼的合金成分和优化制备工艺,提高磁体的K_1,α_φ,α_K和α_{ex},降低N_{eff}。

$$H_{cj} = H_N = \frac{2K_1}{\mu_0 M_s}\alpha_\varphi\alpha_K\alpha_{ex} - N_{eff}M_s \tag{1.7}$$

式中,H_N为形核场的理论值;K_1和M_s分别为$Nd_2Fe_{14}B$相的磁晶各向异性常数及饱和磁化强度;μ_0为真空磁导率;α_φ、α_K和α_{ex}分别受晶粒取向度、晶粒表层缺陷和相邻晶粒之间的交换耦合作用的影响,是磁体的显微结构因子;作为有效退磁因子的N_{eff}取决于晶粒形状和尺寸。

3. 磁能积

作为磁场源或磁力源的永磁材料,其在空气中所产生的磁场强度不仅与磁路结构、磁体尺寸有关,而且还受磁体内部磁感应强度 B 和退磁场强度 H 的影响。将代表永磁材料能力大小的 $B \times H$ 称为磁能积。

图 1.14 是永磁体退磁曲线上各点所对应的磁能积随 B 的变化情况。将 $B \times H$ 乘积为最大值对应的磁能积称为最大磁能积 $(BH)_{max}$,单位为 kJ·m^{-3} 或 GOe 或 MGOe。由于 B_r 的极限值是 $\mu_0 M_s$,H_{cb} 的极限值是 B_r,因此 $(BH)_{max}$ 的理论极限值为 $(\mu_0 M_s)^2/4$。实际磁体的 $(BH)_{max}$ 是低于其理论极限值的,可用式(1.8)来表示[15]。

$$(BH)_{max} = \frac{1}{4} A^2 \overline{\cos \theta^2} (1 - V_n)^2 \left(\frac{d}{d_0}\right)^2 \mu_0^2 M_s^2 \tag{1.8}$$

在磁体尺寸及形状设计时,最好使其工作点恰好对应最大磁能积所在的位置,这时磁体能够提供最大的磁场强度。从式(1.8)可以发现,$(BH)_{max}$ 与 B_r 呈正比例关系,即提高烧结钕铁硼磁体 $(BH)_{max}$ 的关键在于提高磁体的 B_r 值。通过调整合金成分,优化磁体制备工艺,提高磁体的 A、$\cos \theta$ 和 d,降低 V_n 等措施均可获得高的 $(BH)_{max}$。

4. 方形度

由于退磁曲线的形状差异会导致两种具有相同剩磁和矫顽力的磁体具有不同的 $(BH)_{max}$,为了能够更加准确、直观地反映退磁曲线的形状,习惯上将退磁曲线上剩磁为 $0.9B_r$ 所对应的点称为 J-H 曲线的弯曲点[16]。此弯曲点所对应的磁场强度 H_k 被称为膝点矫顽力(图 1.14),将 H_k 和 H_{cj} 之间的比值称为磁体的方形度,通常用 Q 表示。J-H 曲线的形状和 Q 反映了永磁体的成分与显微结构情况,即外磁场在增大到 H_{cj} 之前,永磁体能够抵抗反磁化的能力。方形度也是永磁体重要的磁性能指标之一。在 H_{cj} 不变的情况下,H_k 越大,表明 J-H 曲线的 Q 就越大,永磁体能够抵抗外磁场和温度干扰的能力越强。

5. 温度系数

温度系数是指单位温度变化所导致的材料某一特性百分比的变化情况。通常将剩磁温度系数 α 和矫顽力温度系数 β 统称为永磁材料的温度系数。其中,α 和 β 的计算公式分别如下所示。

$$\alpha = \frac{B_r(T) - B_r(T_0)}{B_r(T_0)(T - T_0)} \times 100\% \tag{1.9}$$

$$\beta = \frac{H_{cj}(T) - H_{cj}(T_0)}{H_{cj}(T_0)(T - T_0)} \times 100\% \tag{1.10}$$

式中,$B_r(T)$ 和 $H_{cj}(T)$ 分别代表温度为 T 时的剩磁和内禀矫顽力;$T_0 = 20$ ℃。

温度系数也是结构敏感磁参量,对于不同的永磁材料,其温度系数相差较大(表 1.3);对于相同的永磁材料,由于受其合金成分、制备工艺、磁体形状、剩磁和矫顽力高低等因素的影响,其温度系数也存在差异性。

表1.3　常见永磁材料的温度系数

永磁材料种类	剩磁温度系数 20~100 ℃,%/℃	矫顽力温度系数 20~100 ℃,%/℃
铸造 AlNiCo	− 0.02	− 0.03
铁氧体	− 0.02	− 0.40
$SmCo_5$	− 0.045	− 0.30~− 0.20
Sm_2Co_{17}	− 0.025	− 0.30~− 0.20
烧结 NdFeB	− 0.126	− 0.70~− 0.50

6. 磁通不可逆损失

磁通不可逆损失指的是材料磁化饱和后,随外界温度升高再回到初始温度,温度变化会导致磁体发生磁通损失。在相同条件下,不可逆磁通损失越小,表明材料的温度稳定性越好;反之,温度稳定性越差。因此,作为 Nd-Fe-B 系永磁材料主要性能参数之一的磁通不可逆损失,反映的是磁体在使用过程中的稳定性,是电机设计和磁体选择的重要依据[17-20]。可由式(1.11)计算磁通不可逆损失:

$$h_{irr} = [B(T_0) - B(T)]/B(T_0) \times 100\% \tag{1.11}$$

式中,h_{irr} 是磁通不可逆损失;$B(T_0)$ 是室温下的初始磁通值;$B(T)$ 是磁体温度从 T 恢复到室温 T_0 后的磁通值。

1.4　烧结钕铁硼磁体的稳定性

通常将磁体在服役期间受到温度、电磁场、振动、冲击、化学作用和其他外界因素的干扰时,其磁性能的变化情况称为烧结钕铁硼的稳定性。烧结钕铁硼磁体的稳定性主要包括温度稳定性、化学稳定性、磁性能、力学性能以及其他稳定性,具体如图 1.15 所示。

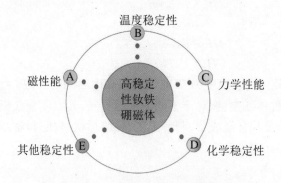

图1.15　烧结钕铁硼磁体的稳定性

1.4.1　烧结钕铁硼磁体的磁性能

通常采用合金化方法、细化晶粒以及晶界扩散方法来改善烧结钕铁硼磁体的磁性能。其中,合金化方法是指在合金熔炼时添加适量的重稀土元素 Dy、Tb,形成磁晶各向异性场更高的 $(Nd,Dy/Tb)_2Fe_{14}B$ 相,从而达到提高磁体磁性能的目的。采用第一性原理计算方法[21]研究 Dy/Tb 在 $Nd_2Fe_{14}B$ 主相和富 Nd 相之间的分布情况,结果表明,Dy/Tb 倾向于以 $2:14:1$ 的原子比进入主相晶粒,从而形成磁晶各向异性场更高的 $(Nd,Dy/Tb)_2Fe_{14}B$ 相,提高磁体的内禀矫顽力。然而,重稀土元素 Dy、Tb 与过渡族金属元素 Fe 属于反铁磁性耦合,倾向进入主相晶粒的 Dy、Tb 在提高矫顽力的同时,也会导致剩磁和磁能积的降低[22]。此外,重稀土元素 Dy、Tb 的储量较少且价格昂贵,其直接添加不仅造成资源浪费,而且会增加磁体的生产成本。因此,减少对重稀土 Dy、Tb 的过度依赖是烧结钕铁硼磁体发展的重要方向之一。

细化晶粒可明显提高烧结钕铁硼磁体的矫顽力。利用氦气代替氮气进行气流磨细化晶粒,制备出粒径约为 $1\ \mu m$ 的钕铁硼合金粉末,同时其矫顽力也从 $1250\ kA\cdot m^{-1}$ 提升至 $1590\ kA\cdot m^{-1[23-24]}$。利用氢化-歧化-脱附-重组(HDDR)、氢破碎(HD)和氦气气流磨相结合的制粉方法,制备出粒径小于 $1\ \mu m$ 的超细钕铁硼合金粉末(粒径达到 $0.33\ \mu m$),获得超细 $Nd_2Fe_{14}B$ 晶粒是提高钕铁硼磁体内禀矫顽力的重要方法[25]。为了避免磁粉在取向成型过程中出现氧化问题,无压机压制成型工艺(PLP)受到广泛关注,通过 PLP 生产的烧结钕铁硼磁体的最大磁能积和剩磁均得到显著提升[26]。

由于晶界扩散方法在大幅度提高磁体矫顽力的同时,能够保证剩磁和磁能积几乎不变,降低了重稀土元素的使用量,使重稀土资源得到合理开发利用,从而降低了生产成本。近年来,烧结钕铁硼磁体晶界扩散技术受到人们的广泛关注,逐渐发展成为烧结钕铁硼磁体研究的热点领域之一。常用的晶界扩散方法包括表面溅射扩散法[27]、表面涂覆扩散法[28]、气相蒸发扩散法[29]和直接填埋扩散法[30]等,常用的扩散源主要包括稀土单质、稀土化合物和含稀土元素的二元合金及多元合金[31-38]等。

2006 年,Hirota 等[39]较早地提出了晶界扩散技术,采用粒径小于 $5\ \mu m$ 的含重稀土的氧化物或氟化物粉末与无水乙醇按质量比为 $1:1$ 进行充分混合,然后涂覆在预处理后的烧结钕铁硼磁体表面,经扩散热处理后,通过晶界扩散使得重稀土元素 Dy、Tb 进入磁体内部,在主相 $Nd_2Fe_{14}B$ 周围形成富含重稀土元素的"壳层",使磁体的晶界相得到显著改善。进一步对比研究了采用常规工艺和晶界扩散工艺制备的磁体在达到相同矫顽力时的重稀土使用量,结果如图 1.16 所示。可以发现,在达到相同矫顽力的情况下,晶界扩散工艺所使用的重稀土量比常规工艺减少 10%左右,且剩磁几乎不降低。当磁体经过晶界扩散处理后,重稀土元素 Dy、Tb 主要分布在主相晶粒边缘与晶界富稀土相,其中分布在主相晶粒边缘的重稀土元素形成了"核-壳"结构,能够有效提高磁体的内禀矫顽力。

在钕铁硼磁体表面涂覆一层含 Pr、Nd、Dy 或 Tb 的氟化物涂层,对其进行晶界扩散处理。当烧结钕铁硼磁体的厚度为 $1\ mm$ 时,涂覆 Dy-F 涂层磁体的矫顽力由 $0.80\ MA\cdot m^{-1}$ 提高到 $1.13\ MA\cdot m^{-1}$,提高了 41%,而剩磁仅降低了 0.6%[40]。通过将不同量的 TbF_3 涂覆在烧结钕铁硼磁体表面[41],然后对其进行扩散热处理,随后测试其磁性能。表面涂覆 TbF_3 涂层磁体的矫顽力增加量与晶界扩散深度的关系如图 1.17 所示。在磁体表面附近(到

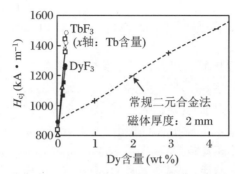

图 1.16　不同工艺制备的磁体矫顽力与 Dy 或 Tb 含量的关系[39]

表面距离<4 mm），矫顽力的增加量随磁体单位面积涂覆 TbF_3 的含量增加而增大；当扩散深度大于 4 mm 时，磁体的内禀矫顽力基本不再上升，并且与 TbF_3 的涂覆量无关。

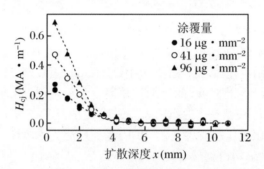

图 1.17　磁体矫顽力的增加量与晶界扩散深度的关系[41]

　　通过电泳方法将 TbF_3 粉末沉积在 NdFeB 磁体表面[42]，然后进行晶界扩散热处理，使磁体的内禀矫顽力得到大幅度提高。使用场发射扫描电子显微镜和能谱仪，证实了不同晶粒之间二次相的形成和核壳型组织的形成，重稀土 Tb 主要分布在主相晶粒的表层和晶界处，提高了磁体的各向异性场，这是其内禀矫顽力提高的主要原因。图 1.18 是其核-壳结构示意图。

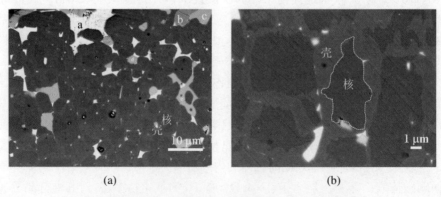

图 1.18　不同放大倍数下核-壳型结构的 FEG-SEM 图[42]

　　研究 NdFeB 磁体中晶界扩散 Dy、Tb、Ce 以及 Gd 等对磁体磁性能的影响[43]，实验发现不同稀土元素在晶界扩散速度的差异，以及磁体本身 Dy 元素含量和晶粒尺寸对晶界扩散速度的影响。其中，烧结钕铁硼磁体的矫顽力与 Dy、Tb、Ce 和 Gd 扩散处理后的关系如图

1.19 所示,晶界扩散 Dy 或 Tb 均可提高磁体的内禀矫顽力,但晶界扩散 Ce 或 Gd 均会降低磁体的内禀矫顽力。

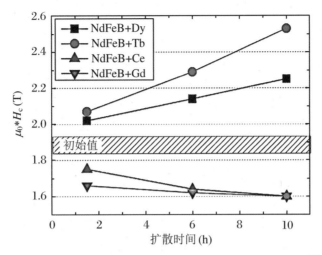

图 1.19　磁体的矫顽力与 Dy、Tb、Ce 和 Gd 扩散处理的关系[43]

随后,在磁粉中添加低熔点的 $Dy_{32.5}Fe_{62}Cu_{5.5}$ 合金,其在液相烧结过程中优先发生熔化,极大地改善了磁体主相和晶界相之间的润湿性,这种良好的润湿性不仅使磁体本身变得更加致密,而且能够优化晶界相的分布。同时,连续分布的晶界相可隔离相邻的铁磁相,降低了主相之间的交换耦合,此外 Dy 扩散到主相原子比为 2∶14∶1 的晶粒表层之后会形成 $(Nd,Dy)_2Fe_{14}B$ 的"核-壳"结构,这种"核-壳"结构会影响磁体表面的各向异性场 H_A,增强去磁过程中的 H_N,因此这种晶间添加法对于制备高性能的 NdFeB 永磁材料有着重要的作用[44]。

采用晶界扩散法,研究重稀土元素 Dy 的氢化物 DyH_x 对 NdFeB 磁体微观结构以及磁体磁性能的影响[45],发现钕铁硼磁体沿着易磁化轴方向(c 轴)扩散 DyH_x,比沿着垂直于 c 轴方向扩散更有利于磁体磁性能的提高,这归因于沿着 c 轴方向更有利于 Dy 元素向磁体中的扩散,局部 Dy 含量高的区域使得磁晶各向异性增强,因而极大地提高了磁体的综合磁性能。此外,通过对 NdFeB 磁体晶界扩散(PrDy)-Cu 合金的方法,同样成功制备了高性能的钕铁硼永磁材料[46]。

1.4.2　烧结钕铁硼磁体的温度稳定性

1.4.2.1　温度稳定性

永磁材料通常作为磁场源在一定空间内提供恒定磁场。在实际应用中,采用永磁材料制造的仪器与设备在服役过程中一般不可能处于恒温工作状态。为了保障仪器与设备在服役过程中因温度变化时仍能正常、稳定工作,在磁路设计和磁体选择时,需要对永磁材料的温度稳定性做出准确判断。

环境条件的变化通常会引起磁体微观组织和磁畴结构的变化。其中,显微组织的变化(又称为"组织时效")是不可逆的,即再次磁化或充磁时,其磁性能不能恢复到原来的水平。

磁畴结构(又称"磁时效")的变化是可逆的,即磁体再次被磁化或充磁时,其磁性能又得到恢复。温度对磁性能的影响主要以磁时效为主。其中,磁体温度稳定性的主要指标包括居里温度(T_c)、剩磁温度系数(α)、矫顽力温度系数(β)和磁通不可逆损失(h_{irr})等。

1.4.2.2　烧结钕铁硼磁体的温度稳定性

自烧结钕铁硼磁体问世以来,研究人员不断探索改善磁体温度稳定性的措施。通常,通过添加重稀土 Tb 或 Dy 来提高磁体的矫顽力[47];通过添加 Co 来提高磁体的居里温度;同时可以改善磁体的剩磁温度系数,达到改善磁体温度稳定性的目的。在(Nd,Dy)FeB 中添加少量的 Cu 可显著提高磁体的矫顽力[48],通过控制 Cu、Co、O 的含量可在不降低剩磁的基础上显著提高磁体的矫顽力和温度稳定性。

Ga 的添加对磁体磁性能和微观结构具有一定影响[49],Ga 的添加可以优化晶粒的边界相,提高磁体的内禀矫顽力,降低磁体的磁通不可逆损失。少量 Nb($\leqslant 1.0$ wt.%)的添加可以起到细化晶粒的作用,提高磁体的矫顽力,改善磁体的温度稳定性[50]。通过复合添加 Gd 和 Cu,研究对烧结钕铁硼磁体的磁性能及温度稳定性产生的影响[51]。在 0~1.0 wt.% 范围内,随着 Gd 添加量的增加,剩磁温度系数由 -0.15% 提高到 -0.05%(最高工作温度为 120 ℃),但是剩磁和最大磁能积却呈直线下降。在含 Gd 磁体中加入 Cu 后,其内禀矫顽力得到显著提高,剩磁也因磁体密度的提高而增大,Cu 元素的最佳添加量是 0.2 wt.%,此时几乎不会对磁体的剩磁温度系数造成影响。通过微观结构分析,发现 Cu 元素主要分布在晶界处。当 Gd 和 Cu 的复合添加量分别为 0.8 wt.% 和 0.2 wt.% 时,制备的磁体具有最优的磁性能和温度稳定性。

低熔点 $Y_{72}Co_{28}$ 合金粉末晶界掺杂影响烧结钕铁硼磁体的温度稳定性[52],当 $Y_{72}Co_{28}$ 合金粉末的含量为 1 wt.% 时,在 25~100 ℃ 范围内,磁体的剩磁温度系数和矫顽力温度系数得到明显改善。因 $Y_2Fe_{14}B$ 相的磁晶各向异性场(H_A)较低,从而导致其室温磁性能有所降低。微观组织观察表明,Y 原子更倾向于进入原子比为 2∶14∶1 的主相,在主相晶粒表层形成了$(Nd,Dy,Y)_3Fe_{14}B$ 相的"核-壳"结构。因此,磁体温度稳定性的改善在于晶界富稀土相的改变和基体相中 Y 的引入。

低熔点 $Dy_{80}Al_{20}$ 合金粉末掺杂能够改善烧结钕铁硼磁体的矫顽力和温度稳定性[53],加入少量的 $Dy_{80}Al_{20}$ 合金粉末后,由于在晶粒表层形成了各向异性场更高的$(Nd,Dy)_2Fe_{14}B$ 核壳结构,晶界富稀土相连续分布,此时磁体的内禀矫顽力由 12.72 kOe 增加到 21.75 kOe。当 $Dy_{80}Al_{20}$ 合金粉末的添加量在 0~4 wt.% 时,温度在 20~100 ℃ 范围内,此时磁体的剩磁和矫顽力可逆温度系数均得到明显的改善。此外,随着合金粉末 $Dy_{80}Al_{20}$ 的加入,磁体的磁通不可逆损失也在快速下降。因此,合金粉末 $Dy_{80}Al_{20}$ 的加入能有效改善磁体的温度稳定性。

目前,通常采用重稀土元素(Dy、Tb)取代 Nd[54-56],Co 取代 Fe[57],同时添加微量元素 Cu、Al、Gd、Nb、Ga 等[58-63]来提高磁体的居里温度、降低温度系数和磁通不可逆损失,最终实现改善磁体温度稳定性的目的。此外,还可以采用晶界调控法来改善烧结钕铁硼磁体的温度稳定性。

1.4.3　烧结钕铁硼磁体的力学性能

烧结钕铁硼磁体属于脆性材料,在机加工、运输、装配及后期服役过程中受外力作用时容易出现掉角、掉边、开裂等现象,其力学性能的优劣将直接影响磁体的制造成本和服役过程的稳定性,所以力学性能也是磁体重要的性能指标之一。

作为金属间化合物的烧结钕铁硼磁体具有明显的单轴各向异性,其滑移系很少,抗拉强度也很低,导致材料的脆性很大,力学性能较差。室温下,$Nd_2Fe_{14}B$ 单晶体的磁致伸缩系数 $\lambda_{\perp c}$(0.43%)是平行 c 轴方向的 $\lambda_{//c}$(0.11%)的 4 倍左右,所以对取向不一致的多晶材料而言,由高温冷却至室温时,其晶体之间会产生较大的内应力,从而造成多晶结构的烧结钕铁硼磁体具有较大的脆性。由于烧结钕铁硼磁体具有较大的脆性,其机加工通常选用磨床、线切割和机械切片加工等方法。所以,了解并掌握磁体的力学特性以及破坏机制具有十分重要的意义。

材料的力学性能好坏可通过塑性、韧性以及强度来表征。对烧结钕铁硼磁体来说,在烧结过程中,熔点较低的晶界富钕相作为液相参与烧结,其晶界富稀土相呈薄片状连续分布在主相晶粒之间,能够对磁体的致密化以及磁硬化起到至关重要的作用。然而,晶界富钕相的显微硬度(262 HV)明显低于主相晶粒的硬度,所以晶界弱化是造成烧结钕铁硼磁体产生沿晶断裂的主要原因。通过粉末冶金工艺制备的烧结钕铁硼磁体必然存在一定量的孔隙等缺陷,同时也导致了磁体的致密度和连续性比普通金属材料差,这些均对烧结钕铁硼磁体的韧性及强度造成影响,所以磁体的脆性是稀土永磁材料的本征属性,其薄弱点位于晶界处。因此,通过优化晶界相的强韧性并严格管控工艺参数能够显著改善磁体的力学性能。

针对烧结钕铁硼磁体较差的力学特性,国内外学者对磁体的断裂机制进行了深入研究,探索了改善磁体力学性能的途径。烧结钕铁硼磁体属于典型的沿晶断裂,其中很少发生穿晶断裂,并且磁体的断裂也表现出显著的各向异性[64]。烧结钕铁硼磁体的断裂行为和抗弯强度均表现出明显的各向异性[65],磁体在不同取向上的断裂机制主要为沿晶断裂,但是当取向方向平行于试样的长度方向时,试样断口处能够观察到明显的穿晶解理断裂,平行于磁体取向方向的抗弯强度明显低于垂直于取向方向的抗弯强度。

通过添加 $MM_{38.2}Co_{46.4}Ni_{15.4}$ 合金改善烧结钕铁硼磁体的力学性能[66],当 $MM_{38.2}Co_{46.4}Ni_{15.4}$ 合金的添加量在 6 wt.%~14 wt.%时,提高了烧结钕铁硼磁体的抗压强度、抗弯强度和硬度,但是磁体的冲击强度略有下降。

WC 纳米颗粒的添加影响热变形钕铁硼磁体弯曲强度和抗弯强度[68],未添加 WC 颗粒的钕铁硼磁体的力学性能表现出明显的各向异性,WC 颗粒的添加可降低磁体平行和垂直于 c 轴两个方向的力学各向异性,尤其是抗压强度。在保证磁体磁性能基本不变的情况下,当 WC 纳米颗粒的添加量为 1.0 wt.%时,能够获得最佳的力学性能。通过显微组织观察发现,热变形磁体的断裂机理属于典型的晶间断裂,裂纹优先沿带状边界扩展。力学性能的提高可能是由于带状边界处的晶粒细化和 WC 的增强效应。

对比放电等离子烧结(SPS)工艺和常规烧结工艺制备的烧结钕铁硼磁体的力学性能[67],采用放电等离子烧结工艺所制备的磁体具有更高的力学性能,其弯曲强度和维氏硬度的最大值分别为 402.3 MPa 和 778.1 MPa。

通过 MTS 万能材料试验机分析了烧结钕铁硼磁体在不同加载速度下的弯曲性能[69],结果发现磁体的抗弯强度与加载速度呈正比例关系,而不同加载速度下的弹性模量非常接近准静态下的弹性模量,磁体受弯曲载荷时,其应变是非均匀变化,出现这种现象的原因在于磁体具有复杂的晶体结构且滑移系少。研究磁体在单轴压缩下的动态断裂行为[70],当施加的载荷接近最大值时,磁体表面的某些部位发生膨胀,裂纹逐渐形成同时沿着一定方向不断扩展。实际上,在试件表面发生损伤之前,边界效应会导致对单轴应力状态的偏离。采用一级气体炮对烧结钕铁硼磁体进行了冲击试验[71],当冲击应力在 $0.375\sim2.512$ GPa 时,随着施加载荷地不断增加,磁体的层裂强度则呈现出先增大后减小的趋势;当所施加的载荷超过该阈值后,磁体就会发生压缩损伤,此时层裂强度随之减小。

重稀土元素 Dy 的添加会影响烧结钕铁硼磁体力学性能[72],添加的 Dy 能够使晶界相的分布更加连续、厚度变宽,同时有效阻碍了裂纹的扩展,显著改善了磁体的力学性能。对主相和晶界相的成分进行分析,结果发现:Dy 倾向于进入主相,在晶粒表层形成 $(Dy,Nd)_2Fe_{14}B$,由于 Dy 的显微硬度大于 Nd,因此 Dy 的添加使晶界强度得到增强。探究 Ag 的添加对烧结钕铁硼磁体力学性能的影响[73],结果表明:添加 0.1 wt.% 的 Ag 没有使磁体的冲击韧性得到显著改善,断口分析表明磁体仍表现为脆性晶间断裂,因此需要进一步研究 Ag 在更宽的成分范围内对磁体力学性能的影响。采用 Pr-Cu 晶界重构法研究烧结钕铁硼磁体的力学各向异性[74],$Pr_{83}Cu_{17}$ 不仅能有效地提高磁体的抗弯强度,而且能改变平行于 c 轴和垂直于 c 轴两个方向上的力学各向异性。

1.4.4 烧结钕铁硼磁体的化学稳定性

烧结钕铁硼磁体具有优异的磁性能,但磁体的化学稳定性极差,在高温、潮湿或与腐蚀介质接触时极易发生腐蚀,从而导致其磁性能下降,严重影响了磁体在服役过程中的稳定性。自 Nd-Fe-B 系稀土永磁材料问世以来,人们主要采用合金元素法和表面防护技术来提高磁体的化学稳定性。关于烧结钕铁硼磁体化学稳定性的内容将在第 2 章进行详细介绍。

1.5 烧结钕铁硼磁体的发展现状

烧结钕铁硼磁体自 20 世纪 80 年代问世以来,由于其卓越的磁性能,在交通运输、能源化工、电力电子、医疗以及军事国防领域等均得到了广泛的应用,现在已发展成为人们日常生活、工业生产、国防建设中的关键磁性功能材料。烧结钕铁硼磁体在各行业中的广泛应用有助于实现磁性器件、仪器仪表、手机通信以及各类电机的轻量化、小型化、微型化和精密化。各新兴产业的快速发展也带动了烧结钕铁硼行业的飞速前进,为烧结钕铁硼产业带来了大好的发展前景和广阔的市场空间。

中国的稀土资源占到全球稀土总量的 80% 左右,具有绝对的稀土资源优势,我国是全球钕铁硼稀土永磁材料的制造大国,产量全球第一。但是我国所生产的烧结钕铁硼磁体大多属于中低档,高端烧结钕铁硼磁体方面与国外还存在较大差距,这种差距不仅表现在磁体的生产制备方面,同时也表现在磁体的表面防护技术方面。

与前两代稀土永磁材料相比,第三代稀土永磁材料的原材料相对丰富,性价比相对较高,且磁性能更高、应用范围更广,经过近几十年的快速发展,其制备工艺已日趋成熟。目前,日本住友特殊金属公司拥有全球最高性能烧结钕铁硼磁体生产制造水平,同时也拥有最多的烧结钕铁硼磁体的相关专利,其制备的烧结钕铁硼磁体的磁能积高达 474 kJ·m^{-3}。相比之下,我国生产的磁体最大磁能积大多集中在 370 kJ·m^{-3} 水平。中科三环作为我国钕铁硼制造的龙头企业,自其与日本日立公司签订专利许可以来,国内烧结钕铁硼磁体的生产技术及工艺取得长足进步,正逐步摆脱中低端产品格局,不断向高档烧结钕铁硼磁体迈进,显著提升了我国在稀土永磁体行业的影响力以及核心竞争力。中科三环公司生产的烧结钕铁硼磁体的磁性能分布如图 1.20 所示,可以看出该公司能够生产出磁能积高达 $450\ \text{kJ} \cdot \text{m}^{-3}$ 的产品,对引领我国烧结钕铁硼稀土永磁材料的发展具有重要意义。

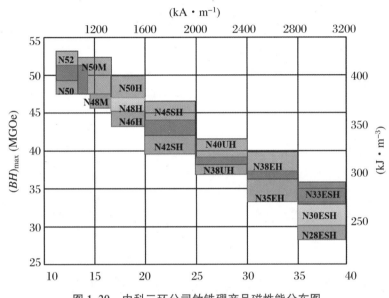

图 1.20　中科三环公司钕铁硼产品磁性能分布图

以 2019 年为例,我国烧结钕铁硼毛坯产量约为 17 万吨(含 Ce 磁体约 4.1 万吨),成品 12.5 万吨,而全球烧结钕铁硼产品(成品)约 14.5 万吨。从全球钕铁硼产量角度出发,我国钕铁硼产量占全球的 88.22%,日本占比仅为 11.17%,而欧洲和美国产品占比分别下降为 0.6% 和 0.01%。因此,我国已逐步发展为全球烧结钕铁硼磁体的生产大国,作为新材料产业重要组成部分的烧结钕铁硼稀土永磁材料已进入关键发展时期。

据不完全统计,2020 年我国烧结钕铁硼磁体生产企业大约有 300 家,其中年产量大于 2000 吨的生产企业约占 25%,其产量占比高达 70%,主要分布在浙江、京津、江西、内蒙古等地。目前,烧结钕铁硼磁体的生产企业主要包括中科三环、宁波韵升、正海磁材、安徽大地熊、英洛华、金力永磁、安泰科技等。

1.6　烧结钕铁硼磁体的应用领域

作为第三代稀土永磁材料,烧结钕铁硼磁体是"中国制造 2025"的关键基础功能材料,被广泛应用于风力发电、汽车工业、各类电机、医疗器械、家用电器、尖端科技、国防军工等领域。烧结钕铁硼磁体的应用有助于实现产品的轻量化、微型化以及小型化。随着当前新兴产业的快速发展,烧结钕铁硼磁体的应用将会得到进一步拓展,其应用前景更加广阔。

1. 汽车工业

目前,作为我国国民经济发展的重要支柱产业之一,汽车工业的发展能够带动与之相关的一系列产业实现共同发展,磁性功能材料就是其中之一。在汽车工业中,烧结钕铁硼磁体主要被应用于电动助力转向系统(EPS)电动天窗、电动门窗、电动雨刮器、电动座椅、音响和仪表系统等多个部位,每年使用量在 0.5~3 kg。随着对汽车安全性及可靠性的要求越来越高,也对烧结钕铁硼磁体的各项性能提出了更加严苛的要求。

当前,绿色发展、绿色产业与节能减排深入人心,为了实现"碳达峰、碳中和"的目标,汽车工业也处在向智能化、电动化和网联化方向转型的升级过程中,新能源汽车也正由之前的政策驱动逐渐向市场驱动发展。新能源汽车使用的驱动系统需要具有良好的转矩控制能力,较高的转矩密度,以及高可靠性的持续运行。此种情况下就要求磁体具有更高的磁性能和更优异的耐蚀性能。

随着新能源汽车的快速发展,其中电动机、发电机、电子控制系统以及音响系统使用的烧结钕铁硼磁体也在不断攀升,每辆车的使用量将达到 5~10 kg。特别是在纯电动汽车领域,以两轮驱动和四轮驱动为例,每辆汽车使用的烧结钕铁硼磁体将分别为 10~20 kg 和 20~40 kg。2020 年新能源汽车的产销已正式突破 100 万辆。我国新能源汽车的市场分析发现,在国家政策扶持和市场需求情况下,未来新能源汽车的市场占有率将会逐年上升,会拉动烧结钕铁硼磁体的快速发展。

2. 风力发电领域

风能作为一种清洁的可再生能源,将风能转换电能的过程称为风力发电。要实现"碳达峰、碳中和"的目标,就要努力构建清洁低碳、安全高效的能源体系,所以风电是电力中最具吸引力的选择。世界气象组织以及中国气象局分析表明,全球范围内可利用风能发电高达 2×10^{10} kW,相当于水能的 20 倍之多。风力发电机正朝着永磁半直驱、直驱方向发展,且单机装机量不断攀升,其中,一台 1.5 MW 永磁直驱风力发电机和一台 1.65 MW 永磁半直驱风力发电机分别需要烧结钕铁硼磁体大约在 1 t 和 0.5 t。统计数据表明,2020 年我国陆上和海上风电新增装机量分别为 6.861×10^7 kW 和 3.06×10^6 kW,风力发电新增装机量再创新高,其中海上风力发电装机量增速更快。预测表明,未来全球每年新增风力发电装机量在 110 GW 以上。因此,风力发电具有广阔的发展前景,同时也将给上游烧结钕铁硼磁体行业带来巨大的发展空间。

随着风力发电技术的不断更新进步,风电在全球的应用将得到飞速发展,我国稀土永磁风力发电机的制造企业主要包括明阳智能、金风科技以及湘电风能等。我国从事稀土永磁风力发电机研发、生产的相关企业有 20 余家,随着风电用烧结钕铁硼稀土永磁体的不断上升,钕铁硼磁体的应用前景十分可观。

3. 音响与磁选器件

通常将电与声相互转换的器件称为电声器件,电声器件主要包括传声器、扬声器、耳机等利用电磁感应、静电感应以及压电效应来完成电与声之间的转换,其内部核心部件所使用的材料就是磁性功能材料。普通音箱行业使用的磁性材料是铁氧体,在高档音箱行业才会使用烧结钕铁硼磁体。由于钕铁硼磁体优异的磁性能,在同样输出功率与音质的情况下,可以显著减小扬声器的体积,使音响设备向小型化、轻量化方向发展。烧结钕铁硼永磁耳机、传声和扬声器被应用于各类音响环境。同样,近年来随着人们生活水平的不断提高,智能音箱的需求量日益增长,也带动了钕铁硼磁体的广泛应用。

烧结钕铁硼永磁体在磁选领域中的应用显著低于电声领域,在低档产品中铁氧体对钕铁硼具有可替代性,但在高档产品中替代性不强。近年来,烧结钕铁硼磁体在电声和磁选领域中的应用略有降低,但每年的使用量仍维持在 1.8 万吨上下。

4. 计算机与手机领域

近 20 年,计算机产业的快速发展也带动了相关配套元器件的飞速发展,钕铁硼永磁体作为计算机系统重要的组成部分,主要应用于硬盘和光盘驱动。单个硬盘驱动器使用的钕铁硼磁体大约为 10 g,2020 年全球机械硬盘消耗的钕铁硼永磁体在 2600 t 左右。随着计算机产业的不断发展,机械硬盘因其读取数据慢等缺点,逐渐向固态硬盘(SSD)方向发展,固态硬盘具有读取速度快、能耗低、无噪音、不怕振动等优点,固态硬盘的缺点是容量普遍较小、价格昂贵、数据损坏后无法修复。目前,固态硬盘的使用量很小,随着固态硬盘技术的不断更新,机械硬盘的使用量会进一步萎缩,直接导致钕铁硼永磁体的使用量进一步减少。

烧结钕铁硼磁体主要用于手机的电声部分、手机震动马达、相机调焦等部分,以及后续的传感器、无线充电等。相关数据表明,2020 年我国手机市场出货量累计达 3.08 亿部,其中智能手机占到 2.96 亿部,5G 手机出货量也在不断攀升,达到 1.6 亿部,占全年手机出货量的 52.9%。烧结钕铁硼磁体在每部手机中的使用量在 2.5 g 左右,则每年需要烧结钕铁硼磁体成品量在 7700 t 左右。未来随着 5G 的大规模建设与广泛使用,5G 手机的市场占有率将会进一步增大,也会带动钕铁硼永磁体的使用量进一步增大。

5. 节能电梯与变频空调

近年来,随着我国基建的快速发展,电梯的使用量也在飞速发展,其每年的增速保持在 15%～20%。为响应国家节能减排的号召,实现"碳达峰、碳中和"的目标,节能电梯的产量占电梯总产量的比重正逐年上升,由 2006 年的 30% 左右上升到 2020 年的 85% 左右,未来这一占比还会继续上升。节能电梯未来的市场需求量主要集中在新增需求、旧电梯更换及节能改造、四层以上建筑必须加装电梯等政策。

作为电梯驱动部件,曳引机的能耗占到电梯耗电量的 80% 以上,所以引入节能环保的永磁同步曳引机具有十分重要的意义。目前,体积小、效率高、损耗低和噪声低的永磁同步曳引机已经成为新型曳引机的主流机型,其市场占有率也在不断上升。每台节能电梯的成品烧结钕铁硼磁体使用量在 7 kg 左右。当前,运行 15 年及以上的电梯超过 10 万台,随着时间的推移,未来运行时间超过 15 年的老旧电梯数量将会急速上涨。因此,随着节能电梯的快速发展,节能电梯的市场需求十分广阔,对上游烧结钕铁硼磁体的需求量在逐步增加。

节能降耗是今后社会和科技发展的重要方向,其中变频空调已经成为发展的主流。节能、控温精确、制冷/制热速度快、噪声小和寿命长的变频空调已经成为当前空调发展的必然选择。变频空调在我国仅处于起步阶段,而在发达国家的使用高达 97% 左右。高性能烧结钕铁硼磁体在每台节能变频空调中的使用量约为 0.12 kg。节能变频空调的市场需求量巨大,直接带动了高性能烧结钕铁硼磁体的发展,且磁体的需求量也在逐渐攀升。

6. 其他领域

烧结钕铁硼磁体也应用于智能机器人行业中的驱动电机和传感器。智能机器人主要包括工业用机器人、专业服务用机器人和特种机器人三大类,其中工业用机器人的占比最大。随着人工智能、云计算和 5G 技术的涌现,工业机器人作为战略性新兴产业得到快速发展,目前我国与生产机器人相关的企业高达 800 多家。每台工业机器人大概需要烧结钕铁硼磁体 24~37 kg。随着智慧工厂建设的不断加快,工业机器人的市场需求不断增高,将带动上游烧结钕铁硼磁体的快速发展。

烧结钕铁硼磁体还可应用于医疗领域中的核磁共振成像仪。之前一台核磁共振仪大概需要铁氧体 100 t,由于烧结钕铁硼磁体的磁性能更高,磁体的实用量降低到 0.5~3 t,大幅度降低了磁体的使用数量,减小了核磁共振仪的体积。

在磁悬浮领域,国外主要是德国的常导电磁悬浮和日本的超导电动磁悬浮,其动力来源于电力产生的磁悬浮动力,我国采用的是永磁悬浮,是利用特殊的永磁材料提供动力。因此,永磁悬浮具有安全性高、浮力强、节能和经济性好等优点。目前,一列永磁电机高铁大约需要 10 t 的高性能烧结钕铁硼磁体。因此,随着先进轨道交通的快速发展,永磁驱动在高铁、地铁等先进轨道交通中的应用不断提升,将直接带动高性能烧结钕铁硼磁体的飞速发展。

第 2 章　烧结钕铁硼磁体的腐蚀与防护

烧结钕铁硼磁体具有优异的综合磁性能和较高的性价比,但是钕铁硼中的稀土金属元素 Nd 的化学活性很高,其标准电极电位是 $E^0(\mathrm{Nd}^{3+}/\mathrm{Nd}) = -2.431\ \mathrm{V}$,磁体的化学稳定性极差,在高温、潮湿、与腐蚀介质接触时均会被腐蚀,导致磁性能大幅度下降,严重降低了磁体在后期服役过程中的稳定性,限制了烧结钕铁硼磁体的应用及进一步发展[75-77]。

2.1　烧结钕铁硼磁体的腐蚀

通常由以下几种原因导致烧结钕铁硼磁体发生腐蚀:

1. 磁体自身的结构[78]

由于采用粉末冶金方法生产的烧结钕铁硼的致密度较低,并且磁体表面未能形成致密的氧化膜,当磁体表面一旦发生氧化腐蚀,其活泼的晶界富稀土相易成为外界腐蚀介质快速扩散的腐蚀通道,造成磁体本身的氧化腐蚀;此外,具有多相结构的烧结钕铁硼磁体中的富 Nd 相化学活性高,各相之间的电极电位相差较大,在电化学环境中极易发生腐蚀,少量的富 Nd 相作为阳极承担较大的腐蚀电流密度,将加快磁体晶界相的电化学腐蚀,最终使磁体因粉化而损坏。

2. 磁体中的有害杂质[79]

在磁体生产过程的各主要环节,受原材料、生产设备、工艺技术、人员操作以及管控措施等影响,在最终生产出的磁体内可能存在 N、Si、S、C、H、O、Cl 及氯化物等相关杂质,其中 O、Cl 及氯化物对磁体的危害最为严重。

3. 工作环境的影响

与磁体在室温或真空环境下的使用相比,应用于长效免维护、高低温交变、极端环境等情况时严重影响了磁体的磁性能。为了适应不同的工作环境,对烧结钕铁硼磁体的耐蚀性能提出不同要求。

2.1.1　高温氧化腐蚀

烧结钕铁硼磁体发生氧化腐蚀的两个过程如下:一种情况是主相晶粒之间的富 Nd 相因氧化而生成 $\mathrm{Nd_2O_3}$;另外一种情况则是主相 $\mathrm{Nd_2Fe_{14}B}$ 发生了氧化。在干燥且低温(<150 ℃)

的环境下,烧结钕铁硼磁体不易发生氧化腐蚀。但是,当环境温度高于150 ℃时,具有多相组织结构的烧结钕铁硼磁体极易氧化腐蚀,尤其是活泼的晶间富 Nd 相更易发生氧化腐蚀,随后是主相 $Nd_2Fe_{14}B$ 被氧化而分解,其反应式如下[80]:

$$Nd + O_2 \longrightarrow Nd_2O_3 \tag{2.1}$$

$$Nd_2Fe_{14}B + O_2 \longrightarrow Nd_2O_3 + Fe + B \tag{2.2}$$

$$Fe + O_2 \longrightarrow Fe_2O_3 \tag{2.3}$$

由式(2.2)可以看出,主相 $Nd_2Fe_{14}B$ 发生氧化后生成了 Nd_2O_3、Fe 和 B,然后由主相氧化生成的 Fe 进一步发生氧化反应生成 Fe_2O_3,最终,烧结钕铁硼磁体因氧化腐蚀而使磁性能降低。

具有多相结构的烧结钕铁硼磁体中的各相抗氧化能力不同,首先是化学活性最高的富 Nd 相发生氧化腐蚀,反应式如式(2.1)所示,其次是 $Nd_2Fe_{14}B$ 主相的氧化腐蚀。当磁体在温度为335~500 ℃的条件下发生氧化腐蚀时,会在磁体表面生成两种氧化层,其中外层是黑色的氧化层,内层是灰黑色的氧化层,并且氧化层的腐蚀深度受磁体在空气中暴露时间的影响,与暴露时间的平方根成正比例关系。通过对磁体微观结构的分析可以看出,优先氧化的晶界富 Nd 相的脱落在磁体内部产生快速腐蚀通道,有助于氧气的渗入,加快磁体的高温氧化腐蚀进程[81-82]。当烧结钕铁硼磁体在高温干燥环境时,磁体表面会形成两种区域的氧化区域(图 2.1)[83]。结合 TEM 图可知,其内部的氧化区域成分为 α-Fe,外部的双氧化区域分别为最外层的是 Fe_2O_3 和中间层的 Fe_3O_4。

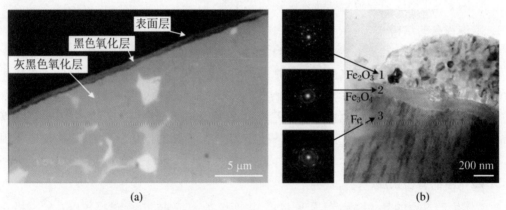

(a)   (b)

图 2.1   烧结钕铁硼磁体高温氧化后的 SEM(a)和横截面 TEM(b)图片[83]

2.1.2   暖湿环境腐蚀

当磁体处在暖湿环境中,磁体外层的富 Nd 相优先与水蒸气发生腐蚀反应,随后是 $Nd_2Fe_{14}B$ 主相发生腐蚀反应,其反应过程如下[84]:

$$H_2O + Nd \longrightarrow Nd(OH)_3 + NdH_3 \tag{2.4}$$

$$NdH_3 + H_2O \longrightarrow Nd(OH)_3 + [H] \tag{2.5}$$

$$Nd + [H] \longrightarrow NdH_3 \tag{2.6}$$

$$Nd_2Fe_{14}B + x/2H_2 \longrightarrow Nd_2Fe_{14}BH_x \tag{2.7}$$

由于腐蚀生成的 NdH_3 和 $Nd(OH)_3$ 会导致晶界相出现膨胀,此时所产生的晶界应力使磁体发生沿晶断裂,导致主相晶粒周围因失去晶界相的粘连作用而粉化失效。此外,磁体内部的孔隙为水蒸气和生成的氢离子提供快速的腐蚀通道,并且形成连锁反应,加快磁体的腐蚀[85-86]。

2.1.3　吸氢腐蚀

烧结钕铁硼磁体中的富 Nd 相和主相 $Nd_2Fe_{14}B$ 具有很强的吸氢能力,因吸氢导致磁体发生体积膨胀,使磁体出现吸氢腐蚀,改变了烧结钕铁硼磁体的腐蚀行为。磁体在酸、碱溶液中具有不同的腐蚀行为,其在 KOH 碱性溶液中的吸氢量随磁体中稀土元素的总量增加而加快[87]。然而,当烧结钕铁硼磁体在 H_2SO_4 酸性溶液中浸泡一段时间后,其 XRD 峰将会朝着小角度方向偏移,此时晶格发生了明显膨胀。钕铁硼速凝片先后进行吸氢、脱氢处理过程,在脱氢阶段因脱氢不彻底导致磁体表面涂/镀层的质量问题,使涂/镀层失去腐蚀防护作用,无法达到预期的腐蚀防护效果[88-90]。磁体表面的电镀镍层的质量优劣受 pH 值的影响,如图 2.2 所示[91]。磁体的吸氢量受镀液 pH 值的影响较大,当基体受到不同程度的损伤时,分析发现裂纹极易出现在磁体的取向方向上。在磁体表面电镀镍镀层时,由于吸氢在磁体内部形成裂纹的机理示意图如图 2.3 所示[92]。

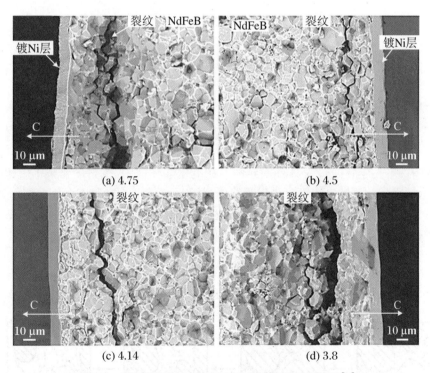

图 2.2　不同镀液 pH 值对应的钕铁硼镀镍层断面形[91]

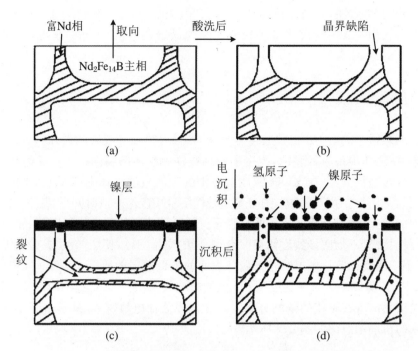

图 2.3　烧结钕铁硼磁体电沉积镍过程中内部裂纹的形成机理[92]

2.1.4　电化学腐蚀

　　作为多相结构的烧结钕铁硼磁体,其各相之间存在较大的电位差,其中磁体晶间和晶界交隅处的富 Nd 相与主相和富 B 相相比,富 Nd 相具有更高的电化学活性,其次是富 B 相的电化学活性也高于主相 $Nd_2Fe_{14}B$[93]。富 Nd 相和富 B 相的化学活性较高,导致磁体在不同电解质溶液中的电化学腐蚀行为具有差异性。在电化学坏境中,少量的富 Nd 相和富 B 相作为阳极,承担很大的腐蚀电流而优先发生腐蚀,体积分数较高的 $Nd_2Fe_{14}B$ 主相作为阴极,形成小阳极大阴极的腐蚀特点,加速磁体晶界相的腐蚀[94]。晶界连续分布的富 Nd 相腐蚀后,使 $Nd_2Fe_{14}B$ 主相之间失去结合介质而变成孤立的晶粒脱落,严重时会造成磁体的粉化,其电化学腐蚀模型如图 2.4 所示[93]。

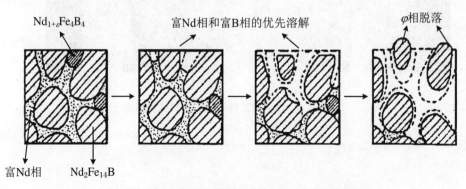

图 2.4　烧结钕铁硼磁体的电化学腐蚀过程示意图[93]

表 2.1 为磁体在不同酸、碱溶液中的腐蚀电位情况[95]。从表中可以看出,烧结钕铁硼磁体的电化学腐蚀受溶液中的 pH 值影响较大。在浓 H_2SO_4 溶液中,由于溶液中的 H^+ 浓度高,可以有效抑制磁体表面生成氢氧化物层;然而在 pH 值较高的浓 H_2SO_4 溶液中,由于电极区域的 H^+ 浓度较低,在稀土金属元素 Nd 的部分表面吸附着氢氧化物层,能够进一步阻止稀土元素 Nd 的腐蚀,所以此时磁体具有较低的腐蚀电流密度。此外,在 pH 值一致的其他酸性溶液中,比如磷酸、草酸溶液中磁体的自腐蚀电流密度比在 H_2SO_4 溶液中低得多。出现这种现象的原因在于,这些溶液中的磁体表面生成了钝化膜,能够暂时抑制磁体的腐蚀[96-97]。

表 2.1　烧结钕铁硼磁体各相在不同溶液中的腐蚀电位[95]

	3% HCl			3% NaOH		
	E_{corr} (mV vs. SCE)	J_{corr} (mA·cm^{-2})	V_{corr} (mg·cm^{-2}·h^{-1})	E_{corr} (mV vs. SCE)	J_{corr} (mA·cm^{-2})	V_{corr} (mg·cm^{-2}·h^{-1})
$Nd_2Fe_{14}B$ 相	−475	0.35	0.383	−345	0.04	0.044
$Nd_{1.1}Fe_4B_4$ 相	−500	6.14	6.729	−884	0.06	0.065
富 Nd 相	−765	40.97	44.900	−868	0.09	0.098

图 2.5 是烧结钕铁硼磁体在不同酸性介质中的动电位极化曲线情况[98]。从图中可以看出,磁体在不同酸介质中的腐蚀动电位极化曲线具有差异性,其中,在 HCl、HNO_3、H_2SO_4 等强酸介质中,腐蚀最为严重;而在 H_3PO_4、$C_2H_2O_4$ 等弱酸性介质中,腐蚀较为缓慢。这是由于烧结钕铁硼磁体在弱酸介质中出现了钝化行为,能够抑制磁体在 H_3PO_4 和 $C_2H_2O_4$ 中的进一步腐蚀。

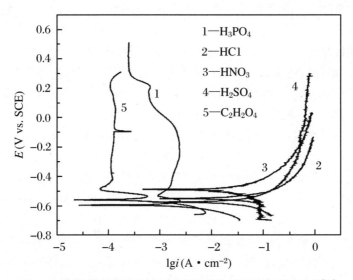

图 2.5　烧结钕铁硼磁体在不同酸介质中的动电位极化曲线[98]

2.2　烧结钕铁硼磁体耐腐蚀性能的提高途径

当前,主要采用合金化法和表面防护技术来提高磁体的耐腐蚀性能。其中,合金化法是通过在合金熔炼过程中添加微量元素的方法提高磁体本身的耐蚀性;磁体表面防护处理可以有效阻碍外界腐蚀性介质与基体之间的直接接触,达到提高磁体耐腐蚀性能的目的[99-101]。

2.2.1　添加合金元素

多相结构的烧结钕铁硼磁体中各相之间的电极电位相差较大,且晶界富 Nd 相的化学活性最高,在电化学环境中极易发生腐蚀。因此,通过添加微量的合金元素来改善晶界相的化学成分和电极电位,降低晶界相的化学活性,减小与主相晶粒之间的电位差,减缓甚至消除磁体的电化学腐蚀,能够从根本上解决磁体本身耐蚀性较差的问题,提高烧结钕铁硼磁体本身的耐腐蚀性能[102]。

合金化法是通过优化合金成分、调控工艺参数来改善磁体内部的相结构及其分布,减小主相与晶界相之间的电位差,降低烧结钕铁硼磁体的电化学腐蚀速率。通过对磁体的腐蚀机制分析可知,可从三个方面对磁体进行合金化处理[103-106]:① 降电位差法,主要是降低晶界富 Nd 相的电化学活性,缩小与主相晶粒之间的电极电位,达到降低两者电位差的目的,从而提高磁体的耐蚀性。② 富 Nd 相调整法,通过分析磁体各相腐蚀的特点可以发现,磁体内部少量的富 Nd 相在电化学腐蚀过程中承担了较大的腐蚀电流密度,从而加快了富 Nd 相的腐蚀。通过调控晶界富 Nd 相在主相晶粒之间的分布情况来减弱磁体的电化学腐蚀,实现改善磁体耐腐蚀性能的目的。③ 提高接触电阻法,根据高化学活性的晶界富 Nd 相的电化学腐蚀特点可知,可通过改善富 Nd 相在主相晶粒之间的边界电阻来降低磁体的自腐蚀电流密度,从而在根本上解决其快速腐蚀的问题。因此,可以从上述三个方面对磁体进行调控,通过添加微量合金元素来提高磁体自身的耐蚀性。

合金化法通常以元素取代或晶间掺杂的方式进行添加,相关研究表明,可将添加的合金元素分为以下两类:一是低熔点金属 M_1(Al、Cu、Zn、Ga、Sn 和 Ge)[107-112],此类低熔点金属元素可以形成晶间相 $Nd-M_1$、$Nd-Fe-M_1$;二是高熔点金属 M_2(Zr、Nb、W、Mo、V、Ti)[113-117],此类元素可以形成晶间相 $Fe-M_2-B$、M_2-B。采用合金化方法可以形成新的晶界相,能够减小晶界富 Nd 相的化学活性,降低与主相之间的电位差,提高磁体本身的耐蚀性能。通过添加微量的合金元素,优化晶界富 Nd 相和富 B 相的分布及所占比例,减小磁体的自腐蚀电流密度,达到减缓磁体电化学腐蚀的目的。但是,添加的微量元素会对磁体的磁性能造成一定程度的损害。譬如,添加的金属 Co 会使晶界相中的 Nd 元素转变为 Nd_3Co 以及 $Nd(Fe,Co)_2$,生成的含 Co 合金虽然能够改善磁体的耐蚀性能,但是以牺牲磁体的矫顽力作为代价,且这种磁性能的损害是不可逆转的。因此,由于合金化法对磁体的磁性能具有损害作用,此种方法的应用受到一定程度的限制。

采用合金化法制备的 $Nd_{12.6}Fe_{69.8-x}Co_{11.6}M_xB/\alpha\text{-}Fe$ 和 $Nd_{16}Fe_{66.4-x}Co_{11.6}M_xB/\alpha\text{-}Fe$ 两

种磁体中,分别添加 Zr、Cr、Al 等微量元素[118-119],微量金属元素能够取代部分 Fe,从而抑制主磁相在温度高于 200 ℃ 以上的腐蚀;同时添加的微量金属使磁体晶界处的富 Nd 相消失,提高了晶界富 Nd 相的耐腐蚀性能。这说明在磁粉中添加微量的 Zr、Cr、Al 能够改善烧结钕铁硼磁体的耐腐蚀性能。

在烧结钕铁硼磁体中添加适量的金属 Co,能够在主相晶粒之间的晶界处形成更加稳定的 Nd_3Co 相等具有特殊改性功能的新相,能够显著改善磁体的耐性能,并且磁体的耐腐蚀性能与金属 Co 的添加量有关,当金属 Co 的添加量达到 3.5 at.% 时,磁体具有最佳的耐蚀性[120]。

含 Ce 双主相烧结钕铁硼磁体表面平行于 c 轴($c_{//}$)和垂直于 c 轴($c_{\perp}$)的腐蚀行为有所不同[121],随着 Ce 的加入,背散射电子(BSE)图像中富稀土相在两个面上的体积分数基本接近。$c_{//}$ 磁体表面的腐蚀电位较负,则其耐蚀性较差,在 3.5 wt.%NaCl 溶液中,由腐蚀动力学概念可知,当自腐蚀电流密度越小时,其转移电阻(R_{ct})就会越大。与 $c_{\perp}$ 磁体表面的腐蚀情况相比,$c_{//}$ 磁体表面的腐蚀产物离子浓度较小,腐蚀形貌损伤也较小。由于受磁体晶粒各向异性的影响,其腐蚀性能也呈现各向异性。

针对晶间掺杂,通过添加 $Al_{100-x}Cu_x(15 \leqslant x \leqslant 45)$ 合金提高烧结钕铁硼磁体耐腐蚀性,主要取决于添加的 $Al_{100-x}Cu_x$ 合金中的 Cu 含量,其中 Cu 的最佳添加量为 35 at.%,这是由于此时晶界富稀土相的分布得到优化,化学稳定性得到提高[122]。当 x 值大于 35 时,添加的 $Al_{100-x}Cu_x$ 合金引起晶间粗化,导致基体相三相交界处的活性反应通道数量增加,反而降低了磁体的耐腐蚀性能。

Nb 与 Cu 共同掺杂对磁体腐蚀性能产生影响[123],与不含 Nb 和 Cu 的磁体相比,添加 0.8 wt.%Nb 和 0.2 wt.%Cu 的烧结钕铁硼磁体在 2 atm、120 ℃ 和 100% RH 的环境中,经过 96 h 后其腐蚀失重由 2.47 mg·cm^{-2} 降到了 0.48 mg·cm^{-2},而在 3.5 wt.%NaCl 溶液中的腐蚀电位由 −1.115 V 提高到 −0.799 V。经分析发现,由于在晶界处形成了具有较高电极电位的富 Cu 相,减小了晶界角隅处的富 Nd 相,所以提高了晶界相的稳定性。此外,Cu 和 Nb 的添加使富稀土相在晶界处的分布更加清晰和连续。Nb 的添加能够细化晶粒,Cu 的添加能够优化晶间富 Nd 相的分布。

为了避免 Dy 元素在合金熔炼时进入主相晶粒内部导致的剩磁降低问题[124],通过晶间掺杂方式将 $Dy_{71.5}Fe_{28.5}$ 合金与钕铁硼细粉充分混合,并分析 DyFe 合金的添加对磁体化学稳定性的影响。添加的 Dy 元素主要分布在晶界相,因为稀土 Dy 的电极电位高于稀土金属 Pr 和 Nd,所以添加的 Dy 能够改善磁体的电极电位和化学稳定性,减小晶界富稀土相与主相晶粒之间的电位差,实现磁体耐腐蚀性能的提高。

将 Cu 和 Zr 按一定质量比加入晶间相,提高烧结钕铁硼磁体的耐腐蚀性能[125]。与未添加 Cu 和 Zr 的磁体相比,添加 0.15 wt.%Cu 和 0.85 wt.%Zr,磁体的腐蚀电位从 −0.799 V 提高到 −0.697 V,说明添加的微量金属 Cu 和 Zr 能够降低磁体的电化学活性,改善烧结钕铁硼磁体的耐腐蚀性能。

晶间添加纳米 Mg 粉影响磁体耐蚀性能[126]。当 Mg 的添加量在 0.1 wt.%~0.4 wt.% 时,随着 Mg 含量的增加,磁体的自腐蚀电位增大,同时自腐蚀电流密度下降,改善了磁体的耐蚀性能。通过在磁粉中添加纳米 MgO 颗粒[127],对磁体耐腐蚀性能产生影响。晶间添加的纳米 MgO 能够提高磁体的密度和剩磁。与未添加 MgO 的磁体相比,当纳米 MgO 的添加量在 0.1 wt.%~0.3 wt.% 时,能够显著提高磁体的耐腐蚀性能。

虽然合金化方法能够改善烧结钕铁硼磁体的耐腐蚀性能,但磁体的剩磁、磁能积等会有不同程度的降低,并且合金化方法无法从根本上解决磁体极差的耐蚀性。随着研究不断深入,晶间掺杂物的种类越来越多,晶界掺杂在晶界调控和组织优化过程中起到重要作用,通过调控晶界相的化学成分及微观结构,来提高磁体的耐腐蚀性能[128-130]。因此,鉴于合金化方法无法从根本上提高磁体的耐蚀性,目前主要采用表面防护技术来提高磁体的耐腐蚀性能。

2.2.2　表面防护技术

合金化方法在提高磁体耐腐蚀性能方面的能力有限,且以牺牲磁体的磁性能作为代价[131-132]。表面防护法可以在不损害磁性能的基础上,大幅度提高磁体的耐腐蚀性能,且成本比合金化法更低。因此,工业生产上通常在磁体表面添加防护涂/镀层的方法来提高磁体的耐蚀性。磁体在进行表面防护处理时应遵循以下原则:

(1) 磁体在进行表面防护处理过程中,要尽量避免氢脆现象的发生。

(2) 磁体表面防护层与基体之间的结合要牢固。

(3) 确保磁体表面防护层不出现孔隙、裂纹等。

(4) 磁体表面防护层要具有良好的致密性。

(5) 在保证磁体表面防护层质量的情况下,要尽量控制防护层的厚度,并且要求防护层表面光滑平整。

(6) 磁体表面防护层不易被渗透,能够隔绝气体或腐蚀液的侵蚀。

(7) 在特殊应用场合下,要求磁体表面防护层具有绝缘性。

(8) 当磁体需要焊接时,要求磁体表面防护层具有可焊性。

(9) 磁体表面防护层要能实现胶合作用。

(10) 在不同温度条件下,磁休表面防护层应具有相对的稳定性。

实际上,要完全满足以上条件是很困难的。与合金化方法相比,工业生产上通常采用表面防护法将磁体与空气、水等腐蚀性介质隔离开,为磁体提供有效的防护作用,提高烧结钕铁硼磁体的耐蚀性,同时改善磁体的外观,还可根据磁体的具体应用领域,采用不同的表面防护处理技术。

表面防护法是通过在磁体表面添加防护涂层来隔绝水蒸气、空气等腐蚀性介质,最终实现磁体的长效防护[133-135]。表面防护层不仅能为磁体提供腐蚀防护作用,还可改善其力学特性等。经过近年来的飞速发展,烧结钕铁硼磁体表面防护层的种类不断增多,基本能够满足不同应用领域的需求,具有良好的防护效果。

当前,磁体表面防护方法主要有电镀、化学镀、电泳环氧树脂、喷涂、化学转化法、物理气相沉积等[136-140]。不同表面防护方法具有不同的特点,下面针对典型的表面防护层进行简单介绍。

2.2.2.1　金属或合金镀层

1. 电镀

电镀作为一种古老且被深入研究的表面防护技术,是指通过金属的电解原理并在电流的作用下,使镀层金属离子均匀沉积在待镀金属基体表面,从而达到防腐目的。电镀具有成膜速度快、工艺流程简单、成本低廉以及适合批量化生产的优点,在烧结钕铁硼行业具有广泛的应用。当前,磁体表面常用的电镀防护层主要有镀锌层、镀镍层、镀镍铜镍层、镀铜层等[141-143]。

电镀锌层和电镀镍层是烧结钕铁硼磁体表面最常见的表面防护层。电镀锌层的标准电极电位是 -0.762 V,比大多数金属的标准电极电位更加偏正,可为金属基体提供阳极防护作用。但是,与烧结钕铁硼磁体相比,金属锌的标准电极电位偏负,无法为磁体提供阳极防护作用。所以,磁体表面电镀锌层在电化学环境中会发生以下反应:$Zn + 2H^+ \longrightarrow Zn^{2+} + 2[H]$,其中生成的活性[H]通过电镀锌层中的孔隙渗入镀层与基体之间的结合处,表层的晶界富 Nd 相因发生吸氢腐蚀使锌镀层脱落,致使磁体表面电镀锌层提前失效[144]。研究发现,可以通过增加电镀锌层的厚度达到减少锌镀层孔隙率的目的,从而提高锌镀层的腐蚀防护能力。

金属镍的标准电极电位是 -0.2363 V,比烧结钕铁硼磁体的电极电位偏正,同样无法为磁体提供阳极防护作用[145-146]。单一镍镀层的孔隙率较高,外界腐蚀性介质易通过镀层渗入基体表面,导致磁体的腐蚀,造成电镀镍层提前失去表面防护作用。因此,工业生产中通常采用电镀 Ni-Cu-Ni 层为磁体提供腐蚀防护,采用与基体结合良好的电镀暗镍为底层,中间采用电镀铜层,可以降低镀镍层的孔隙率,将电镀光亮镍作为外层,不仅提高了磁体表面单一镍层的腐蚀防护效果,并且得到的磁体外观也更加美观。通过开发电镀 Ni-Cu + 化学镀 Ni、电镀 Ni-P、电镀 Ni-Cu-P 和电镀双镍层等复合镀层[147-148],满足了磁体在不同场合中的应用。但是,电镀过程中所产生的工业“三废”(废水、废气、废渣)处理成本较高,无形中增加了磁体制造成本,并且易造成环境污染。采用复合电沉积方法在烧结钕铁硼磁体表面制备了 $Ni-Al_2O_3$ 复合镀层[149],其具有优异的耐腐蚀性能,表面覆盖 $Ni-Al_2O_3$ 复合镀层的磁体在 3.5 wt.%NaCl 溶液中浸泡直至出现锈斑的极限时间为 288 h。

在众多电镀镀层中,以电镀镍层的应用最为广泛。在电镀镀层的制备过程中,因电镀液在电镀过程中会渗入磁体表面以及磁体内部,会严重影响镀层质量,比如磁体经电镀处理后,镀层出现泛白、氢脆甚至起泡等相关现象。属于脆性材料的烧结钕铁硼磁体增加了电镀过程的难度。对小尺寸的磁体来说,可以采用滚镀方式来避免磁体在电镀过程中因碰撞而导致的破碎与缺角等问题,例如在电镀时可加入适量的钢球陪镀,以此来减小磁体之间的直接撞击。对大尺寸的磁体来说,则采用挂镀的方式对磁体进行电镀处理,但是挂点易成为腐蚀最薄弱的部位,影响整个镀层的腐蚀防护效果,并且挂镀的生产效率较低。烧结钕铁硼磁体在电镀过程中作为阴极材料,易出现吸氢现象,从而导致磁体出现氢脆,严重降低了镀层的防护效果。同时,电镀过程中会产生大量的废水、废酸等有害废弃物,造成环境污染问题。电镀镍溶液中的六价铬具有较强的致癌作用,严重危害操作人员的身体健康。因此,开发新型环保的表面防护层是烧结钕铁硼行业发展的必然选择。

2. 化学镀

化学镀是指不需要电流的辅助,通过选择合适的还原剂使镀液中的金属离子还原后均匀沉积在磁体表面的一种表面防护方法,所以化学镀又被称为无电解镀、自催化镀[150]。化学镀工艺具有如下的优点:

(1)所制备的镀层厚度均一、结构紧密、强度较高、耐蚀性能较好,同时化学镀对磁体的磁性能损害较小。

（2）化学镀液具有极强的分散能力，适用于带有深孔、盲孔和腔体等复杂形状的磁体，尤其适用于管状磁体的表面防护处理。

（3）化学镀制备的镀层未见明显的边角效应。

（4）与电镀相比，化学镀过程中所采用的设备简单，不需要额外的辅助电极、电源和输电系统等。

但是，化学镀的成本较高，并且化学镀液的稳定性不易控制，同时化学镀过程中有吸氢现象存在，磁体的氢脆问题未得到有效解决，并且镀层的致密度不够理想。研究发现，将超声波技术引入化学镀 Ni-P 镀层过程中，可以提高镀层的致密度，改善化学镀层的耐蚀性[151]。

将超声波技术引入磁体表面化学镀过程中，改善磁体表面化学镀层与基体之间的结合情况、镀层的孔隙率和耐蚀性[152]。在化学镀过程中引入超声波后，磁体表面制备的 Ni-P 合金镀层与基体之间的结合强度高，耐蚀性能好。通过化学镀方法在磁体表面沉积 Ni-Cu-P 合金镀层[153]，该镀层耐中性盐雾腐蚀时间达到 268 h，可以为磁体提供良好的腐蚀防护效果。

当前，烧结钕铁硼磁体表面化学镀工艺通常采用 Ni-P 二元合金镀层进行腐蚀防护[154]，化学镀所用溶液一般包括酸性和碱性两种镀液。其中，酸性化学镀液能够形成高磷非磁性的镀层，不会对磁体产生磁屏蔽；碱性化学镀液形成的则是低磷并且带磁性的镀层，对磁体具有磁屏蔽的作用。所以工业上通常采用酸性化学镀液对磁体进行表面防护处理。由于磁体表面单一化学镀 Ni-P 镀层易出现起泡、脱落等缺陷，因此被广泛应用的化学镀层为 Ni-Cu-P、Ni-W-P 等多合金镀层[155]。多合金镀层不仅能够减少化学镀层的孔隙率，还可以改善磁体表面化学镀层的力学性能、致密度和耐腐蚀性能。与磁体表面电镀镍层相比，化学镀镍层对基体的磁屏蔽作用小，镀层厚度较薄，制备工艺简单，生产成本较低，并且化学镀方法适用于具有深孔、盲孔等复杂结构的烧结钕铁硼磁体。

与电镀工艺相比，磁体表面化学镀制备的镀层虽然具有较好的性能，但磁体表面化学镀过程中仍然存在一些产业化难题。例如，由于化学镀溶液的稳定性难以控制，其日常维护成本高，能够实现化学镀的镀种少，化学镀过程中存在吸氢现象，影响产品在后期服役过程中的可靠性及稳定性。

2.2.2.2　有机涂层

1. 阴极电泳环氧树脂涂层

有机涂层所用材料以高分子材料中的环氧树脂最为典型，是烧结钕铁硼磁体表面腐蚀防护常用的防护材料。环氧树脂的结构式如图 2.6 所示。

当前，工业生产上通常采用阴极电泳方法在磁体表面涂覆环氧树脂涂层。槽液中的环氧树脂在直流电场下被电解成阴、阳离子，其中阳离子化的环氧树脂平缓地泳向阴极待镀工件，与水解生成的 OH^- 反应生成碱性物质，并且沉积在阴极待镀工件表面。随后通过电压促使电渗反应的进行，排除起泡和水分的干扰，使漆膜更加密实。将完成阴极电泳的工件从电泳槽液中取出，用清水清理干净，最后在 180 ℃ 的烘箱中固化处理 20 min，从而制备出表面光滑、平整的环氧树脂涂层,至此完成整个电泳涂装过程[156]。

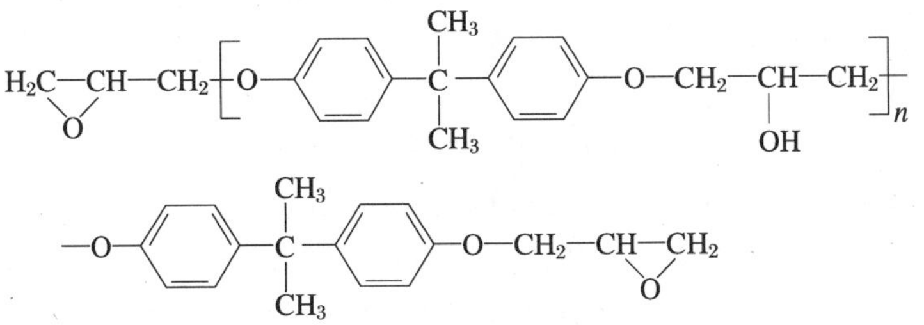

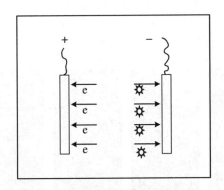

图 2.6　环氧树脂分子结构

(1) 阴极电泳涂装工艺

将水性电泳槽液内的待处理工件作为阴极,同时在电泳槽液中设置一个工作阳极,此时电泳槽液内的粒子同时受到阳极和阴极间的直流电场作用发生定向泳动,在待镀工件表面沉积环氧树脂阳离子[157]。图 2.7 是电泳涂装工艺的反应机理示意图。

图 2.7　电泳反应机理示意图

根据相关文献[158]报道,阴极电泳涂装工艺过程主要包含电解、电泳、电沉积与电渗四个过程。

电解,是指在直流电场作用下,电泳槽液内的水分子发生电解,使阳极处的 H^+ 浓度逐渐增加,阴极处的 OH^- 浓度逐渐升高,使阴极呈现碱性。

电泳,是指环氧树脂漆在经过有机酸中和处理后,再与水进行充分混合,此时溶液中的带电粒子在电流的牵引下,其中有机酸根不断向阳极移动,而环氧树脂阳离子不断向阴极移动。

电沉积,是指环氧树脂阳离子在直流电的牵引下泳动到阴极,并与阴极待镀工件表面集聚的大量 OH^- 反应生成难溶有机物,很好地附着在工件表面。

电渗,是指阴极工件表面在电泳涂装初期所沉积的漆膜比较疏松,此时的孔隙较多。在持续施加直流电场的情况下,阴极工件表面所电解出来的 OH^- 同水分子共同穿过漆膜向阳极泳动,当遇到环氧树脂阳离子时生成难溶有机物沉积在工件表面。在这一过程中不断减少工件表面漆膜中的水分,使漆膜变得更加致密。

采用丙烯酸酯和环氧树脂单体接枝共聚合的方法制备出的阴极电泳涂料[159],在合适的聚合条件下,具有较高的丙烯酸-环氧树脂接枝率,其水溶性、外观及电泳涂料的稳定性和漆膜的性能更好。阴极电泳环氧树脂涂料中的丙烯酸单体配比、环氧值和接枝共聚反应时间与温度,以及有机胺对环氧树脂和阴极电泳漆膜性能都有影响[160]。采用双马来酰亚胺树脂(BMI)取代传统环氧树脂涂覆在烧结钕铁硼磁体表面[161],与传统的环氧树脂相比,BMI 具有更高的温度稳定性,更低的潮湿敏感性。因此,BMI 涂层具有更好的耐酸、碱腐蚀能力和抗划伤能力。

绝缘特性良好的有机涂层具有较好的耐电化学腐蚀能力。磁体表面涂覆环氧树脂有机涂层能够很好地隔绝外界腐蚀性介质与基体的直接接触,为烧结钕铁硼磁体提供长效防护作用,同时环氧树脂涂层不会对磁体产生磁屏蔽作用。烧结钕铁硼行业通常采用阴极电泳环氧树脂,具有生产效率高、电泳液可循环使用等优点。与金属镀层相比,阴极电泳环氧树脂涂层的力学性能较差,限制了其应用领域。

(2)环氧树脂涂层耐蚀性的评价

对烧结钕铁硼磁体表面防护层的腐蚀防护能力进行有效评价具有重要意义。磁体表面防护层耐蚀性的测试方法主要有电化学测试、全浸泡失重实验和中性盐雾实验。纳米黏土/环氧树脂复合涂层的耐腐蚀能力有所增强[162],其中样品在中性盐雾条件下腐蚀 600 h 后的表面腐蚀形貌如图 2.8 所示。随着复合涂层中纳米黏土含量的增加,经过 600 h 中性盐雾腐蚀后,复合涂层脱落、起皮现象显著下降。当纳米黏土的添加量分别为 3 wt.%(样品 c)和 5 wt.%(样品 d)时,其耐蚀能力明显高于不含纳米黏土的样品 a 和 b。

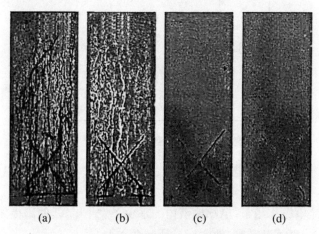

(a)　　　　(b)　　　　(c)　　　　(d)

图 2.8　复合涂层盐雾实验 600 h 后的表面形貌[162]

利用钢基体表面环氧树脂/聚苯胺复合涂层,分析环氧树脂涂层的腐蚀机理[163]。研究发现,采用典型的三电极体系,其参比电极、对电极和工作电极分别为饱和甘汞电极(SCE)、铂电极和表面待涂覆复合涂层的试样。图 2.9 为复合涂层试样在 3.0 wt.%NaCl 溶液中的动电位极化曲线情况。极化曲线能够反映出电解质通过涂层孔隙渗入基体与涂层之间发生的极化反应,其工作原理如图 2.10 所示。与钢基体相比,涂覆复合涂层的钢试样在 3.0 wt.%NaCl 溶液中的自腐蚀电流密度显著下降,说明在相同条件下,钢表面涂覆复合涂层能够显著降低钢的腐蚀速率,使钢的耐腐蚀性能得到显著提升。

研究对比分析了有机硅烷对金属铝表面环氧树脂涂层耐蚀性能的影响[164]。通过交流阻抗,分析了有机硅烷添加前后金属铝表面环氧树脂涂层在 3.0 wt.%的 NaCl 溶液中的电化学性能,结果如图 2.11 所示。从图中可以看出,有机硅烷的添加可以提高环氧树脂涂层的电阻值,表明环氧树脂涂层中添加的有机硅烷可以有效阻碍外界腐蚀介质的侵入,获得更

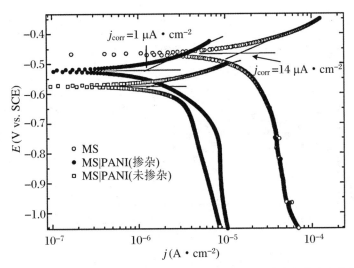

图 2.9　钢基体和聚苯胺/环氧树脂复合涂层在 3.0 wt.%NaCl 溶液中的动电位极化曲线[163]

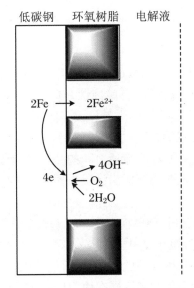

图 2.10　环氧树脂涂层在 3.0 wt.%NaCl 溶液中的腐蚀原理示意图

好的耐蚀性能。

　　由胶体的原理可知,可以将环氧树脂制成胶体状,然后在电场力的作用下将环氧树脂胶体均匀的涂覆在阴极工件表面。采用此种方式制备的环氧树脂涂层具有更好的腐蚀防护能力[165]。环氧树脂涂层的耐中性盐雾腐蚀时间和耐 PCT 实验的时间均达到 600 h 以上,是传统电镀金属镀层的 10 倍及以上[166],具有良好的耐腐蚀能力。由于环氧树脂涂料具有良好的流平性能,所以基体表面所制备的环氧树脂涂层光滑均一。环氧树脂涂层与基体之间的结合强度达到 17 MPa,涂层与基体之间结合牢固。环氧树脂电泳液可以循环使用,提高了环氧树脂电泳液的利用率,同时也减轻了环境污染问题,所以环氧树脂涂料被广泛应用于材料的腐蚀防护领域,被涂覆样品获得了较好的表面光洁度[167-168]。但是,环氧树脂属于有机涂料,其力学性能及耐高温性能较差,涂覆时需要采用挂镀方式,降低了生产效率,挂点的

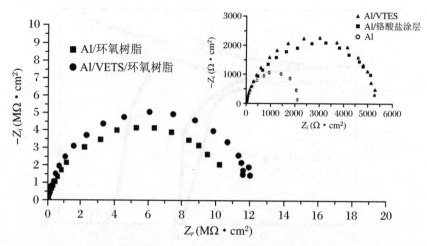

图 2.11　铝基体和复合涂层试样在 3.0 wt.% 的 NaCl 溶液中浸泡 1 d 后的 Nyquist 图[164]

存在易成为涂层腐蚀的薄弱部位,这些缺陷在一定程度上限制了环氧树脂涂层的进一步应用[169]。

（3）纳米粉体增强环氧树脂涂层

① 环氧树脂涂层的腐蚀机理

因环氧树脂有机涂料的特性以及阴极电泳沉积工艺上存在的不足,使金属基体表面所制备的环氧树脂涂层存在一定的缺陷[170]。腐蚀性介质中环氧树脂涂层因发生水解溶胀导致涂层出现破裂、起泡等缺陷,由于涂层的失效导致基体材料发生腐蚀。当腐蚀性介质与涂层接触时,这些腐蚀性离子会通过涂层中的孔隙等缺陷渗入基体与涂层界面处发生腐蚀反应。此时,生成的腐蚀产物会破坏基体与涂层之间的结合,严重时会使涂层出现起泡、剥离、脱落等现象。在涂层被破坏后,此时环氧树脂涂层失去腐蚀防护作用,基体会直接暴露在腐蚀性介质中,加速基体的腐蚀[171]。

环氧树脂涂层在 NaCl 溶液中长期浸泡会发生水解反应[172],同时在涂层中产生孔洞等缺陷。环氧树脂涂层在 NaCl 溶液中的失效过程示意图如图 2.12 所示。涂层中的醚键（—C—O—C—）对潮湿环境具有很强的敏感性,从而使环氧树脂涂层浸泡在电解质溶液中出现醚键的水解断裂,基体表面环氧树脂涂层在固化后,会在涂层表面形成高交联密度区域和低交联密度区域,水解优先发生在低交联密度区域,在此处产生孔洞等缺陷。随着浸泡时间的延长,涂层中孔洞的尺寸及数量也在不断增多。

将环氧树脂涂层浸泡在 3.5 wt.% NaCl 溶液中,采用红外光谱仪分析其浸泡前、后的微观结构变化情况,结果如图 2.13 所示。羟基在 $3400 \sim 3500 \ cm^{-1}$ 处的特征峰增强,醚键在 $1035 \ cm^{-1}$ 处的特征峰减弱,说明基体表面环氧树脂涂层发生水解反应。

对环氧树脂涂层在 3.5 wt.% NaCl 溶液中的失效过程进行了研究,并分析了环氧树脂涂层在 NaCl 溶液中腐蚀失效过程中的有机物成分及结构的变化情况[173],结果如图 2.14 所示。从图中可以看出,经过长期浸泡后,基体表面环氧树脂涂层中的羟基明显增强,醚键显著减弱,这说明涂层中的有机聚合物发生了水解反应。这是由于环氧树脂的水解及溶胀导致涂层中的孔隙等缺陷增加,是其腐蚀防护能力减弱甚至失效的主要原因。其中,波数 $2923 \ cm^{-1}$ 处为甲基的特征吸收峰;$3427 \ cm^{-1}$ 处为—OH 和—NH_2 的特征吸收峰;$1509 \ cm^{-1}$ 处为

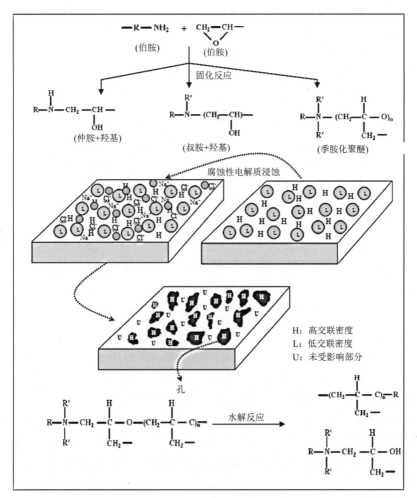

图 2.12　环氧树脂涂层在 3.5 wt.%NaCl 溶液中的失效过程示意图[172]

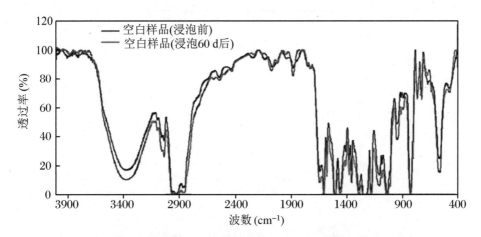

图 2.13　环氧树脂涂层在 3.5 wt.%NaCl 溶液中浸泡后的红外光谱图

C—N 的伸缩振动吸收峰;1246 cm⁻¹ 和 1029 cm⁻¹ 处均为环氧基中 C—O—C 的特征吸收峰。从图 2.14 可知,随着浸泡时间的延长,1029 cm⁻¹ 和 1246 cm⁻¹ 处的醚键特征吸收峰逐渐减弱,出现这种现象的原因在于环氧基团中敏感的醚键因水解生成了羟基,促使 3427 cm^{-1} 处—OH 的特征吸收峰变强。另外,—OH 吸收峰的增强和 C—N 伸缩振动吸收峰的减弱说明环氧树脂在固化过程中所生成的 C—N 键在后期浸泡中逐渐水解为—OH 和—NH$_2$。

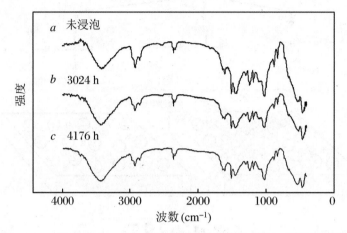

图 2.14　环氧底漆在 3.5 wt.%NaCl 溶液中浸泡后的红外光谱图[173]

　　通过交流阻抗谱(Nyquist 图)分析了金属铝表面涂覆环氧树脂涂层试样在 3 wt.%NaCl 溶液中浸泡不同时间后的性能变化情况[174],分析金属铝表面环氧树脂涂层的腐蚀防护机制,结果如图 2.15 和 2.16 所示。由图可以看出,金属铝表面的环氧树脂涂层在浸泡的初始阶段表现出涂层的阻抗特性,此时涂层具有良好的腐蚀防护能力;随着浸泡时间的延长,溶液中的电解质通过涂层中的孔隙向内渗入,此时电解质未触及基体,涂层仍能起到防护作用,但涂层内部因含有水分子及电解质离子而表现出电感特性;随着浸泡时间的进一步延长,电解质逐渐向涂层与基体结合处渗入,最终与基体接触并发生腐蚀反应,生成的腐蚀产物可以暂时抑制电解质的继续渗入;在浸泡的后期,涂层完全失去腐蚀防护作用,使基体完全暴露在电解质溶液中,基体发生腐蚀。

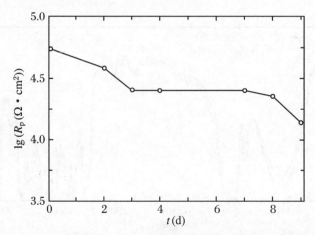

图 2.15　3 wt.%NaCl 溶液中环氧树脂涂层电阻随浸泡时间的变化[174]

② 纳米粉体增强机理

纳米粒子的添加能够降低电解液在有机涂层中的渗透能力,增加电解液向涂层内部渗

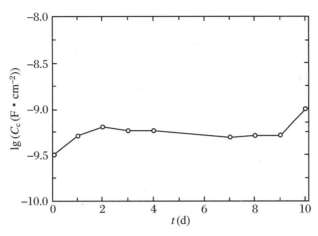

图 2.16   3 wt.％NaCl 溶液中环氧树脂涂层电容随浸泡时间的变化[174]

入的阻力[175]。在一定范围内,防止电解液渗入的阻力随纳米颗粒含量的增加而变大。此外,有机涂层中添加的纳米粉体可以有效延长腐蚀通道,延缓电解液向涂层内部的渗入,显著提高有机涂层的耐腐蚀性能。

通过 Nyquist 图研究了纳米粉体(纳米 SiO_2、Zn、Fe_2O_3、黏土)增强环氧树脂涂层在腐蚀性介质中的耐腐蚀性能以及腐蚀过程[176]。不同纳米粉体增强环氧树脂涂层试样在 3 wt.％NaCl 溶液中浸泡 7 d 的 Nyquist 图如图 2.17 所示,其对应的等效电路如图 2.18 所示。

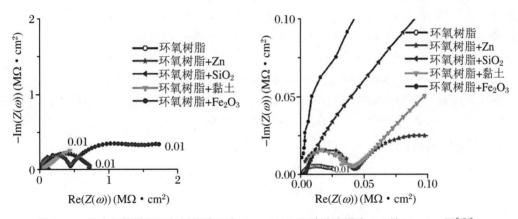

图 2.17   纳米粉体增强环氧树脂涂层在 3 wt.％NaCl 溶液中浸泡 7 d 的 Nyquist 图[176]

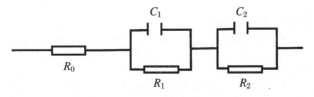

图 2.18   等效电路示意图[176]

涂层试样在 3 wt.％NaCl 溶液中浸泡 7 d 的交流阻抗参数如表 2.2 所示。其中，R_1 和 C_1 分别表示环氧树脂涂层的电阻值和电容值；而 R_2 和 C_2 分别表示未涂覆涂层的钢基体在电解质溶液中的电荷转移电阻值和双电层电容值。

表 2.2　涂层试样在 3 wt.％NaCl 溶液中浸泡 7 d 后的电化学参数

涂层样品	$R_0(\Omega \cdot cm^2)$	$R_1(\Omega \cdot cm^2)$	$R_2(\Omega \cdot cm^2)$	$C_1(F \cdot cm^{-2})$	$C_2(F \cdot cm^{-2})$
普通环氧树脂	200.1	352.5	2.42×10^4	6.64×10^{-9}	1.64×10^{-5}
环氧树脂＋纳米 Zn	366.4	4.24×10^4	9.63×10^4	3.35×10^{-9}	7.06×10^{-6}
环氧树脂＋纳米 SiO_2	765.9	2.51×10^3	7.28×10^5	5.85×10^{-11}	7.39×10^{-7}
环氧树脂＋纳米黏土	254.2	3.60×10^4	3.11×10^6	1.78×10^{-9}	6.86×10^{-6}
环氧树脂＋纳米 Fe_2O_3	200.3	4.57×10^5	9.03×10^5	7.61×10^{-10}	4.31×10^{-7}

有机涂层中添加的纳米粉体可以提高涂层的电阻（R_1）6～1295 倍，降低涂层的电容（C_1）1～112 倍，降低了涂层的孔隙率，提高了涂层的致密度，能够更好地阻碍外界腐蚀介质的渗入。纳米粉体的添加可以使环氧树脂的电荷转移电阻提高（R_2）3～186 倍，使双电层电容降低（C_2）1～484 倍。这是由于纳米粉体不仅能够提高环氧树脂涂层的物理屏蔽性能，延长腐蚀性介质在环氧树脂涂层渗入的腐蚀通道，提高涂层对腐蚀性介质的阻碍能力；而且纳米粉体与基体之间不同的反应作用，在提高涂层与基体之间结合强度的同时，也改善了涂层与基体结合界面处的物理化学性能。

采用原位氧化聚合方法制备出了不同质量比的纳米 SnO_2/聚苯胺复合材料[177]，并在 304 不锈钢表面涂覆纳米 SnO_2/聚苯胺改性的环氧树脂涂层。通过电化学测试和浸泡腐蚀实验进行分析发现，纳米 SnO_2/聚苯胺能够改善环氧树脂涂层的屏蔽效果，当纳米 SnO_2 在复合涂层的含量达到 4.0 wt.％时，所制备的改性环氧树脂涂层具有最佳的耐腐蚀性能。经过 35 d 全浸泡腐蚀实验，涂层样品的阻抗值几乎无变化，具有良好的稳定性。

由于有机涂层的硬度低、耐磨性差及耐热性不理想等缺陷，在一定程度上限制了有机涂层在磁体表面腐蚀防护应用领域的进一步拓展。所以，开发出具有良好力学性能的有机涂层以满足烧结钕铁硼磁体的应用需求具有十分重要的意义。

2. 硅烷化处理技术

与传统的磷化处理相比，烧结钕铁硼磁体表面的硅烷化处理具有以下优势[178]：

（1）硅烷化处理过程不会产生有害重金属离子。

（2）硅烷化处理不会产生残渣。

（3）硅烷化处理不需要表调工序，流程简单易操作，并且生产效率高。

（4）硅烷溶液能反复使用。

（5）有机硅烷转化膜与基体之间的结合强度高。

因此，基于硅烷化处理的以上优点，绿色环保的硅烷化方法是目前取代传统磷化工艺最有应用前景的磁体表面暂时性防护技术。

将硅烷化处理应用在金属材料的表面防护[179]，具有很好的防护效果。硅烷化处理的早期理论是"不经阳极化处理等高成本表面处理，硅烷偶联就可以防腐蚀并能提高金属附着力"，其理论模型如图 2.19 所示[180]。

由图 2.19 可知，硅烷化处理的四步关键反应模型如下[181]：

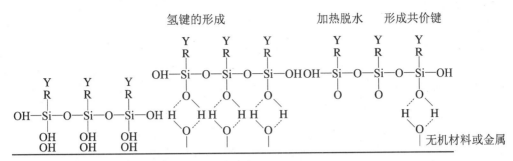

图 2.19　硅烷偶联剂化学键和理论模型[180]

（1）与硅相连的 3 个 Si—X 基优先水解生成 Si—OH。

（2）Si—OH 之间通过脱水缩合生成含 Si—OH 基团的低聚合硅氧烷。

（3）低聚合物中的 Si—OH 基团与基体表面上的—OH 之间形成氢键。

（4）在后期加热固化过程中，通过脱水反应与基体之间形成共价键连接。

通常认为，界面处的硅烷偶联剂中的硅和基体表面仅有一个 Si—OH 发生键合反应，余下的两个 Si—OH，一方面可以与其他硅烷偶联剂中的 Si—OH 发生缩合反应，另一方面呈现游离状态。作为一种含有特殊结构的有机物，硅烷偶联剂中同时包含有机官能团和无机官能团，在与非金属之间能够产生很高的结合强度的同时，也能与金属之间产生很高的结合强度。

依据硅烷偶联剂的作用机制，研究了工艺参数对硅烷偶联剂水解效果的影响[182]，同时根据化学键合理论分析了水解生成硅醇的工艺条件。对硅烷偶联剂KH-560进行充分水解，制得硅烷溶液，将其涂覆于金属表面并对其进行加热固化处理，最终形成硅烷转化膜[183]，并通过对硅烷偶联剂的水解条件以及固化条件进行系统研究，发现其水解时间为 48 h，硅烷偶联剂的质量分数约为 10%，在 180 ℃左右下固化得到的硅烷转化膜与基体之间具有更好的黏结性能。

采用浸涂法依次对铝试样进行了硅烷化处理和铈盐处理[184]，制备出硅烷-铈盐杂化膜，同时采用电化学工作站对制备的杂化膜进行了测试。分析发现，与单纯的硅烷转化膜和铈盐转化膜相比，硅烷-铈盐杂化膜的疏水性能更好，膜层致密度更高，同时兼具硅烷转化膜和铈盐转化膜的优点，能够很好地抑制铝金属阳极和阴极反应的进行。与纯铝金属相比，涂覆杂化膜试样的自腐蚀电流密度下降了两个数量级左右，显著提高了金属铝的耐腐蚀性能。盐水浸泡实验同样表明，杂化膜试样在浸泡 7 d 后的 R_{ct} 值仍能维持在 105 Ω·cm² 左右，能够为金属材料提供长效的防护作用。由 SEM 和 EDS 分析可知，硅烷化处理可增加铝的表面活性与粗糙度，能够促进杂化膜的形成。

通过正交实验探索了冷轧钢表面纳米复合硅烷转化膜的最优工艺参数[185]，采用动电位极化曲线分析了硅烷转化膜在 3.5 wt.%NaCl 溶液中的腐蚀过程。结果表明，硅烷水解的最优工艺参数分别是：水解溶液各组分的体积比为 $V_{KH-550} : V_{乙醇} : V_{水} = 7 : 22 : 75$，温度为 40 ℃，溶液 pH 值为 10，水解时间为 8 h，浸涂的最佳时间为 20 min，在温度为 90 ℃条件下固化处理 20 min，纳米粉体的最佳含量为 0.3 g·L⁻¹。同时，采用阳极极化曲线分析了纳米粉体的添加对硅烷转化膜耐腐蚀性能的影响，并通过扫描电子显微镜观察了涂覆转化膜前、后冷轧钢的微观形貌。结果发现，与单一硅烷转化膜相比，纳米复合硅烷转化膜的耐腐蚀性能更好。

　　由于单纯硅烷转化膜的耐蚀性和力学性能并不理想,所以人们不断寻找新的途径对硅烷转化膜进行改性处理:

　　(1) 在硅烷水溶液中添加缓蚀剂。添加适量的缓蚀剂可使硅烷薄膜获得"自修复"功能,提高硅烷防护膜的耐腐蚀性能。譬如在硅烷溶液中添加少量的 $Ce(NO_3)_3$。稀土氧化物的添加可获得较厚的硅烷膜层,提高膜层的致密度,从而获得良好的耐腐蚀性能和"自修复"功能[186]。

　　(2) 在硅烷溶液中掺杂阻隔剂。将部分惰性物质添加到有机涂层中,来提高有机涂层的耐蚀性,其中纳米氧化铝和纳米氧化硅是应用最早的惰性物质[187-189]。在有机涂层中添加纳米惰性物质可以延长外界腐蚀性介质的渗入路径,使涂层获得更好的耐蚀性和耐磨性。但是,对有机涂层中阻隔剂的添加量有一定限制,当阻隔剂的添加量过多时,会使复合涂层中的孔隙率增多,反而降低了涂层的耐蚀性[190-192]。

2.2.2.3　化学转化膜

　　转换膜分离技术是指金属材料的表层分子与水溶液物质中的阳离子反应,在金属表层上转化成了固体膜并牢固地黏附于金属表层的一种金属表面处理技术。铬酸盐转化处理和磷酸盐转化处理是常用的金属表面化学转化膜技术,其优点是工艺流程简单,处理效果良好,生产成本较低[193-194]。其中,铬酸盐转化膜的致密性和耐蚀性好,与金属之间的结合强度高,本身具有自修复功能,因此被广泛应用于金属材料的表面防护处理。但是,在铬酸盐处理过程中会产生具有毒性、致癌的六价铬。随着人们环保意识的不断增强,现已不断加强对有毒有害物质的控制。

　　针对铬酸盐转化处理存在的以上问题,磷酸盐转化处理(又称磷化处理)得到快速发展。通常将金属试样置于磷酸盐溶液中经过化学或电化学处理后,并在金属基体表面形成难溶磷酸盐转化膜的过程称为磷化处理。因磷化膜的绝缘特性,能够抑制金属表面化学原电池的形成,从而抑制金属的电化学腐蚀,提高其耐蚀性能[195]。磷化处理因其成膜效率高,成膜质量好,工艺多样化而被广泛应用,具有良好的发展前景。

　　磷化处理主要包含低温、中温和高温磷化处理三种方式。烧结钕铁硼磁体一般选用常温锰系或锌系磷化处理[196],其化学反应方程式如下所示:

$$8Fe + 5Me(H_2PO_4)_2 + 8H_2O + H_3PO_4 \longrightarrow$$
$$Me_3(PO_4) \cdot 4H_2O(膜) + 7FeHPO_4(沉渣) + 8H_2 \uparrow \qquad (2.8)$$

式中,Me 为 Mn、Zn 等。

　　当前,磷化处理被广泛应用于工业化生产中。磷化处理过程中产生的磷化废液会导致水体的富营养化,并且磷化废液中含有锰、锌以及镍等重金属离子[197]。因此,亟需开发一种新型环保的表面防护处理技术,来取代铬酸盐钝化处理和磷酸盐转化处理。

　　通过正交实验方法可以研究磷化液配方和工艺参数对磷化处理的影响[198-199]。对磷化液配方中的植酸、乙酸锰和氧化促进剂 DJ1,以及低温促进剂 DJ2 的含量和游离度进行分析,并优化磷化处理温度、磷化处理时间等关键工艺参数,可以获得沉渣少、成膜速度快、溶液稳定的磷化液,所制备的磷化膜结构连续性好、致密度高,具有良好的耐腐蚀性能。对比研究了多种磷酸盐热磷化处理时的刀具表面形貌、耐腐蚀性能,揭示了磷化处理对刀具寿命和耐蚀性能的影响机制[200]。将烧结钕铁硼磁体进行磷化处理[201],采用扫描电子显微镜观察到磁体表面覆盖的均匀密实的磷化膜,并分别采用锌系和钛系磷化液处理磁体和普通钢件,分析发现了不同基体的磷化膜组分一致,均为 $Zn_3(PO_4)_2 \cdot 4H_2O$ 及 $Zn_2Fe(PO_4)_2 \cdot 4H_2O$。工业上通常采用磷化工艺对金属材料进行表面处理,但只能作为一种暂时性防护层,不宜单独使用。

2.2.2.4　喷涂涂层

在压力或离心力的作用下,采用喷枪或碟式雾化器,将微细且均匀分散的雾滴施涂于工件表面的方法称为喷涂。采用喷涂工艺可在烧结钕铁硼磁体表面涂覆达克罗涂层、无铬 Zn-Al 涂层及金属 Al 涂层等。下面针对每种涂层进行简单介绍。

1. 达克罗涂层

达克罗涂层(即 Zn-Al-Cr 涂层)具有优异的耐腐蚀性能,被广泛应用于海洋工程、造船、电力、化工等领域。通常采用电镀、热浸、物理气相沉积的方法在钢件表面沉积锌及锌合金镀层。达克罗涂层作为一种常见的热固性涂料,具有无氢脆、高耐蚀的特点,是传统电镀、化学镀工艺的替代工艺[202-206],因生产过程清洁并且无污染,又被称为绿色电镀。达克罗涂层中的成分主要包括锌/铝片、还原剂、铬酸和微量的高耐蚀涂料。最早是美国大洋公司在1963年研发并用于解决汽车零部件耐酸雨、盐水腐蚀的难题。达克罗涂层的耐盐雾腐蚀能力是电镀镍层和电镀锌层的10倍以上[207-208]。

达克罗涂层的结构示意图如图 2.20 所示。从图 2.20 可以看出,由层片状堆叠而成的达克罗涂层中间的包裹层是铬酸。其中,铬酸在涂层中起到钝化作用,在钢件表面形成含铬化合物。在配制涂料的过程中,铬酸与锌铝片表面的氧化膜发生反应形成致密的铬酸盐钝化膜[209-210]。在后续涂料的固化过程中,铬酸会与有机还原剂发生反应,形成具有黏结特性、结构复杂的化合物,使锌铝片层紧密黏结在一起,并牢固地附着在钢件表面。

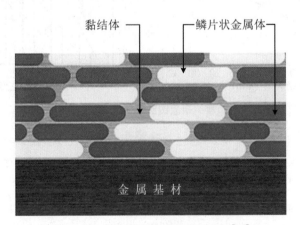

图 2.20　达克罗涂层的结构示意图[210]

达克罗涂层具有以下四个特性[211]:① 屏蔽作用,由片层结构堆叠而成的锌铝涂层能够形成有效的阻挡层,延长外界腐蚀介质渗入的腐蚀通道;② 电化学保护作用,锌铝涂层中的 Zn、Al 薄片能为基体提供牺牲阳极的保护作用;③ 钝化作用,铬酸能与锌铝薄片和基体反应形成钝化膜,显著降低锌铝涂层和基体的腐蚀速率,多层钝化结构大幅度提高了耐蚀性能,具有很好的缓蚀作用;④ 自修复作用,当锌铝涂层在腐蚀性环境中被破坏时,在 Zn 与基体之间形成原电池促进金属 Zn 的腐蚀,生成的腐蚀产物经进一步腐蚀生成难溶性碳酸锌,又重新具有涂层的"阻挡"功能。具有上述四个优点的达克罗涂层的耐腐蚀性能极高。但是,达克罗涂层中的锌铝薄片质软且含有一定量的黏结剂,并且达克罗涂层还含有六价铬,从而限制了其应用推广。

2. 无铬 Zn-Al 涂层

传统的达克罗涂层因含 Cr^{6+} 而被限制使用。工业上通常采用喷涂工艺在烧结钕铁硼磁体表面涂覆无铬 Zn-Al 涂层[212-213]。无铬 Zn-Al 涂层由于摒弃了 Cr^{6+},是一种绿色环保型表面防护涂层,能够为基体提供物理屏蔽、钝化和牺牲阳极的电化学保护作用:一是物理屏蔽作用,锌铝薄片呈鳞片状,层层相叠涂覆在基体表面,可以阻止基体与外界腐蚀介质的直接接触;二是钝化作用,锌铝涂层中的锌铝薄片能够形成致密的钝化膜,该钝化膜具有较强的耐蚀性能;三是电化学保护作用,与基体材料相比,涂层中的锌铝薄片的自腐蚀电位更低,在电化学条件下涂层中的锌铝薄片作为腐蚀微电池的阳极因失去电子优先发生腐蚀,能为基体提供牺牲阳极保护作用。

通过优化无铬 Zn-Al 涂层的成分配方[214],发现涂层中 Zn/Al 最佳的质量比为 7∶1,此时锌铝涂液具有最优的综合性能,采用喷涂方法在工件表面涂覆锌铝涂层。图 2.21 是在不同烧结温度和时间下所制备涂层的硝酸铵快速腐蚀评价。从图中可以看出,当烧结温度为325 ℃时,烧结 25 min 制备的 Zn-Al 涂层具有最优的耐蚀性能。

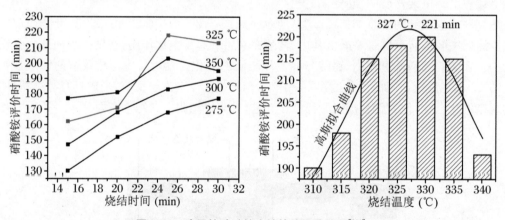

图 2.21　涂层的硝酸铵腐蚀快速评价结果[214]

从无铬 Zn-Al 涂层的黏结剂入手,通过对铝粉进行改性处理,发现锌、铝粉的质量比控制在 3∶1 以及黏结剂为 20% 时,所制备的 Zn-Al 涂层具有较好的耐腐蚀性能,当薄片状铝粉表面覆盖一层惰性膜层后,片状铝粉会由疏水性转变为亲水性[215]。

采用腐蚀剂和黏结剂取代铬酸盐制备出无铬 Zn-Al 涂层[216],研究了金属粉的粒度和厚度对涂层耐蚀性能的影响,并分析了涂层的耐腐蚀机制。图 2.22 是无铬 Zn-Al 涂层表面形貌及其动电位极化曲线。从图中可知,不同涂层的自腐蚀电位基本一致,均在 -1.01 V 左右。相比之下,热浸镀锌和电镀锌试样的动电位极化曲线的阳极部分的斜率偏小,自腐蚀电流密度较大,达克罗涂层和无铬 Zn-Al 涂层的自腐蚀电流密度较小,说明其耐蚀性能良好。

目前,由于无铬 Zn-Al 涂层技术保密、成本较高等原因,其推广应用受到一定的限制,从环保角度考虑,无铬 Zn-Al 涂层对我国环保建设的发展具有重要意义,可以带来巨大的经济和社会效益。但无铬 Zn-Al 涂层因失去铬酸盐的缓释和自修复作用,导致其耐腐蚀性能不

(a)　　　　　　　　　　　　(b)

图 2.22　Zn-Al 涂层微观形貌(a)及动电位扫描极化曲线(b)对比[216]

及达克罗涂层,其硬度和耐磨性等力学性能较差,应用受到一定程度的限制。相关研究表明,纳米颗粒具有特殊的形貌结构以及普通材料不具备的优异性能,可以改善无铬 Zn-Al 涂层的防腐蚀性能。

对影响无铬 Zn-Al 涂层寿命及耐蚀性的搅拌时间、光照、pH 值和杂质等因素进行了系统研究,通过在涂层中添加 Fe_2O_3、MoS_2、TiO_2 和 Gr_2O_3 等制备了不同色系的涂层[217]。研究发现,在 pH 值为 8.7 的阴冷环境下,充分搅拌能够延长涂层的寿命,硝酸盐和硫酸盐对涂层耐蚀性能的影响较小,磷酸盐和硝酸盐会在一定程度上降低涂料的稳定性。添加的 Gr_2O_3、TiO_2 等微粒可以改善涂层的耐蚀性,添加的 MoS_2 降低了涂层的耐蚀性,添加的 Fe_2O_3 基本不会对涂层的耐蚀性产生影响。不同预烘条件下制备的 Zn-Al 涂层表面 SEM 形貌如图 2.23 所示。从图中可以看出,由于烘干温度较低、挥发时间较短,导致涂液中的水分未能及时彻底排除,从而导致无铬 Zn-Al 涂层出现鼓泡、起皮等缺陷,降低了涂层的耐蚀性能。图 2.24 是涂层中添加不同微粒后的试样在海水中浸泡一定时间的自腐蚀电位和自腐蚀电流密度对比情况。

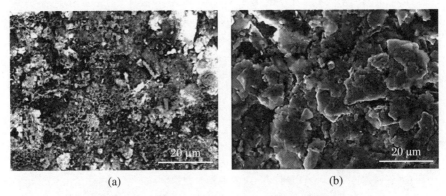

(a)　　　　　　　　　　　　(b)

图 2.23　不同烘干工艺下的 Zn-Al 涂层微观形貌[217]

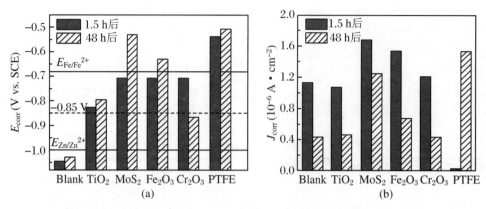

图 2.24　含不同微粒的无铬 Zn-Al 涂层在天然海水中的 E_{corr} 和 J_{corr} [218]

纳米 CeO_2 具有良好的化学稳定性、比表面积大、高硬度和高电阻率等优点,是防腐涂层中常用的改性添加剂。纳米 CeO_2 掺杂对环氧树脂有机涂层具有明显影响[217],纳米 CeO_2 改性环氧树脂涂层降低了涂层的孔隙率,提高了涂层的屏蔽性能,添加的纳米 CeO_2 能够阻碍涂层内分子链的移动,实现改善涂层耐蚀性能的目的。纳米 CeO_2 影响 $AZ_{31}B$ 镁合金表面微弧氧化膜(MAO 涂层)的耐腐蚀性能[219],与 MAO 涂层相比,CeO_2/MAO 复合涂层的致密度和物理屏蔽效果更好,可以有效抑制电荷在腐蚀介质与 MAO 涂层之间的迁移,其自腐蚀电流密度更低,大幅度提高了 MAO 涂层的耐腐蚀性能。

3. 金属 Al 涂层

采用冷喷涂法在烧结钕铁硼磁体表面制备了 Al 薄膜[220]。研究发现,Al 薄膜与基体之间的结合较为牢固。当 Al 薄膜的厚度达 170 μm 时,对钕铁硼基体和表面镀膜后的试样进行动电位极化曲线分析,其自腐蚀电流密度分别为 4.361×10^{-6} A · cm^{-2} 和 1.350×10^{-6} A · cm^{-2},腐蚀分为两个阶段进行。XRD 表征表明,薄膜表面有 Al_2O_3 薄膜生成。图 2.25 是磁体表面 Al 薄膜的表面和截面形貌,可见磁体表面 Al 镀层均匀致密无缺陷。NdFeB 磁体表面 Al-Mn 涂层在 $AlCl_3$-EMIC-$MnCl_2$ 溶液中的腐蚀情况表明[221],良好的磁体表面状态有助于改善基体与 Al-Mn 涂层之间的结合情况,动电位极化曲线发现 Al-Mn 镀层使磁体的自腐蚀电流密度降低了 3 个数量级。

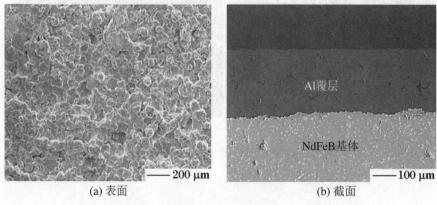

(a) 表面　　　　　　　　　　(b) 截面

图 2.25　烧结钕铁硼磁体表面 Al 薄膜的微观形貌[220]

烧结钕铁硼磁体表面 Al 薄膜的性能受真空热处理工艺的影响较大[222]。其中,真空热处理的时间和温度对镀层的组织结构和性能具有明显的影响。分析发现,在 650 ℃下真空热处理 10 min 所制备的 Al 薄膜具有较优的性能。经过真空热处理后,Al 薄膜与基体之间发生冶金结合,薄膜与基体的结合强度极高,同时也维持了 Al 薄膜的连续性和平整性,具有良好的耐蚀性。通过观察 Al 薄膜的表面形貌,当温度超过 650 ℃后,由于 Al 薄膜与基体之间发生扩散,从而形成 RFeAlB 新相。随着真空热处理温度的进一步上升,新相开始逐渐长大,使 Al 薄膜表面产生了微裂纹及其他缺陷,Al 薄膜的完整性遭到破坏,降低了 Al 薄膜的耐蚀性。

采用喷涂方法在磁体表面制备了 Al 薄膜[223],喷涂 Al 薄膜厚度约为 16 μm,通过动电位极化曲线分析发现,喷涂 Al 薄膜试样的自腐蚀电流密度由 6.54×10^{-5} A·cm^{-2} 降低到 1.30×10^{-5} A·cm^{-2}。采用 Nyquist 图、X 射线能谱仪和极化曲线对 Al 薄膜的腐蚀过程进行分析。图 2.26 为 Al 粉和磁体表面 Al 薄膜的显微形貌,可以看出,Al 粉的尺寸均一,磁体表面所制备的 Al 薄膜厚度均匀一致。从图 2.27～图 2.29 可知,磁体表面 Al 薄膜的腐蚀先后经历两个阶段,生成的 Al$_2$O$_3$ 提高了 Al 薄膜的耐蚀性。由表 2.3 可知,在盐水中浸泡 0 h、24 h、48 h 后,其自腐蚀电流密度分别为 1.301×10^{-5} A·cm^{-2}、2.253×10^{-5} A·cm^{-2} 和 6.099×10^{-6} A·cm^{-2},自腐蚀电流密度呈现先增大后减小的变化趋势。

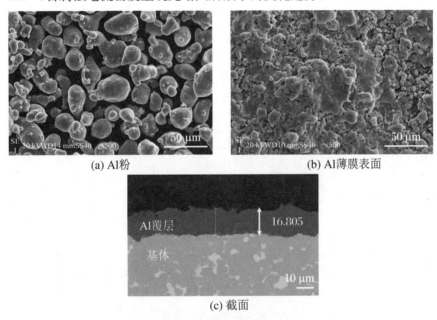

(a) Al粉　　(b) Al薄膜表面

(c) 截面

图 2.26　Al 粉及 Al 薄膜表面和截面形貌图[223]

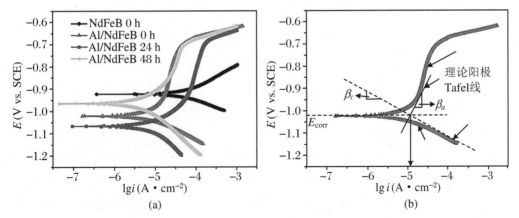

(a)　　(b)

图 2.27　(a) NdFeB 基体及 Al 薄膜不同浸泡时间的极化曲线;(b) Tafel 外推法计算电化学参数[223]

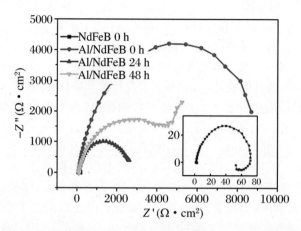

图 2.28　钕铁硼基体及 Al 薄膜不同浸泡时间的 Nyquist 图[223]

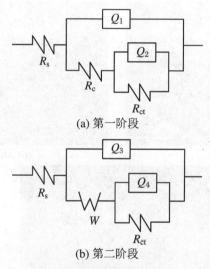

(a) 第一阶段

(b) 第二阶段

图 2.29　等效电路图[223]

表 2.3　通过模拟获得的电化学参数[223]

| 试样 | 浸泡时间(h) | $R_s(\Omega \cdot cm^2)$ | Q_1 | | $R_c(\Omega \cdot cm^2)$ | Q_2 | | $R_{ct}(\Omega \cdot cm^2)$ |
			$Y_0 - Q_1$ $\mu S \cdot cm^{-2} \ s^n$	n		$Y_0 - Q_2$ $\mu S \cdot cm^{-2} \ s^n$	n	
Al/NdFeB	0	1.57	18.49	0.9	1067	23	0.79	8781
Al/NdFeB	24	1.675	39.04	1	40.53	86.96	0.7755	2559

| 试样 | 浸泡时间(h) | $R_s(\Omega \cdot cm^2)$ | Q_3 | | $Y_0 - W$, $\mu S \cdot cm^{-2} \ s^n$ | Q_4 | | $R_{ct}(\Omega \cdot cm^2)$ |
			$Y_0 - Q_3$ $\mu S \cdot cm^{-2} \ s^n$	n		$Y_0 - Q_4$ $\mu S \cdot cm^{-2} \ s^n$	n	
Al/NdFeB	48	14.77	34.55	1	1804	146.1	0.6333	4297

　　金属镀层具有较高的硬度、强度和较好的腐蚀防护能力被广泛应用于烧结钕铁硼磁体的表面防护。但是,金属镀层材料的活性普遍较高,易受腐蚀性环境的影响,承受电化学腐蚀的能力有限。与烧结钕铁硼磁体相比,金属镀层的电极电位偏正,只能为磁体提供阳极保

护作用。此外,工业上制备的电镀镍层对磁体的磁性能还具有一定屏蔽作用。

2.2.2.5　真空镀膜技术

作为一种环境友好的干法镀膜技术,物理气相沉积技术在烧结钕铁硼磁体表面防护中的应用逐渐受到人们的关注[224-226]。与传统的电镀、化学镀和阴极电泳等湿法镀膜技术相比,物理气相沉积技术避免了湿法镀膜过程中产生的工业三废问题,同时解决了湿法镀膜过程中镀液的残留对镀层质量的影响问题,所制备的膜/基结合强度更高,并且获得更高的膜层致密度。常见的物理气相沉积镀膜技术主要有磁控溅射、真空蒸镀、离子镀和等离子体镀膜等[227-229]。

1. 磁控溅射

磁控溅射是指通过在靶阴极表面附近形成一个与靶表面平行的封闭的正交电磁场,并利用该电磁场将二次电子束缚在靶表面的一定区域内,一方面是提高电离效率,另一方面是增加电离能量与密度,提高磁控溅射率的过程[230-232]。磁控溅射方法被用于对非金属与金属进行表面镀膜处理。该方法镀膜具有一系列优点,例如:镀膜设备简单易操作、镀膜面积大、镀层与基体之间的结合强度高等。同时,磁控溅射方法具有低温、高速和低损伤的特点。磁控溅射镀膜的工作原理为:在电磁场的作用下,电子在飞向基体的过程中会与氩气之间产生高速碰撞,然后将氩气原子电离成氩离子和电子,其中电子继续飞向待镀工件表面,而在电磁场作用下氩离子则飞向阴极靶材。阴极靶材在氩离子的高速轰击下溅射出靶原子或靶分子沉积在待镀工件表面,在溅射过程中产生的二次电子在电磁场的作用下发生 $E \times B$ 漂移,其轨迹可近似为一条摆线,该摆线会围绕在环形磁场的周围。因该摆线的路径长被束缚在磁场附近等离子体区域中,所产生的二次电子不断与氩原子之间发生碰撞直到能量消耗完,最终沉积在基体上。氩离子会在电磁场的作用下源源不断高速轰击靶材表面,保证磁控溅射镀膜的快速成型,该溅射模型的示意图如图 2.30 所示[233]。但是,磁控溅射技术也存在一定的缺点,因采用的是溅射成膜方法,导致其宏观成膜速度慢,产品的生产效率低。

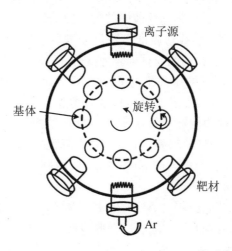

图 2.30　磁控溅射镀膜原理示意图[233]

对影响 Al 薄膜耐蚀性能的溅射功率、薄膜厚度等进行了分析[234],可知当磁控溅射功率为 51～82 W 时,所制备的 Al 薄膜表面平整致密、晶粒细小;当溅射功率达到 154 W 时,Al 薄膜晶粒急剧长大,表面变得相对粗糙、疏松。通过动电位极化曲线分析,发现 Al 薄膜的耐蚀性能也随之降低,结果如图 2.31 所示。

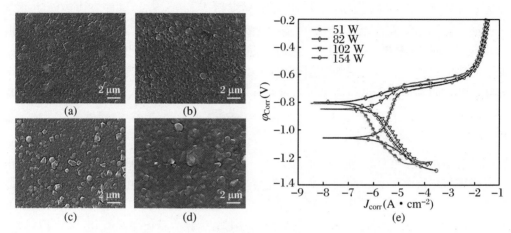

图 2.31　不同溅射功率下铝薄膜微观形貌及动电位极化曲线对比[234]

　　磁体表面不同厚度的 Al 薄膜形貌和动电位极化曲线如图 2.32 和图 2.33 所示。由图可知,采用粉末冶金方法制备的烧结钕铁硼磁体含有孔洞。当磁体表面 Al 薄膜的厚度为 2.23～4.46 μm 时,仍然有孔洞存在;当 Al 薄膜的厚度增加到 6.69 μm 时,基体表面的孔洞基本消失。随着 Al 薄膜厚度的继续增加,达到 8.92～11.15 μm 时,Al 薄膜晶粒出现长大的趋势。从动电位极化曲线可知,与烧结 NdFeB 基体相比,Al 薄膜试样的自腐蚀电流密度下降了两个数量级,并且其自腐蚀电流密度随 Al 薄膜厚度的增加呈现出先减小后上升的趋势。对比发现,当磁体表面 Al 薄膜的厚度为 6.69 μm 时,其具有较优的耐蚀性能。

　　通过离子束辅助的磁控溅射方法,在磁体表面制备了 Al 薄膜和 Al/Al$_2$O$_3$ 复合薄膜[235-238],同时研究了磁体表面 Al 薄膜的腐蚀防护机理;通过控制磁控溅射过程中的氧含量,在磁体表面制备了致密的 Al$_2$O$_3$ 薄膜,有效破坏了 Al 薄膜柱状晶结构的生长,显著提高了 Al 薄膜的致密度;通过分析磁体表面 Al 薄膜的耐蚀性,表明引入的 Al$_2$O$_3$ 薄膜显著提高了 Al 薄膜的耐蚀性。对磁体表面 Al 薄膜的微观形貌进行表征[238],结果如图 2.34 所示。从图中可以看出,磁体表面 Al 薄膜的晶粒排列较为致密,晶粒尺寸均一,但晶粒之间存在微裂纹;从 Al 薄膜的截面 SEM 形貌可知,磁体表面 Al 薄膜为明显的柱状结构生长。

　　使用磁控溅射方法在磁体表面制备了 Ti/Al 复合薄膜[239],对其腐蚀机理进行了研究,结果发现密排六方结构的 Ti 薄膜能够打断 Al 薄膜柱状晶结构的生长,并且随着 Ti/Al 复合层数的增加,复合薄膜表面的平整度越高。Ti/Al 复合薄膜的截面及其面能谱扫描结果如图 2.35 所示。由图可知,磁体表面单纯的 Al 薄膜和 Ti 薄膜均为柱状结构,而 Ti/Al 复合薄膜破坏了其柱状晶结构生长。

　　图 2.36 为烧结钕铁硼磁体表面单一 Al 薄膜、Ti 薄膜和 Ti/Al 多层复合薄膜的表面形貌。单一 Al 薄膜柱状晶之间存在孔隙,单一 Ti 薄膜表面凹凸不平,然而 Ti/Al 多层薄膜的表面可知平整度得到明显改善。

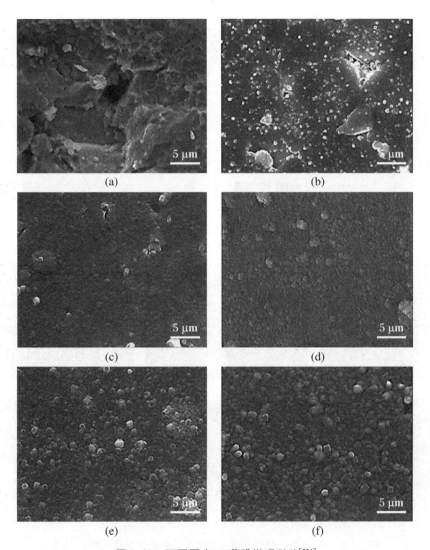

图 2.32　不同厚度 Al 薄膜微观形貌[234]

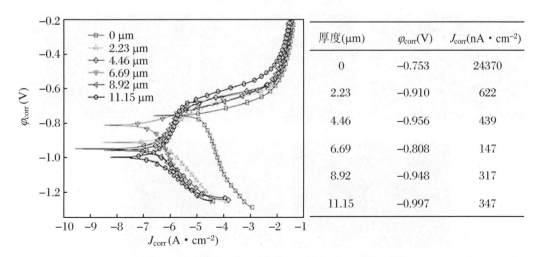

厚度(μm)	φ_{corr}(V)	J_{corr}(nA · cm^{-2})
0	−0.753	24370
2.23	−0.910	622
4.46	−0.956	439
6.69	−0.808	147
8.92	−0.948	317
11.15	−0.997	347

图 2.33　不同厚度的 Al 薄膜动电位极化曲线对比[234]

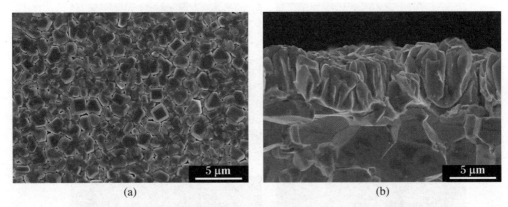

图 2.34　烧结钕铁硼磁体表面 Al 薄膜微观形貌：(a) 表面；(b) 截面[235]

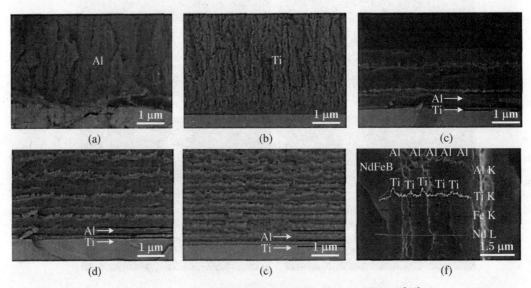

图 2.35　Ti/Al 复合薄膜的断面形貌及其面能谱扫描结果[239]

图 2.36　烧结钕铁硼磁体表面单一 Al 薄膜、单一 Ti 薄膜及 Ti/Al 多层薄膜的表面形貌[239]

2. 真空蒸镀

作为物理气相沉积技术中的一种,真空蒸镀过程相对简单。首先将待镀工件置于真空室内,并进行真空清洗处理,然后在真空条件下通过对蒸发舟中蒸发材料进行加热,使其以分子或原子等蒸气的形式沉积在待镀工件表面,在待镀工件表面经过冷凝形成具有一定厚度的均一薄膜[240-242]。当前,真空蒸镀方法被广泛应用于制备电阻、电容和介质膜等,其在光学、磁性材料、装饰材料和微电子领域均有应用。由于真空蒸镀过程中无化学反应,解决了传统湿法镀膜带来的工业"三废"问题,是一种环境友好型的干法镀膜工艺[243-245]。因此,对真空蒸镀技术的研究开发具有十分重要的意义。图 2.37 为 ES500 型真空蒸镀薄膜制备设备。

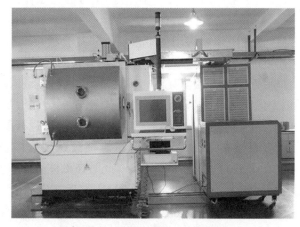

图 2.37　ES500 型真空蒸镀设备

从大规模批量化生产的角度考虑,真空蒸镀方法具有以下优缺点:

优点:① 由于整个蒸发镀膜过程是在真空环境中进行的,所制备的镀膜不含杂质;② 所制备的镀膜表面具有良好的光洁度;③ 待镀工件不仅适用于金属材料,而且适用于非金属材料;④ 蒸发镀膜过程简单易操作,能够很好地控制镀膜厚度;⑤ 真空蒸镀属于环境友好型法的表面防护方法。

缺点:① 真空蒸镀用设备相对复杂,成本较高;② 因为真空设备空间有限,且蒸发舟的尺寸受限,所以待镀工件的尺寸也受到限制;③ 因为蒸镀材料是依靠蒸气沉积在工件表面,所以膜/基结合强度较低。

自烧结钕铁硼磁体问世以来,磁体的表面防护技术也在不断改进,其中电镀在磁体的表面防护领域占有重要地位。另外,阴极电泳和喷涂技术在烧结钕铁硼磁体表面的应用也得到了快速发展。真空蒸镀方法在烧结钕铁硼磁体表面防护方面的应用还处于起步阶段。目前,我国烧结钕铁硼行业拥有磁体表面真空蒸镀设备及相关技术的企业屈指可数。

真空蒸镀技术在磁体表面防护领域中的应用研究较多,已具备小批量产业化生产能力。磁控溅射技术所制备的 Al 薄膜与基体之间的结合强度较高,因此可将磁控溅射 Al 薄膜作为打底层,再进行真空蒸镀处理,提高了生产效率。因此,通过将磁控溅射与真空蒸镀技术相结合可以发挥两者各自的优势,使物理气相沉积在烧结钕铁硼磁体表面的应用得到进一步发展。

磁体表面真空蒸镀 Al 薄膜的沉积过程主要受真空室温度、偏压大小和蒸发电流等因素的影响。蒸发镀膜技术具有高效、无污染的特点,适用于工业化规模生产,所以研发真空蒸镀 Al 薄膜工艺并开发相应的自动化生产线对发展烧结钕铁硼磁体表面防护具有重要意义。

然而,物理气相沉积技术存在如下缺点:相关镀膜设备的价格昂贵,镀膜工艺及技术不够成熟,产品制备成本较高,等等。所以在一定程度上限制了物理气相沉积技术在磁体表面防护领域中的进一步推广与应用。

2.2.2.6　其他表面防护技术

传统的磁体表面防护技术无法满足当前烧结钕铁硼磁体在相关应用领域的使用需求,根据目前磁体表面防护涂/镀层存在的一些问题,可以复合开发出多种形式的复合涂/镀层,也可寻找开发新的环保表面防护层。因此,开发多层次、全方面的磁体表面防护层是目前的研究热点之一[246-248]。

采用电镀方法在烧结钕铁硼磁体表面制备了多层金属复合镀层[249],主要包括 Ni-P/高硫 Ni/半光亮 Ni 和 Cu-Ni/Ni-P/高硫 Ni/半光亮 Ni 两种复合防护镀层。经研究发现,金属复合镀层处理除了具有化学镀 Ni-P 镀层优异的密封性外,还具有高硫镍中间镀层较低的电位来控制其在电化学环境中的腐蚀,所以金属复合镀层具有单层金属镀层不具备的优点,而且具有更好的耐腐蚀性能[250]。同时也可将金属镀层与非金属镀层进行复合,在磁体表面制备出金属与非金属相复合的多种类涂镀层。例如,将烧结钕铁硼磁体表面沉积的化学镀 Ni-P 层作为过渡层,然后再沉积一层 TiO_2 薄膜[251-252],此时在磁体表面沉积的复合涂镀层具有更优异的耐腐蚀性能。采用化学镀和阴极电泳技术[253]先后在磁体表面沉积镍镀层和环氧树脂涂层,所制备的复合涂层不仅具有环氧树脂涂层的美观,而且化学镀镍层作为过渡层,可以提高涂层与基体之间的结合强度。将电镀 Cr 和化学镀 Ni-P 合金相结合在磁体表面制备出具有多层结构的复合镀层[254],为磁体提供了优异的腐蚀防护作用。但是,所制备的复合涂镀层的耐蚀性能并不是单一防护层性能的叠加,由于受生产工艺条件的限制,其制造成本较高,并且在实际生产中将多种涂镀层进行完美的复合难度相对较大。

经过长期的研究与开发,目前我国烧结钕铁硼行业表面防护技术已有长足进步,但烧结钕铁硼磁体的腐蚀防护问题仍未得到彻底解决,其极差的耐蚀性能直接限制了烧结钕铁硼磁体产品的进一步应用。所以,从根本上解决烧结钕铁硼磁体的耐腐蚀性能具有重要意义。

1. 基于碳纳米管的复合涂镀层

碳纳米管[255]结构中的石墨片层中的碳原子经 sp^2 杂化处理后,与其周围的 3 个碳原子之间形成具有六边形的网状结构。由单层石墨片层卷曲而成的碳纳米管中六边形闭合结构的碳原子以 sp^2 方式进行键合,具有良好的力学性能。通过原了力显微镜分析,发现多壁碳纳米管的弯曲强度能够达到(14.2 ± 0.8)GPa,相当于碳纤维的 14 倍。通过分析单根碳纳米管的径向压缩弹性模量[256],发现碳纳米管具有非常优异的回复能力以及抗应变能力,因此碳纳米管具有极为优异的力学性能。细小且弯曲的碳纳米管更易在基体材料中起到钉扎和浸润的作用。因此,碳纳米管通常作为强化相应用于钕铁硼表面的复合涂镀层材料中。

2. 纳米复合涂层对磁性能的影响

磁屏蔽通常是指同一磁场中存在两种不同磁导率介质且在两者交界处发生磁场突变,从而导致磁感应强度的方向和大小发生改变的现象。主要有以下两种方式能够产生磁屏蔽现象:一是,通过引入一个磁场强度更高的可控磁场,在压缩源磁场的磁力线较小范围内提供磁屏蔽;二是,利用磁力线优先选择穿过磁导率较高材料的特性,形成一个封闭的磁力线,从而实现在一定空间内隔绝磁场的目的,其中第二种方式更为常见。

烧结钕铁硼磁体表面防护技术的研发应以不损伤磁体的磁性能为基础,所以磁体表面防护层的开发应重点关注以下两点:

(1) 所开发的磁体表面防护层磁导率很低或不具有磁导率,不会对烧结钕铁硼磁体产生磁屏蔽作用或磁屏蔽效应很低。当磁体表面的涂/镀层的磁导率较大时,与空气磁场相比,磁体所释放的磁感线更倾向在磁导率较高的涂/镀层内穿行,所以磁感线更易选择在磁导率较高的涂/镀层内闭合,使防护层外部空间的磁场减弱,因此就会出现隔磁现象。

(2) 保证开发的涂/镀层与磁体之间具有强的结合强度。若防护层与基体之间因结合疏松而存有空隙,会导致涂/镀层出现起皮、起泡和脱落现象,达不到腐蚀防护的目的。

作为一种抗磁性物质,将不导磁的环氧树脂涂料涂覆在烧结钕铁硼磁体表面,不会对磁体产生磁屏蔽作用。碳纳米管同样作为一种抗磁性材料不会对磁体产生磁屏蔽,所以在环氧树脂中添加碳纳米管可以提高涂层的致密度,改善环氧树脂涂层的耐蚀性和力学性能。由于阴极电泳技术能够获得膜/基结合强度更高的涂层,所以工业上通常采用阴极电泳技术在烧结钕铁硼磁体表面制备环氧树脂涂层,为磁体提供长效的腐蚀防护作用。

第 3 章　高稳定性烧结钕铁硼磁体的制备与性能

目前,烧结钕铁硼磁体的实际最大磁能积已非常接近其理论最大磁能积(64 MGOe),进一步提高的难度很大,且实际意义不大。烧结钕铁硼磁体的理论矫顽力高达 70 kOe,然而当前纯三元钕铁硼合金的矫顽力还不足 15 kOe,其矫顽力与理论值相差甚远,且温度稳定性较差,所以制约了烧结钕铁硼磁体应用领域的拓展[257]。由于烧结钕铁硼磁体的矫顽力低,在磁体制备过程中,通常采用重稀土 Dy、Tb 部分取代 Nd,形成具有更高各向异性场的镝铁硼(镝钕铁硼)或铽铁硼(铽钕铁硼),在提高磁体矫顽力的同时,也提高了磁体的温度稳定性。但是,Dy 或 Tb 与 Fe 属于反铁磁性耦合,所以 Dy 或 Tb 的添加会降低磁体的剩磁[77]。另一方面,Dy、Tb 在地壳中的储量很少,且价格远高于 Nd,在大规模批量化生产过程中将面临着原材料供应相对困难和生产成本高等问题,严重制约了烧结钕铁硼磁体的推广与应用。

3.1　无重稀土烧结钕铁硼磁体的制备

为了减少对重稀土元素的过度依赖,实现稀土资源的均衡开发利用,降低磁体的生产制造成本,进一步拓展烧结钕铁硼磁体的应用领域,通过气流磨细化晶粒制备了无重稀土烧结钕铁硼磁体,并对比分析了相同牌号无重稀土磁体和含重稀土磁体的磁性能、温度稳定性、力学性能、化学稳定性和微观结构。

选用的钕铁硼合金成分设计为$(PrNd)_{32}(CoCuAlZr)_{0.2}Fe_{bal}B$。依次采用真空熔炼、氢破碎、气流磨制粉、取向成型、冷等静压、烧结、二级回火热处理的制备工艺。其中,气流磨粉末的平均粒度为 2.13 μm,在 1060 ℃下真空烧结 5 h,然后分别在 900 ℃和 480 ℃下保温 3 h 进行二级回火热处理,最终制备出无重稀土烧结钕铁硼磁体试样(记为无 HR 磁体)。选取常温磁性能接近的商用含重稀土的烧结钕铁硼磁体作为对比试样(记为含 HR 磁体,其成分为$(PrNd)_{31}Tb_{0.6}(CoCuAlZr)_{0.2}Fe_{bal}B$)。将两种试样分别加工成 Φ10 mm × 10 mm、10 mm × 10 mm × 2 mm 和 18 mm × 6 mm × 5 mm 的样品(高度为 10 mm 和厚度为 2 mm、5 mm,方向为磁体取向方向)。

采用 Phenom Pro X 型扫描电子显微镜(SEM,背散射模式)对所制备的样品进行微观结构分析。采用 NIM-15000H 型磁滞回线测量仪测试样品在 20 ℃、60 ℃、80 ℃、100 ℃、120 ℃、140 ℃和 160 ℃条件下的磁性能。采用磁通计和亥姆霍兹线圈测试磁体的磁通值,并计算其磁通不可逆损失。采用 Bruker 型 X 射线衍射仪（XRD）对片状样品进行物相分析，CuKα 为放射源（40 kV，100 mA）。采用电化学工作站测试样品的 Nyquist 图和动电位极化曲线，测试采用典型的三电极体系，其参比电极、辅助电极和工作电极分别为饱和甘汞电极、10 mm×10 mm 的铂片和所制备的样品，3.5 wt.% NaCl 溶液作为电解质，实验在（25±2）℃ 条件下进行。在开路电位条件下测试样品的电化学 Nyquist 图，选用的频率范围是 10 mHz～100 kHz，将幅值为 10 mV 的正弦波作为测试信号，通过 Zview 阻抗分析软件拟合电化学阻抗数据。采用型号为 HAST-S 的高温老化实验箱测试样品在高温、高压、高湿环境下的腐蚀失重情况，实验条件为 100% 相对湿度、120 ℃、2 atm。通过万能实验机与三点弯曲法测试样品的抗弯强度，其跨距是 14.1 mm，实验速度是 1 mm/s。采用型号为 HVS-1000 的数显显微硬度计测试样品的硬度（载荷为 50 g，保载时间为 10 s）。

3.2　无 HR 磁体和含 HR 磁体的微观组织与性能

3.2.1　无 HR 磁体和含 HR 磁体的微观组织

无 HR 磁体和含 HR 磁体的 SEM 图片如图 3.1 所示，其中白色区域表示富稀土相，灰色区域表示主相。从图 3.1(a) 和 (c) 可以看出，无 HR 磁体的主相晶粒之间具有连续分布的富稀土相。但是，含 HR 磁体主相晶粒之间未形成明显的连续分布的富稀土相（图 3.1(b) 和 (d)）。与含 HR 磁体相比，无 HR 磁体晶界角隅处的块状富稀土相较多，且主相晶粒相对较小。作为非磁性连续分布的富稀土相既有助于烧结磁体的致密化，又能起到去磁耦合作用，对烧结磁体的磁硬化至关重要。

无 HR 磁体和含 HR 磁体在垂直于取向方向截面上的 XRD 测试结果如图 3.2 所示。无 HR 磁体和含 HR 磁体具有明显的 c 轴织构，两种磁体的 XRD 谱相差不大，XRD 谱线中的 (006) 晶面的衍射强度最强，说明两种磁体均表现出明显的 c 轴取向。

3.2.2　无 HR 磁体和含 HR 磁体的磁性能

图 3.3 是无 HR 磁体和含 HR 磁体样品在室温下的磁性能情况。从图 3.3 可知，无 HR 磁体的剩磁 $B_r = 13.60$ kGs，矫顽力 $H_{cj} = 18.25$ kOe，最大磁能积 $(BH)_{max} = 44.73$ MGOe；含 HR 磁体的剩磁 $B_r = 13.55$ kGs，矫顽力 $H_{cj} = 18.91$ kOe，最大磁能积 $(BH)_{max} = 44.49$ MGOe。通过气流磨细化晶粒制备的无 HR 磁体，减小了晶粒周围的离散场，提高了磁体的形核场，实现了常温磁性能的显著提升。

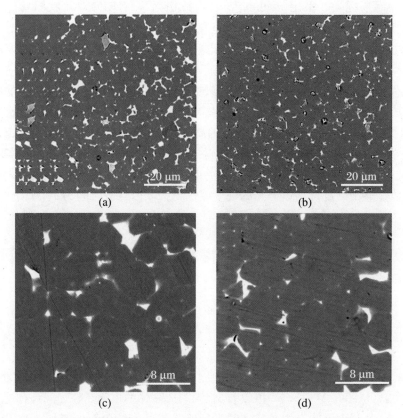

图 3.1　无 HR 磁体((a),(c))和含 HR 磁体((b),(d))的 SEM 形貌

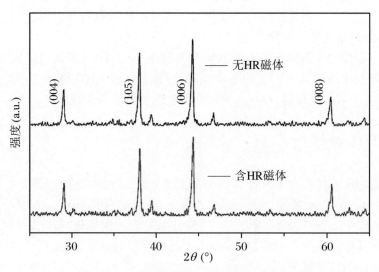

图 3.2　无 HR 磁体和含 HR 磁体的 XRD 曲线

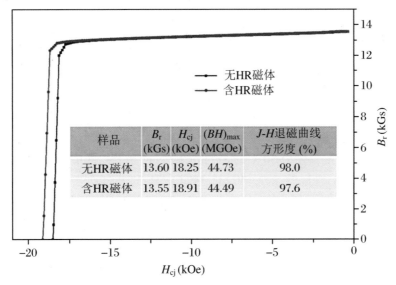

图 3.3　无 HR 磁体和含 HR 磁体在室温下的退磁曲线

3.3　无 HR 磁体和含 HR 磁体的温度稳定性

3.3.1　无 HR 磁体和含 HR 磁体在不同温度下的磁性能

无 HR 磁体和含 HR 磁体在不同温度下的磁性能如表 3.1 所示。

表 3.1　无 HR 磁体和含 HR 磁体在不同温度下的磁性能

T(℃)	样品	B_r(kGs)	H_{cj}(kOe)	$(BH)_{max}$(MGOe)	H_k/H_{cj}
20	无 HR 磁体	13.60	18.25	44.73	0.980
	含 HR 磁体	13.55	18.91	44.49	0.976
60	无 HR 磁体	13.04	11.97	40.32	0.967
	含 HR 磁体	13.05	13.56	40.69	0.969
80	无 HR 磁体	12.71	9.35	38.02	0.966
	含 HR 磁体	12.77	11.20	38.77	0.963
100	无 HR 磁体	12.36	7.21	35.60	0.961
	含 HR 磁体	12.44	9.24	36.51	0.957
120	无 HR 磁体	11.98	5.49	32.41	0.970
	含 HR 磁体	12.07	7.52	34.17	0.959

续表

$T(℃)$	样品	B_r(kGs)	H_{cj}(kOe)	$(BH)_{max}$(MGOe)	H_k/H_{cj}
140	无 HR 磁体	11.55	4.12	27.39	0.953
	含 HR 磁体	11.74	6.13	31.75	0.946
160	无 HR 磁体	11.12	3.10	22.07	0.955
	含 HR 磁体	11.31	4.84	28.14	0.947

从表 3.1 可知,当测试温度为 60 ℃时,无 HR 磁体的 B_r、H_{cj}、$(BH)_{max}$ 和 $H_{cj}+(BH)_{max}$ 的数值分别为 13.04 kGs、11.97 kOe、40.32 MGOe 和 52.29,而含 HR 磁体的 B_r、H_{cj}、$(BH)_{max}$ 和 $H_{cj}+(BH)_{max}$ 的数值分别为 13.05 kGs、13.56 kOe、40.69 MGOe 和 54.25。当测试温度达到 160 ℃时,无 HR 磁体的 B_r、H_{cj}、$(BH)_{max}$ 和 $H_{cj}+(BH)_{max}$ 的值分别为 11.12 kGs、3.10 kOe、22.07 MGOe 和 25.17,而含 HR 磁体的 B_r、H_{cj}、$(BH)_{max}$ 和 $H_{cj}+(BH)_{max}$ 的数值分别为 11.31 kGs、4.84 kOe、28.14 MGOe 和 32.98。

无 HR 磁体和含 HR 磁体的剩磁 B_r、矫顽力 H_{cj} 和最大磁能积 $(BH)_{max}$ 以及 $H_{cj}+(BH)_{max}$ 之和随温度的变化趋势如图 3.4 所示。可以看出,磁体的 B_r、H_{cj}、$(BH)_{max}$ 和 $H_{cj}+(BH)_{max}$ 均随温度的升高而降低。采用气流磨细化晶粒制备的无 HR 磁体和同牌号商用含 HR 磁体的常温磁性能(B_r、H_{cj} 和 $(BH)_{max}$)基本一致。随着温度的不断升高,无 HR 磁体的 B_r、H_{cj} 和 $(BH)_{max}$ 均比含 HR 磁体下降的更快。虽然细化晶粒可提高烧结磁体在室温下的磁性能,但 $Nd_2Fe_{14}B$ 的磁晶各向异性场和居里温度低于 $Tb_2Fe_{14}B$,所以在高温下无 HR 磁体的磁性能明显低于含 HR 磁体。

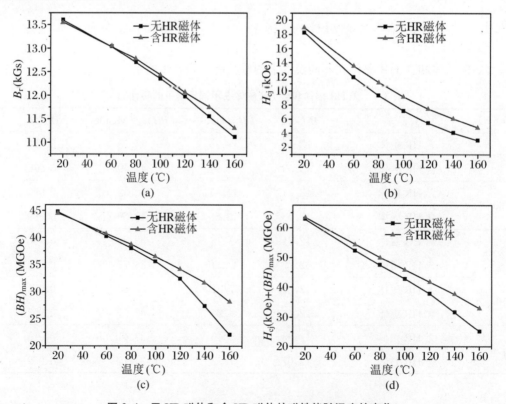

图 3.4　无 HR 磁体和含 HR 磁体的磁性能随温度的变化

　　在不同温度范围内，无 HR 磁体和含 HR 磁体的剩磁温度系数$|\alpha|$和矫顽力温度系数$|\beta|$如图 3.5 所示。从图 3.5(a)可以看出，在 20～160 ℃ 的温度范围内，无 HR 磁体和含 HR 磁体的$|\alpha|$均随温度的升高而增大。在同一温度区间，无 HR 磁体的$|\alpha|$始终大于含 HR 磁体的。从图 3.5(b)可以看出，在 20～160 ℃ 的温度范围内，无 HR 磁体和含 HR 磁体的$|\beta|$均随温度的升高而减小。同样，在同一温度区间，无 HR 磁体的$|\beta|$始终大于含 HR 磁体。其中，在 20～160 ℃ 温度区间内，无 HR 磁体和含 HR 磁体的剩磁温度系数$|\alpha|$和矫顽力温度系数$|\beta|$值分别为 0.130%/ ℃、0.593%/ ℃ 和 0.118%/ ℃、0.531%/ ℃。无 HR 磁体在高温下的稳定性低于含 HR 磁体，这是由于含重稀土的烧结钕铁硼磁体具有更高的各向异性场，具有更好的抗高温退磁能力，无 HR 磁体的温度稳定性较差。

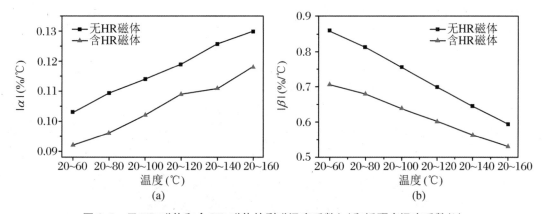

图 3.5　无 HR 磁体和含 HR 磁体的剩磁温度系数(a)和矫顽力温度系数(b)

3.3.2　无 HR 磁体和含 HR 磁体的磁通不可逆损失

3.3.2.1　磁通不可逆损失的测试

1. 测试方法的确定

　　对烧结钕铁硼磁体在不同条件下的磁通不可逆损失进行分析，掌握影响磁体磁通不可逆损失的主要因素，为磁通不可逆损失的准确测量提供数据支撑。选择商用 N48、50H、42M 和 45SH 牌号的烧结钕铁硼磁体进行测试，将上述磁体分别加工成片状样品，其尺寸如表 3.2 所示。

表 3.2　选用的烧结钕铁硼磁体尺寸

牌号	N48	50H	42M	45SH
长(mm)	12.0	29.0	20.0	15.0
宽(mm)	12.0	29.0	8.0	12.0
高(取向方向)(mm)	2.6	3.0	5.0	4.0

　　采用 4T 脉冲磁场充磁机将片状样品充至磁化饱和状态，利用 TA 系列磁通计测试片状样品在室温的初始磁通值。对样品在不同实验条件下进行高温烘烤处理，高温烘烤结束后，

取出样品并冷却至室温,再次测量相应样品的磁通值。采用式(1.11)计算磁体的磁通不可逆损失。

2. 磁通不可逆损失的准确值

为了获得准确的磁通不可逆损失,需要排除周围磁场以及导磁材料的干扰。采用不导磁托盘分别对孤立磁体进行测试,然后对每种牌号磁体的磁通不可逆损失取平均值,其结果如表3.3所示。磁通不可逆损失的准确值可为后续磁体摆放间距和导磁托盘厚度的选择提供参考。

表 3.3　不同牌号烧结钕铁硼磁体的磁通不可逆损失

牌号	N48	50H	42M	45SH
烘烤温度(℃)	100	100	130	160
h_{irr}(%)	29.21	22.08	21.56	22.39

3. 开路状态下磁体摆放间距对测试结果的影响

图3.6是不同牌号烧结钕铁硼磁体在开路状态下,经过不同温度高温烘烤2 h后,磁通不可逆损失与磁体摆放间距的关系曲线图。

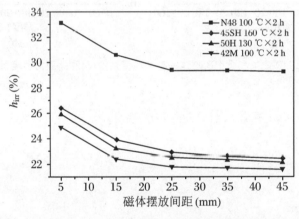

图 3.6　开路状态下磁通不可逆损失与磁体摆放间距的关系曲线

从图3.6可知,当摆放间距在5～25 mm时,磁通不可逆损失随摆放间距的增大急剧下降;当磁体摆放间距为25～45 mm时,随摆放间距的增大,磁通不可逆损失变化很小。摆放间距越大,磁体的磁通不可逆损失越接近其准确值。因此,磁通不可逆损失的准确测量受磁体摆放间距的影响,特别是在磁体间距较小时,间距波动会导致测试结果的较大波动,为了获得相对准确和易于复现的测试结果,磁体的摆放间距应大于某个最小值。对于本实验中所测试的4种样品,摆放间距至少控制在25 mm以上,这一最小值与磁体的尺寸无关。

磁体在测试过程中的摆放位置示意图如图3.7所示。当多个磁体沿磁化方向同向排列时,A磁体会受到周围磁体所产生的磁场作用,A磁体周围磁场的方向与其磁化方向相反,对A磁体来说,构成外部退磁场。在测试过程中,外部退磁场会导致磁体额外退磁,即磁通不可逆损失值大于孤立磁体的磁通不可逆损失值。随着磁体摆放间距的增大,这一外部退磁场不断减小,当间距增大到某一值时,外部退磁场已经可以忽略不计,所测得的磁通不可逆损失值接近于孤立磁体。

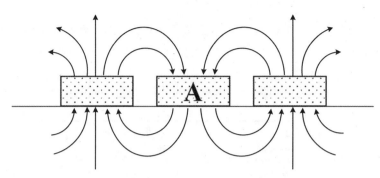

图 3.7　磁体摆放的位置示意图

4. 闭路状态下导磁托盘厚度对测试结果的影响

图 3.8 是烧结钕铁硼磁体在摆放间距为 30 mm 条件下,不同温度高温烘烤 2 h,磁通不可逆损失与导磁托盘厚度的关系曲线图。由于电机用烧结钕铁硼磁体在工作时处于闭路状态,且磁体在开路与闭路状态时的磁通不可逆损失具有差异性,因此,通过研究导磁托盘厚度对磁通不可逆损失的影响可为电机用钕铁硼磁体的选择提供数据参考。从图可以看出,当托盘厚度大于 1.0 mm 时,随托盘厚度的增加,磁通不可逆损失几乎不变;当托盘厚度在1.0 mm 以下时,磁通不可逆损失随托盘厚度的减小而急剧升高,与磁体的磁通不可逆损失的准确值越来越接近。

导磁托盘厚度直接影响着磁通不可逆损失的测试结果,这是因为磁体的磁通不可逆损失主要来源于磁体自身退磁场的退磁作用,当磁体放置于导磁托盘上时,导磁托盘会导通磁体表面的磁路,减小磁体自身的退磁场,进而降低磁通不可逆损失。托盘越厚,磁路的导通程度也就越高,磁体的自退磁场也会越小,最终测得的磁通不可逆损失也会越小。当托盘厚度达到某一值时,磁路导通程度不再变化,所测得的磁通不可逆损失也趋于稳定。因此,在保证测试所用的导磁托盘具有一定的强度,以及测试结果的准确性和可重复性外,所选用的导磁托盘应尽可能的薄,并保证托盘的厚度均匀一致,建议选择厚度为 0.2 mm 的导磁托盘。

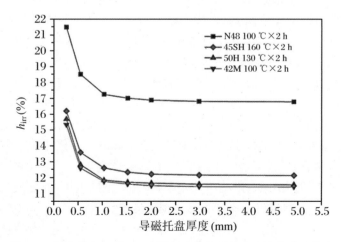

图 3.8　闭路状态下磁通不可逆损失与导磁托盘厚度的关系曲线

5. 温度波动对磁通不可逆损失的影响

内禀矫顽力的大小表示烧结钕铁硼磁体抗退磁能力的强弱,磁体的矫顽力随温度的升高逐渐减小,进而导致磁体的磁通不可逆损失逐渐增大,特别是当磁体的矫顽力小于磁体的自退磁场时,其磁通不可逆损失明显变大。在厚度为 0.2 mm 的导磁托盘且磁体摆放间距为 30 mm 的条件下,磁通不可逆损失与烘烤温度的关系如图 3.9 所示。

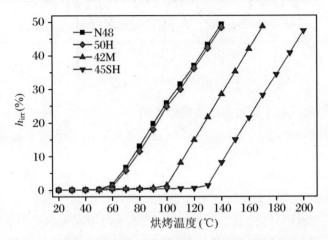

图 3.9　闭路条件下磁通不可逆损失与烘烤温度的关系曲线

从图可以看出,对于不同牌号的磁体,在烘烤温度达到其工作温度之前,可以忽略温度变化对磁通不可逆损失的影响。但是,当烘烤温度超过磁体的工作温度后,随着烘烤温度的不断升高,磁通不可逆损失显著增加,与烘烤温度均呈明显线性关系,每升高 1 ℃,其磁通不可逆损失增加 0.5% 左右。

由于测试过程的温度波动对测试结果有较大影响,为了提高磁通不可逆损失测试结果的准确性,应对温度波动性予以控制。针对不同牌号、规格的烧结钕铁硼磁体,可以先测试其磁通不可逆损失与烘烤温度的关系曲线,计算磁通不可逆损失的温度敏感性,然后根据测试结果的准确度要求,选择合理的温度控制精度。

系统研究发现,烧结钕铁硼磁体的磁通不可逆损失与托盘材质/规格、磁体摆放间距和烘烤温度及其波动性之间的关系如下:① 发现磁通不可逆损失测试结果受磁体摆放间距的影响,特别是在磁体间距较小时,间距波动会导致测试结果的较大波动,为了获得相对准确和易于复现的测试结果,磁体的摆放间距应大于某个最小值,实验结果表明,磁体的摆放间距至少控制在 25 mm 以上,这一最小值与磁体的规格尺寸无关。② 在闭路状态下,导磁托盘厚度也会直接影响磁通不可逆损失的测试结果。因此,在保证测试所用的导磁托盘具有一定的强度,以及测试结果的准确性和可重复性的条件下,所选用的导磁托盘应尽可能的薄,为了保证托盘的厚度均匀一致,建议选择厚度为 0.2 mm 的导磁托盘。③ 烧结钕铁硼磁体的磁通对温度非常敏感,一旦超过磁体的工作温度,其磁通不可逆损失将会不断增加。当磁体的磁通不可逆损失的测试结果准确度控制在 ±0.5% 范围内时,温度波动性应当控制在 ±1 ℃ 之内。因此,为了获得准确的磁通不可逆损失测量结果,测量过程中应对磁体摆放间距、托盘厚度和烘烤温度等因素进行有效控制。以上研究发现的关系,为烧结钕铁硼永磁电机的设计和磁体选择提供了准确的数据参考。

3.3.2.2　无 HR 磁体和含 HR 磁体的磁通不可逆损失

作为磁体温度稳定性的主要指标之一,磁通不可逆损失反映了其抗高温退磁能力的强弱。图 3.10 是无 HR 磁体和含 HR 磁体在不同温度下的磁通不可逆损失情况,其中测试所用的托盘为 0.2 mm 厚的导磁托盘。从图中可以看出,在烘烤温度达到 80 ℃之前,基本上能够忽略温度变化对磁体的磁通不可逆损失的影响。在烘烤温度超过 80 ℃之后,磁通不可逆损失随烘烤温度的升高而不断增加。在相同的测试条件下,与含 HR 磁体相比,无 HR 磁体的磁通不可逆损失始终偏高。当烘烤温度为 160 ℃时,无 HR 磁体和含 HR 磁体的磁通不可逆损失分别为 59.89%和 40.57%。因此,对于常温磁性能基本一致的烧结钕铁硼磁体,含 HR 磁体的高温磁通不可逆损失低于无 HR 磁体,说明无 HR 磁体具有较低的抗高温退磁能力。因此,采用气流磨细化晶粒制备的无 HR 磁体的温度稳定性较差。

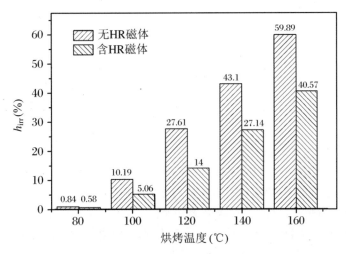

图 3.10　无 HR 磁体和含 HR 磁体在不同温度下的磁通不可逆损失

3.4　无 HR 磁体和含 HR 磁体的力学性能

作为材料力学性能的主要指标之一,硬度反映了材料表面抵抗外部载荷变形的能力。无 HR 磁体和含 HR 磁体的显微硬度值如表 3.4 所示。可以看出,无 HR 磁体的平均显微硬度为 567.4 HV,含 HR 磁体的平均显微硬度达到了 589.6 HV。这是由于重稀土元素的原子半径更小,当取代部分 Nd 元素后,晶格发生收缩,原子排布更加紧密,增加了抵抗变形的能力,因此无 HR 磁体的显微硬度略低于含 HR 磁体。

表 3.4　无 HR 磁体和含 HR 磁体的显微硬度(HV)

样品	1	2	3	4	5	平均值
无 HR 磁体	564.3	565.6	566.7	571.2	569.8	567.4
含 HR 磁体	585.6	594.2	590.3	592.1	586.5	589.6

表3.5为无HR磁体和含HR磁体样品的抗弯强度测试结果,样品的长度方向为其易磁化方向。从表3.5可以看出,无HR磁体样品的抗弯强度平均值为375.03 MPa,含HR磁体样品的抗弯强度平均值仅为321.09 MPa,说明气流磨细化晶粒制备的无HR磁体的抗弯强度有所改善。

表 3.5　无 HR 磁体和含 HR 磁体的抗弯强度(MPa)

样品	1	2	3	4	5	平均值
无 HR 磁体	377.60	357.72	383.94	383.80	372.10	375.03
含 HR 磁体	318.80	311.33	333.47	316.97	324.86	321.09

表3.6列出了无HR磁体和含HR磁体样品的抗压强度测试结果,其中样品的易磁化方向与加载方向平行。可以看出,无HR磁体样品的平均抗压强度为1155.30 MPa,含HR磁体样品的平均抗压强度仅为1050.16 MPa,说明气流磨细化晶粒制备的无HR磁体的抗压强度略有改善。

表 3.6　无 HR 磁体和含 HR 磁体的抗压强度(MPa)

样品	1	2	3	4	5	平均值
无 HR 磁体	1152.61	1149.15	1242.19	1104.41	1164.13	1155.30
含 HR 磁体	1010.04	1067.57	995.52	1080.92	1072.87	1050.16

图 3.11 为无 HR 磁体和含 HR 磁体的断口形貌。从图 3.11(a)可以看出,无 HR 磁体的平均晶粒尺寸较小,且晶界富稀土相的含量较多;含 HR 磁体的平均晶粒尺寸相对较大,具有明显的棱和尖角(图 3.11(b)),在受外力作用时,晶粒细小的无 HR 磁体可以更好地吸收、释放、消耗部分应力,消耗了裂纹扩展的能量,使磁体中裂纹的扩展和传播受到抑制和阻碍,所以使磁体的强韧性得到明显改善,因此无 HR 磁体具有较好的力学性能。

(a)　　　　　　　　　　(b)

图 3.11　无 HR 磁体(a)和含 HR 磁体(b)的断口形貌

3.5 无 HR 磁体和含 HR 磁体的化学稳定性

无 HR 磁体和含 HR 磁体在 120 ℃、2 atm 和 100%相对湿度条件下,在 3.5 wt.%NaCl 溶液中经过不同腐蚀时间后的腐蚀失重情况如图 3.12 所示。可以看出,无 HR 磁体和含 HR 磁体的腐蚀失重均随时间的延长而逐渐增加。在相同测试条件下,含 HR 磁体的腐蚀失重比无 HR 磁体的小。当腐蚀时间达到 14 d 时,无 HR 磁体的腐蚀失重为 3.3 mg·cm^{-2},而含 HR 磁体的腐蚀失重仅为 1.9 mg·cm^{-2},说明无 HR 磁体的耐腐蚀性能较差。

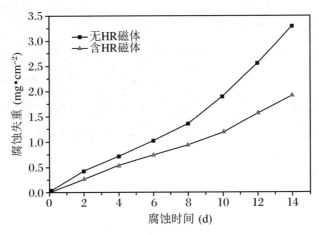

图 3.12　无 HR 磁体和含 HR 磁体的腐蚀失重

无 HR 磁体和含 HR 磁体在 3.5 wt.%NaCl 溶液中浸泡不同时间后的 SEM 形貌如图 3.13 所示。可以看出,当样品在 3.5 wt.%NaCl 溶液中浸泡 6 h 后,可以观察到两种磁体表面均出现腐蚀产物(图 3.13(a)和(d)),且无 HR 磁体的腐蚀程度比含 HR 磁体的严重。两种腐蚀随浸泡时间的延长均在逐渐加重。当试样浸泡 12 h 后,随着浸泡时间的进一步延长,磁体表面出现越来越多的腐蚀产物。当试样浸泡时间达到 24 h 后,无 HR 磁体表面出现明显的裂纹,并且生成了更多的腐蚀产物,此时含 HR 磁体表面并没有出现明显的腐蚀裂纹。因此,无 HR 磁体耐中性盐雾腐蚀能力较差,化学稳定性较低。

图 3.14 是无 HR 磁体和含 HR 磁体在 3.5 wt.%NaCl 溶液中浸泡不同时间后的动电位极化曲线,其对应的极化曲线拟合结果如表 3.7 所示。可以看出,在 3.5 wt.%NaCl 溶液中浸泡 6 h 后,含 HR 磁体的自腐蚀电位高于无 HR 磁体,根据腐蚀热力学可知,无 HR 磁体具有较大的腐蚀倾向。两种试样在 3.5 wt.%NaCl 溶液中浸泡 6 h 后,无 HR 磁体和含 HR 磁体的自腐蚀电位和自腐蚀电流密度分别为 -1.0253 V、5.065×10^{-5} A·cm^{-2} 和 -1.0085 V、3.165×10^{-5} A·cm^{-2}。两种试样在 3.5 wt.%NaCl 溶液中的自腐蚀电位随浸泡时间的延长逐渐向负方向移动,说明试样的耐腐蚀性能变差。当两种试样的浸泡时间达到 24 h 后,无 HR 磁体和含 HR 磁体的自腐蚀电位和自腐蚀电流密度分别为 -1.0737 V、2.493×10^{-4} A·cm^{-2} 和 -1.0675 V、8.383×10^{-5} A·cm^{-2}。经分析发现,在相同条件下,含 HR 磁体的自腐蚀电位始终高于无 HR 磁体的自腐蚀电位,根据腐蚀热力学可知,无 HR

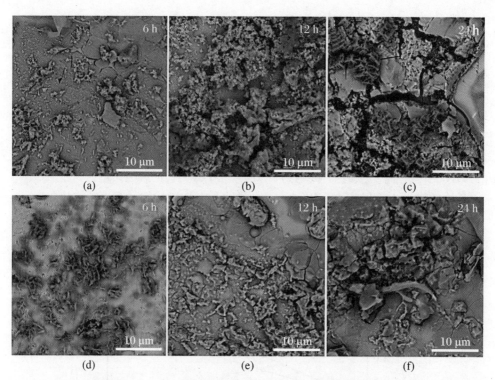

图 3.13   磁体置于 3.5 wt.%NaCl 溶液中分别浸泡不同时间后的 SEM 形貌：
(a~c)无 HR 磁体；(d~f)含 HR 磁体

磁体的腐蚀倾向比含 HR 磁体的更强。另外，无 HR 磁体的自腐蚀电流密度始终高于含 HR 磁体的自腐蚀电流密度，根据腐蚀动力学可知，腐蚀速率与自腐蚀电流密度呈正比例关系，所以无 HR 磁体的腐蚀速率更快。因此，在相同条件下，无 HR 磁体的化学稳定性低于含 HR 磁体的化学稳定性。

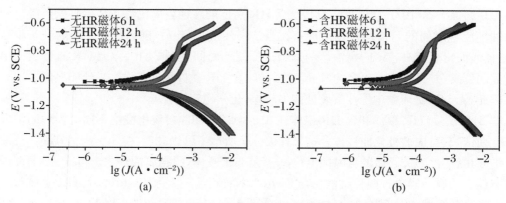

图 3.14   无 HR 磁体(a)和含 HR 磁体(b)的动电位极化曲线

表 3.7 极化曲线电化学参数

样品	E_{corr}（V）	J_{corr}（A·cm^{-2}）
无 HR 磁体-6 h	-1.0253	5.065×10^{-5}
无 HR 磁体-12 h	-1.0527	1.315×10^{-4}
无 HR 磁体-24 h	-1.0737	2.493×10^{-4}
含 HR 磁体-6 h	-1.0085	3.165×10^{-5}
含 HR 磁体-12 h	-1.0337	6.780×10^{-5}
含 HR 磁体-24 h	-1.0675	8.383×10^{-5}

在 3.5 wt.%NaCl 溶液中浸泡 1 h 后，无 HR 磁体和含 HR 磁体的电化学 Nyquist 图如图 3.15 所示。在 3.5 wt.%NaCl 溶液中浸泡 1 h 后，两种试样的交流阻抗均表现为单一的容抗弧，并且含 HR 磁体的容抗弧直径更大。在相同频率条件下，当容抗弧的直径越大，则其法拉第电流的阻抗值也就越大，这说明电极反应过程中需要克服更大的势垒，因此磁体的腐蚀速率就越慢。无 HR 磁体的容抗弧比含 HR 磁体的容抗弧小，说明无 HR 磁体的耐腐蚀性能较差。

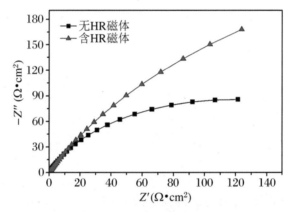

图 3.15 无 HR 磁体和含 HR 磁体的交流阻抗曲线

图 3.15 对应的等效电路如图 3.16 所示，其中拟合的等效电路元件参数见表 3.8。其中，R_s 为 3.5 wt.%NaCl 溶液的电阻，R_s 数值较小，可忽略不计，R_{ct} 是磁体界面处的电荷转移电阻，CPE 是常相位角元件，通常用符号 Q 表示。R_{ct} 的大小反映了磁体电化学反应的难易程度，可用来评价磁体在电解质体系中腐蚀反应的快慢，其数值对应阻抗谱中容抗弧的直径，从拟合结果可知，无 HR 磁体的 R_{ct} 数值为 237.4 Ω·cm^2，而含 HR 磁体的 R_{ct} 数值达到

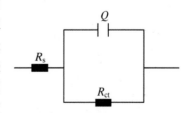

图 3.16 无 HR 磁体和含 HR 磁体的等效电路

了 754.3 Ω·cm^2，无 HR 磁体的阻抗值小于含 HR 磁体的阻抗值。因此，无 HR 磁体的化学稳定性较差。

表 3.8　对应图 3.16 等效电路的拟合结果

样品	$R_s(\Omega \cdot cm^2)$	Q^{-1}	n	$R_{ct}(\Omega \cdot cm^2)$
无 HR 磁体	12.2	3.17×10^{-3}	0.796	237.4
含 HR 磁体	5.8	2.78×10^{-3}	0.761	754.3

3.6　添加 Ho 对烧结钕铁硼磁体稳定性的影响

通过气流磨细化晶粒制备的无重稀土烧结钕铁硼磁体,其常温磁性能达到了同牌号含重稀土磁体的磁性能。但是,无 HR 磁体的温度稳定性和化学稳定性较差,因此人们通过合金化法来改善磁体的稳定性。金属 Co 的添加能够提高磁体的居里温度;金属 Nb 的添加能够降低磁通不可逆损失,提高磁体的温度稳定性;采用气流磨细化晶粒能够提高磁体的内禀矫顽力;通过添加 Nb、Al、Cu、Co 来提高磁体的化学稳定性[258-259];通过对晶界相的强化处理,可以改善磁体的力学性能[260-262]。

为了实现稀土的合理开发以及均衡化使用,与稀土元素 Nd 相比,稀土元素 Ho 在化学性质上与之相似,并且 $Ho_2Fe_{14}B$ 比 $Nd_2Fe_{14}B$ 的磁晶各向异性场更高,因此,可用 Ho 替代 Nd 制备 HoFeB 或(Ho,Nd)FeB 磁体。探索了 Ho 元素的添加对磁体性能的影响[263],发现 Ho 替代部分 Nd 之后,可以有效促进铸片内 $Nd_2Fe_{14}B$ 呈柱状晶结构生长,获得更加致密的磁体,提高磁体的内禀矫顽力,并改善其耐腐蚀性能。研究了少量 Ho 取代 Nd 对磁体耐腐蚀性和热稳定性的影响[264],少量 Ho 的添加改善了磁体的温度稳定性和耐腐蚀性能。

因此,少量 Ho 取代 Nd 可以提高磁体的温度稳定性和耐蚀性能。但是,大量 Ho 取代 Nd 对烧结钕铁硼磁体的磁性能、温度稳定性、力学性能、化学稳定性和微观结构的影响尚不清楚。因此,本节将采用 Ho 取代部分 Nd,制备不同 Ho 含量的(Ho,Nd)FeB 磁体,并研究 Ho 含量对(Ho,Nd)FeB 磁体性能以及微观组织的影响。

3.6.1　(Ho,Nd)FeB 磁体的制备

实验选用的钕铁硼合金成分设计为 $(PrNd)_{31.5-x}Ho_x Fe_{bal}B$(其中,$x = 0, 4.2, 8.4, 12.6, 16.8, 21.0$),依次通过合金熔炼、氢破、气流磨、取向成型、等静压以及烧结和二级回火处理。其中,合金熔炼所用真空感应熔炼炉的铜辊转速为 $1\ m \cdot s^{-1}$,速凝片的厚度为 0.25~0.40 mm;经气流磨处理后得到平均粒度为 $2.69\ \mu m$ 的磁粉;首先将磁粉在 1230~1450 $kA \cdot m^{-1}$ 的磁场中取向成型,然后在 225 MPa 的压力下进行等静压制成生坯;随后将生坯放置于真空烧结炉内,抽真空并使其真空度达到 10^{-3} Pa,然后在 1040~1090 ℃ 下真空烧结 5 h,之后再分别在 900 ℃ 和 480 ℃ 下保温 3 h 进行二级回火热处理,最终得到不同 Ho 含量的(Ho,Nd)FeB 磁体。将制备的(Ho,Nd)FeB 烧结磁体加工成 Φ10 mm×10 mm、10 mm×10 mm×2 mm 和 18 mm×6 mm×5 mm 的样品(其中,高度为 10 mm 和厚度为 2 mm、5 mm 方向为磁体取向方向)。

采用 Phenom Pro X 型扫描电子显微镜(SEM,背散射模式)对所制备的样品进行微观

组织分析。采用 NIM-15000 H 型磁滞回线测量仪测试样品在 20 ℃和 100 ℃条件下的磁性能。采用磁通计和亥姆霍兹线圈测量磁体的磁通值,并计算其磁通不可逆损失。采用 Bruker 型 X 射线衍射仪(XRD)对片状样品进行物相分析,CuKα 为放射源(40 kV,100 mA)。采用电化学工作站的三电极体系对样品的动电位极化曲线和 Nyquist 图进行测试,其中参比电极、辅助电极和工作电极分别是饱和甘汞电极、铂片和待测样品,3.5 wt.%NaCl 溶液作为电解质,实验在(25±2)℃条件下进行。样品的 Nyquist 图是在开路电位下测试的,其中频率是 100 mHz～10 kHz,幅值为 10 mV 的正弦波,采用 Zview 阻抗软件对电化学阻抗数据进行拟合处理。采用型号为 HAST-S 的高温老化实验箱测试片状样品在高温、高压、高湿环境下的腐蚀失重情况,实验条件为 120 ℃、2 atm、100%相对湿度。利用万能实验机并采用三点弯曲法测试样品的抗弯强度,其跨距是 14.1 mm,实验速度是 1 mm·min^{-1}。通过数显显微硬度计对样品的显微硬度进行测试(载荷为 50 g,保载时间为 10 s)。

3.6.2　Ho 含量对(Ho,Nd)FeB 磁体微观组织的影响

图 3.17 为不同 Ho 含量的(Ho,Nd)FeB 磁体的 SEM 形貌,图中白色区域为富稀土相,灰色区域为主相。

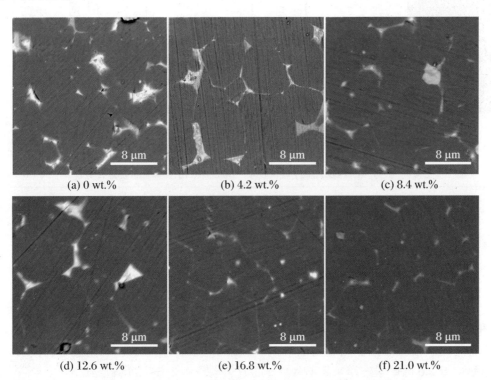

(a) 0 wt.%　　　　(b) 4.2 wt.%　　　　(c) 8.4 wt.%

(d) 12.6 wt.%　　　　(e) 16.8 wt.%　　　　(f) 21.0 wt.%

图 3.17　不同 Ho 含量的(Ho,Nd)FeB 磁体的 SEM 形貌

从图 3.17(a)可以看出,未添加 Ho 的 NdFeB 磁体相邻主相晶粒之间几乎没有连续分布的富稀土相。当 Ho 的质量含量达到 4.2 wt.%(图 3.17(b))和 8.4 wt.%(图 3.17(c))时,在相邻主相晶粒之间可以看到连续分布的富稀土相。随着 Ho 含量的进一步增加,如图 3.17(d)、(e)和(f)所示,在相邻主相晶粒之间仍然有连续分布的富稀土相,并且晶界角隅处

的块状富稀土相不断减少。这说明稀土 Ho 的添加能够有效改善主相和富稀土相之间的浸润性,使晶界富稀土相的分布更加均匀,连续分布的晶界富稀土相不仅有利于实现烧结磁体的致密化,而且能够起到去磁耦合作用,对 NdFeB 磁体的磁硬化至关重要,这也是(Ho,Nd)FeB 磁体的 H_{cj} 随着 Ho 含量增加而增大的原因之一。

采用 EDS 能谱仪测试 Ho 元素在不同 Ho 含量(Ho,Nd)FeB 磁体主相和晶界相中的分布情况,结果如图 3.18 所示。其中,Ho 含量为 16.8 wt.% 的(Ho,Nd)FeB 磁体的 EDS 结果如图 3.18(a)所示,点 A 和点 B 分别表示主相和晶界相 EDS 测试结果。Ho 分别占主相和晶界相中的总稀土的 60.42 wt.% 和 47.98 wt.%。从图 3.18(b)可以看出,Ho 在磁体主相总稀土中的占比高于在晶界相中总稀土的质量百分比,说明 Ho 更倾向于进入主相晶粒,且主相和晶界相中的 Ho 含量均随 Ho 含量的增加而上升。表 3.9 给出了 Ho 元素在不同 Ho 含量(Ho,Nd)FeB 磁体主相和晶界相总稀土中的具体占比。

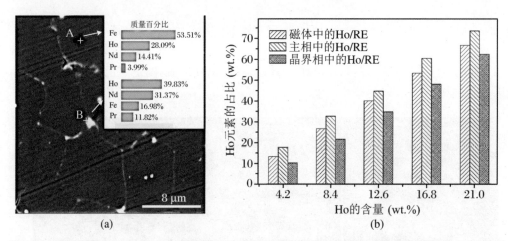

图 3.18　Ho 含量为 16.8 wt.%(a)和不同 Ho 含量(Ho,Nd)FeB 磁体(b)主相和晶界相的 EDS 结果

表 3.9　(Ho,Nd)FeB 磁体主相和晶界相中的 Ho 占总稀土的质量百分比

样品	(Ho,Nd)FeB(wt.%)				
	4.2	8.4	12.6	16.8	21.0
磁体中 Ho/RE 的质量百分比	13.33	26.67	40.00	53.33	66.67
主相中 Ho/RE 的质量百分比	17.63	32.65	44.70	60.42	73.56
晶界相中 Ho/RE 的质量百分比	10.20	21.61	34.65	47.98	62.39

图 3.19 是不同 Ho 含量(Ho,Nd)FeB 磁体垂直取向方向的 XRD 曲线。可以看出,所有磁体都表现出明显的 c 轴取向,且随着 Ho 含量的增加,特征峰有往大角度方向移动的趋势。这是由于 Ho 的原子半径为 2.47Å,Nd 的原子半径为 2.64Å,Ho 取代 Nd 会导致主相晶格发生收缩现象,晶面间距 d 减小。根据布拉格衍射公式 $2d\sin\theta = n\lambda$,衍射角 θ 随晶面间距 d 的减小而逐渐增大。随着 Ho 取代 Nd 的量不断增加,晶面间距 d 也随之变小,单位体积内的总原子数增加,磁体抵抗外界形变的能力增强。因此,Ho 取代 Nd 可以提高(Ho,Nd)FeB 磁体的硬度。

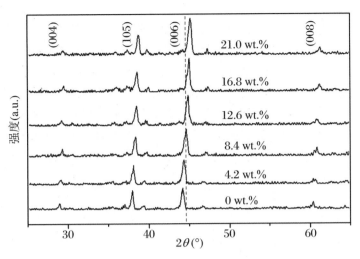

图 3.19　不同 Ho 含量 (Ho,Nd)FeB 磁体的 XRD 图谱

3.6.3　Ho 含量对 (Ho,Nd)FeB 磁体磁性能的影响

经过烧结后获得的磁体性能相对较低,此时需要在一定的温度、时间条件下进行时效处理来提高烧结磁体的性能。由于时效处理的温度低于烧结温度,所以时效处理不会影响烧结磁体的致密度和剩磁。回火处理能够优化磁体晶界富稀土相的结构和分布,能够显著提高磁体的矫顽力。由于合金的初始成分差异较大,主相晶粒和富稀土相的组成也会存在较大的差异性。因此,相应的时效处理工艺也要有所调整。

图 3.20 为不同 Ho 含量的 (Ho,Nd)FeB 烧结磁体的内禀矫顽力 H_{cj} 随二级时效温度的变化情况。其中,Ho 含量分别为 0 wt.%、4.2 wt.%、8.4 wt.% 和 12.6 wt.% 时,(Ho,Nd)FeB 磁体的矫顽力均随二级回火温度的升高而下降。Ho 含量分别为 16.8 wt.% 和 21.0 wt.% 的 (Ho,Nd)FeB 烧结磁体的矫顽力,随二级时效温度的升高先增大后降低,分别在 500 ℃ 和 560 ℃ 时达到最大值。

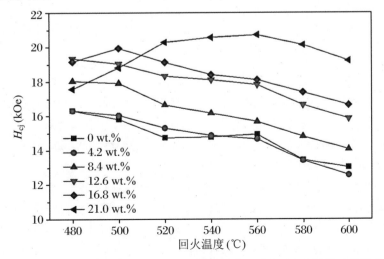

图 3.20　不同 Ho 含量的 (Ho,Nd)FeB 磁体的矫顽力随回火温度的变化情况

  (Ho,Nd)FeB 磁体的磁性能随 Ho 含量的变化情况如图 3.21 所示。由图可知，(Ho,Nd)FeB 磁体的 B_r 和 $(BH)_{max}$ 随 Ho 含量的增加逐渐减小；但磁体的 H_{cj} 则随 Ho 含量的增加而增大。当磁体由不含 Ho 到 Ho 含量为 21.0 wt.%时，磁体的 H_{cj} 由 16.10 kOe 增加到 20.57 kOe，B_r 和 $(BH)_{max}$ 则分别由 13.42 kGs 和 42.57 MGOe 降至 9.19 kGs 和 20.28 MGOe。这是由于 $RE_2Fe_{14}B$ 相是磁体中的磁性相，其饱和磁极化强度 J_s 和磁晶各向异性场 H_A 的大小决定了磁体的 B_r 和 H_{cj}，由于 $Nd_2Fe_{14}B$ 和 $Ho_2Fe_{14}B$ 的 J_s 和 H_A 分别为 16.1 kGs、5600 kA·m^{-1} 和 8.1 kGs、7600 kA·m^{-1}，因此，Ho 部分取代 Nd 会降低磁体的 J_s，提高磁体的 H_A，从而导致磁体的剩磁 B_r 降低，内禀矫顽力 H_{cj} 升高。

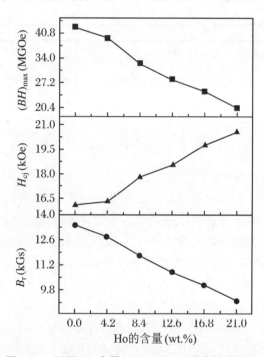

图 3.21 不同 Ho 含量(Ho,Nd)FeB 磁体的磁性能

3.6.4 Ho 含量对(Ho,Nd)FeB 磁体温度稳定性的影响

1. 剩磁温度系数|α|和矫顽力温度系数|β|

  温度系数能够直接反映出材料的某一特性对温度的敏感程度。其中，剩磁温度系数|α|和矫顽力温度系数|β|分别表示烧结钕铁硼磁体的剩磁和内禀矫顽力对温度的敏感程度。不同 Ho 含量的(Ho,Nd)FeB 磁体在 20～100 ℃范围内的温度系数|α|和|β|，如图3.22 所示。由图可知，|α|和|β|均随 Ho 含量的增加而逐渐减小，分别由未添加 Ho 时的 0.119%/℃和0.692%/℃减小到 Ho 含量为 21.0 wt.%时的 0.049%/℃和 0.540%/℃，分别降低了 58.82%和 21.97%。这说明在磁体中添加 Ho 可以降低温度温度系数|α|和|β|，提高磁体的温度稳定性。Ho 含量为 21.0 wt.%时的(Ho,Nd)FeB 磁体的剩磁温度系数|α|，与商用 26H 型 Sm_2Co_{17} 磁体(0.030%/℃)接近。

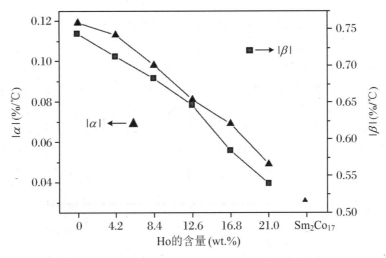

图 3.22　不同 Ho 含量的(Ho,Nd)FeB 磁体的 $|\alpha|$ 和 $|\beta|$

2. Ho 的添加对磁通不可逆损失的影响

将不同 Ho 含量的(Ho,Nd)FeB 磁体在不同温度下烘烤 2 h 并冷却至室温,采用亥姆赫兹线圈测量样品在烘烤前后的磁通值,根据式(1.11)来计算样品的磁通不可逆损失。图 3.23 是(Ho,Nd)FeB 磁体的磁通不可逆损失随温度的变化情况。从图可知,当温度达到某一临界值之前,磁通不可逆损失几乎为零,温度变化几乎不会导致磁体出现磁通不可逆损失;当烘烤温度超过其临界值后,随着烘烤温度的不断升高,磁体的磁通不可逆损失近乎线性增加,这一临界温度随着 Ho 含量的增加而升高。在超过临界温度后,不含 Ho 的 NdFeB 磁体的磁通不可逆损失最大,磁体的磁通不可逆损失随 Ho 含量的增加逐渐减小。在180 ℃下烘烤 2 h,磁体的磁通不可逆损失由 Ho 含量为 0 wt.%时的 54.80%降低到 Ho 含量为 21.0 wt.%时的 29.17%,降幅达到 46.77%。所以,Ho 取代部分 Nd 可以有效降低磁体的磁通不可逆损失,达到提高磁体温度稳定性的目的。

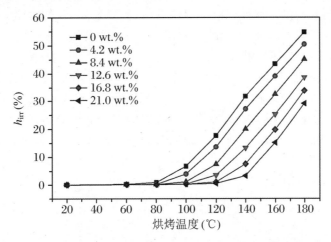

图 3.23　不同 Ho 含量(Ho,Nd)FeB 磁体在不同烘烤温度下的磁通不可逆损失

3.6.5 Ho 含量对(Ho,Nd)FeB 磁体力学性能的影响

不同 Ho 含量的(Ho,Nd)FeB 磁体的抗弯强度和显微硬度如图 3.24 所示。未加 Ho 的 NdFeB 磁体的抗弯强度和显微硬度分别为 374.92 MPa 和 528.74 HV,当 Ho 含量为 4.2 wt.%时,烧结钕铁硼磁体的抗弯强度和显微硬度分别为 399.74 MPa 和 558.94 HV。磁体的抗弯强度和显微硬度均随 Ho 含量的增加而增大,当 Ho 含量达到 21.0 wt.%时,此时(Ho,Nd)FeB 磁体的抗弯强度和显微硬度分别为 459.80 MPa 和 633.84 HV,分别提高了 19.88% 和 22.64%,说明 Ho 的添加可以有效改善烧结钕铁硼磁体的力学性能。

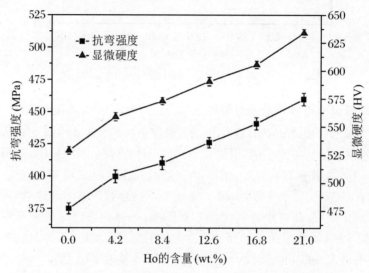

图 3.24   不同 Ho 含量的(Ho,Nd)FeB 磁体的抗弯强度和显微硬度

Ho 含量分别为 0 wt.% 和 16.8 wt.%的(Ho,Nd)FeB 烧结磁体的断口 SEM 形貌如图 3.25 所示。在不含 Ho 的磁体中,磁体主相晶粒的形状不规则,边角有尖锐的突出部分,断口处的主相晶粒表层几乎没有富稀土相;在 Ho 含量为 16.8 wt.%的磁体中,磁体的致密度较高,基本无孔隙、疏松等缺陷,在主相晶粒表层含有较多的富稀土相,并且主相晶粒之间由不含 Ho 时的点接触转变为面接触。

磁体断口形貌分析说明 Ho 的添加可以有效改善磁体主相晶粒之间的浸润性,使晶界富稀土相均匀连续地分布在主相晶粒周围,促进烧结磁体的致密化,获得的磁体基本无孔隙、疏松等缺陷。因此,Ho 的添加能够优化磁体晶界富稀土相的分布,使晶界变得规则且平滑,有效避免主相晶粒之间的接触,抑制主相晶粒的异常长大,这是添加 Ho 元素能够改善磁体力学性能的重要原因之一。

图 3.25　Ho 含量分别为 0 wt.%(a)和 16.8 wt.%(b)的(Ho,Nd)FeB 磁体的断口 SEM 形貌

3.6.6　Ho 含量对(Ho,Nd)FeB 磁体化学稳定性的影响

不同 Ho 含量的(Ho,Nd)FeB 磁体在 120 ℃、2 atm 和 100%相对湿度条件下,经过不同时间后的腐蚀失重情况如图 3.26 所示。由图可知,所有样品的腐蚀失重均随时间的延长而在不断增加。在相同条件下,烧结钕铁硼磁体的腐蚀失重随 Ho 含量的增加而逐渐减小。当腐蚀时间达到 14 d 后,未添加 Ho 的 NdFeB 磁体的腐蚀失重为 2.7 mg·cm^{-2},Ho 含量为 21.0 wt.%的(Ho,Nd)FeB 磁体的腐蚀失重仅为 0.9 mg·cm^{-2},说明 Ho 的添加可以有效提高磁体的耐湿热腐蚀性能。

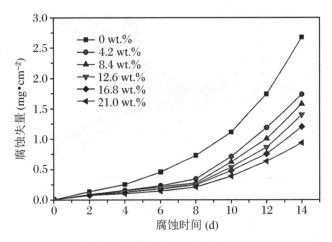

图 3.26　不同 Ho 含量的(Ho,Nd)FeB 磁体的腐蚀失重

图 3.27 是(Ho,Nd)FeB 磁体在 3.5 wt.%NaCl 溶液中浸泡 6 h 后的表面形貌。由图看出,不同 Ho 含量的(Ho,Nd)FeB 磁体均发生了不同程度的腐蚀。其中,未添加 Ho 的 NdFeB 磁体腐蚀最为严重(图 3.27(a)),可以观察到明显的腐蚀裂纹。当 Ho 含量分别为 4.2 wt.%(图 3.27(b))和 8.4 wt.%(图 3.27(c))时,可观察到因腐蚀产生的腐蚀凹坑及附着在磁体表面的腐蚀产物,腐蚀裂纹逐渐消失。随着 Ho 含量的进一步增加,磁体表面的腐蚀产物也在逐渐减少(图 3.27(d~f))。因此,Ho 的添加提高了(Ho,Nd)FeB 磁体的耐盐

水浸泡腐蚀性能,具有较好的化学稳定性。

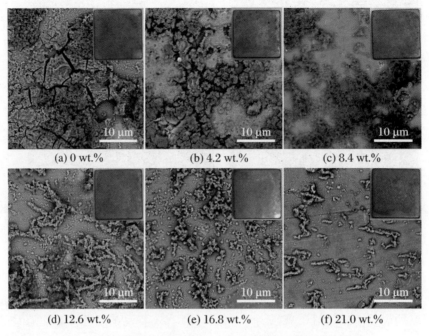

(a) 0 wt.%   (b) 4.2 wt.%   (c) 8.4 wt.%

(d) 12.6 wt.%   (e) 16.8 wt.%   (f) 21.0 wt.%

图 3.27　不同 Ho 含量的(Ho,Nd)FeB 磁体腐蚀后表面形貌

图 3.28 为不同 Ho 含量的(Ho,Nd)FeB 磁体在 3.5 wt.%NaCl 溶液中浸泡 1 h 后的动电位极化曲线测试结果,对应的极化曲线拟合结果如表 3.10 所示。

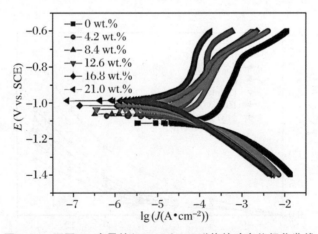

图 3.28　不同 Ho 含量的(Ho,Nd)FeB 磁体的动电位极化曲线

从图 3.28 可知,样品在 3.5 wt.%NaCl 溶液中浸泡一段时间后,磁体的自腐蚀电位随 Ho 含量的增加逐渐向正电位方向移动。由表 3.10 可以看出,不含 Ho 的烧结钕铁硼磁体的自腐蚀电位和自腐蚀电流密度分别是 -1.1147 V 和 2.328×10^{-4} A·cm^{-2};当 Ho 含量为 4.2 wt.%时,(Ho,Nd)FeB 磁体的自腐蚀电位和自腐蚀电流密度分别是 -1.0726 V 和 7.087×10^{-5} A·cm^{-2}。当 Ho 含量为 21.0 wt.%时,(Ho,Nd)FeB 磁体的自腐蚀电位和自腐蚀电流密度分别是 -0.9903 V 和 1.588×10^{-5} A·cm^{-2}。根据法拉第定律可知,腐蚀速率与自腐蚀电流密度之间呈正比例关系,所以 Ho 的添加降低了磁体的腐蚀速率。因此,Ho

的添加能够有效提高磁体的耐腐蚀性能,改善其化学稳定性。

表 3.10　对应图 3.28 极化曲线的拟合结果

Ho 含量(wt.%)	0	4.2	8.4	12.6	16.8	21.0
E_{corr}(V vs. SCE)	-1.1147	-1.0726	-1.0642	-1.0360	-1.0163	-0.9903
J_{corr}(A·cm^{-2})	2.328×10^{-4}	7.087×10^{-5}	3.986×10^{-5}	2.765×10^{-5}	1.907×10^{-5}	1.588×10^{-5}

在 3.5 wt.%NaCl 溶液中浸泡 1 h 后,(Ho,Nd)FeB 磁体的电化学 Nyquist 图如图 3.29 所示。从图中可以看出,不同 Ho 含量的(Ho,Nd)FeB 磁体的 Nyquist 图均为单一的容抗弧。其中,不含 Ho 元素的磁体容抗弧直径最小,试样的容抗弧直径随 Ho 含量的增加逐渐增大。在相同频率条件下,其法拉第电流的阻抗值随容抗弧直径的增大逐渐变大。这表明电极反应时要克服更大的势垒,从而导致电极反应的腐蚀速率变慢。因此,Ho 的添加可以增加磁体的阻抗值,提高磁体的耐腐蚀性能。

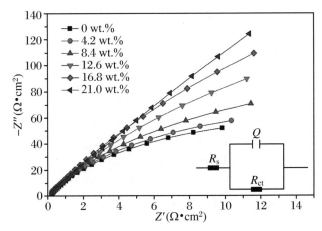

图 3.29　不同 Ho 含量的(Ho,Nd)FeB 磁体在 3.5 wt.%NaCl 溶液中浸泡 1 h 后的 Nyquist 图

表 3.11 是磁体的交流阻抗拟合结果。其中,R_s 表示 3.5 wt.%NaCl 溶液的电阻,因 R_s 数值很小,可忽略不计,R_{ct} 表示磁体界面处的电荷转移电阻。R_{ct} 的大小反映了磁体电化学反应的难易程度,可以用来评价磁体在电解质体系中腐蚀反应的快慢,其数值对应阻抗谱中容抗弧的直径。

表 3.11　对应图 3.29 交流阻抗拟合结果

Ho 含量(wt.%)	0	4.2	8.4	12.6	16.8	21.0
R_{ct}(Ω·cm^2)	155.0	173.3	240.8	453.7	733.0	2831.8
Q^{-1}	8.22×10^{-3}	5.59×10^{-3}	4.23×10^{-3}	2.48×10^{-3}	2.05×10^{-3}	5.61×10^{-4}
n	0.81	0.81	0.80	0.79	0.77	0.77

从表 3.11 可知,未添加 Ho 的 NdFeB 磁体 R_{ct} 的数值仅为 155.0 Ω·cm^2,随着磁体中 Ho 取代量的增加,R_{ct} 数值逐渐变大,当 Ho 的添加量为 21.0 wt.%时,R_{ct} 达到了 2831.8 Ω·cm^2。因此,Ho 的添加可以提高烧结钕铁硼磁体的 R_{ct} 值,减缓烧结磁体在电解质体系中的腐蚀。

3.7 基于磁控溅射的晶界扩散型(Tb,Nd)FeB 磁体的稳定性

通过对晶界扩散型(Dy,Nd)FeB 磁体的稳定性研究发现,在保证烧结钕铁硼磁体剩磁和最大磁能积近乎不变的情况下,与 NdFeB 磁体相比,(Dy,Nd)FeB 磁体的内禀矫顽力 H_{cj} 有所提高,但 H_{cj} 的提高幅度较小,且(Dy,Nd)FeB 磁体的耐腐蚀性能明显降低。因为 $Dy_2Fe_{14}B$、$Tb_2Fe_{14}B$ 的磁晶各向异性场 H_A 分别为 12000 kA·m^{-1} 和 17000 kA·m^{-1}[3],所以(Dy,Nd)FeB 磁体的 H_{cj} 提高幅度有限,无法满足磁体在更苛刻环境下的使用。因此,本节将采用磁晶各向异性场更高的 Tb 作为扩散源,通过磁控溅射方法在磁体表面沉积一层 Tb 镀层,然后对磁体进行晶界扩散热处理,研究晶界扩散型(Tb,Nd)FeB 磁体的性能与微观结构。

3.7.1 (Tb,Nd)FeB 磁体的制备

选取商用烧结钕铁硼磁体(未充磁,牌号为 45M)进行实验。烧结钕铁硼磁体的加工成尺寸分别为 10 mm×10 mm×2 mm、18 mm×6 mm×5 mm 和 Φ10 mm×10 mm 的样品(其中厚度 2 mm、5 mm 和高度 10 mm 方向为磁体取向方向)。对样品进行碱洗除油、酸洗除锈等预处理,并采用超声波振荡对样品进行清洗处理,最后用冷风吹干,待用。将预处理后的样品依次排放在网盘上,将摆有样品的网盘放在磁控溅射设备(图 3.30)中。抽真空至 10^{-1} Pa,在磁体表面磁控溅射 Tb 镀层,然后将溅射有 Tb 镀层的磁体置于真空烧结炉内,抽真空至 10^{-3} Pa,在 800 ℃下保温 10 h。随后在 900 ℃和 500 ℃下进行两级热处理,时间分别为 5 h 和 3 h。最后,利用磨床将磁体表面残存的 Tb 层磨去,获得的晶界扩散型(Tb,Nd)FeB 磁体。

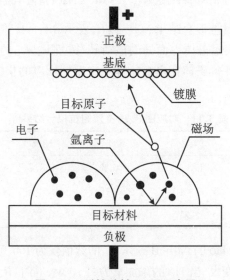

图 3.30　磁控溅射 Tb 层示意图

采用 Phenom Pro X 型扫描电子显微镜(SEM,背散射模式)观察样品的微观组织。采

用型号为 EMPA-1720H 的电子探针分析仪表征样品的元素分布。采用 NIM-15000H 型磁滞回线测量仪测试样品的在 20 ℃、60 ℃、80 ℃、100 ℃、120 ℃ 和 150 ℃ 条件下的磁性能。采用磁通计和亥姆霍兹线圈测量磁体的磁通值,并计算其磁通不可逆损失。采用电化学工作站和三电极体系测试样品的电化学性能,其中饱和甘汞电极、铂片和待测样品分别作为参比电极、辅助电极和工作电极,3.5 wt.%NaCl 溶液作为电解质,实验在(25±2) ℃ 条件下进行。其中,交流阻抗是在开路电位条件下进行测试,测试频率在 100 mHz~10 kHz 之间,将幅值为 10 mV 的正弦波作为测试信号,采用 Zview 阻抗软件对测试结果进行拟合。采用型号为 HAST-S 的高温老化实验箱测试样品在高温、高压、高湿环境下的腐蚀失重情况(实验条件为 100%RH、120 ℃、2 atm)。通过万能实验机并采用三点弯曲方法测试样品的抗弯强度,其跨距是 14.1 mm,实验速度为 1 mm·min^{-1}。采用型号为 HVS-1000 的数显显微硬度计对样品的显微硬度进行测试(载荷为 50 g,保载时间为 10 s)。

3.7.2　(Tb,Nd)FeB 磁体的微观组织

图 3.31 是表面沉积 Tb 镀层磁体的表面及截面形貌。从图中看出,重稀土 Tb 较均匀地分布在磁体表面,Tb 镀层的厚度依据磁体矫顽力的提升幅度而定,通常是几个微米。在一定温度下进行一定时间的晶界扩散处理,使磁体表面沉积的重稀土 Tb 沿晶界进行扩散,从而进入磁体的内部,然后进行二级时效处理。

图 3.31　磁体表面磁控溅射 Tb 镀层的表面(a)及截面(b)SEM 形貌

NdFeB 磁体和(Tb,Nd)FeB 磁体的表面形貌如图 3.32 所示。从图中看出,NdFeB 磁体具有两种不同衬度的相,图 3.32(a)和(c)中的灰色区域和白色区域。(Tb,Nd)FeB 磁体具有 3 种不同衬度的相,如图 3.32(b)和(d)中的灰色区域、白色区域和浅灰色区域。因此,与 NdFeB 磁体相比,(Tb,Nd)FeB 磁体的晶界富稀土相更多,并且晶界富稀土相均匀连续地分布在主相晶粒周围。

采用 EDS 能谱分析仪测定 NdFeB 磁体和(Tb,Nd)FeB 磁体的成分,结果见表3.12。从图 3.32 中 A、B、C、D、F 点的元素组成可以确定,图中灰色区域表示主相 $Nd_2Fe_{14}B$,白色区域表示晶界的富 Nd 相。其中,F 点的元素组成与 B、C 点的基本一致,说明晶界扩散不会改变磁体的主相。烧结钕铁硼磁体经晶界扩散处理后,如 D、E 点所示,Tb 原子进入晶界后,能使晶界相变宽。重稀土 Tb 在主相晶粒表层形成了磁晶各向异性场更高的 $(Tb,Nd)_2Fe_{14}B$ 相,

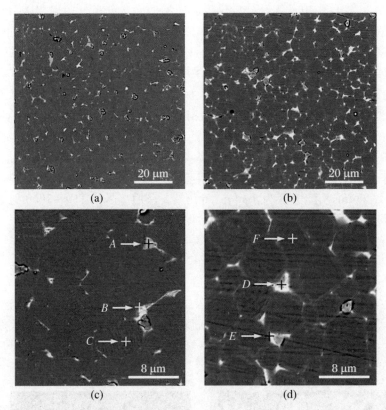

图 3.32　NdFeB 磁体((a)、(c))和(Tb,Nd)FeB 磁体((b)、(d))的 SEM 形貌

能够显著提高磁体的矫顽力。

表 3.12　对应图 3.32 不同区域的 EDS 分析(wt.%)

元素/点	A	B	C	D	E	F
Nd	57.8	28.6	34.2	56.9	36.5	30.2
Pr	18.5	9.1	8.9	18.1	9.7	8.5
Fe	23.7	62.3	56.9	23.2	53.5	61.3
Tb	—	—	—	1.8	0.3	—

　　为了揭示重稀土 Tb 在磁体中的分布情况,通过电子探针分析仪对其进行了表征。图 3.33 为烧结钕铁硼磁体在进行磁控溅射渗 Tb 处理前后的 SEM 和 EPMA 元素分布情况。

　　结合图 3.32 可知,图 3.33 中的白色区域、灰色区域和浅灰色区域分别对应富稀土相、$Nd_2Fe_{14}B$ 主相和$(Tb,Nd)_2Fe_{14}B$ 相,浅灰色区域分布在灰色区域之外,表明 Tb 已扩散到 $Nd_2Fe_{14}B$ 晶粒表层,形成核壳结构。此外,EPMA 图像显示 Tb 元素分布在亮、浅灰色区域,表明富稀土相是 Tb 向磁体内部扩散的通道。

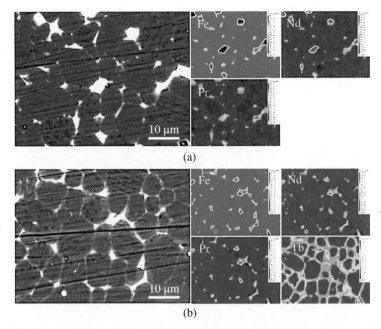

图 3.33　NdFeB 磁体(a)和(Tb,Nd)FeB 磁体(b)的 SEM 形貌和 EPMA 元素分布

3.7.3　(Tb,Nd)FeB 磁体的磁性能和温度稳定性

NdFeB 磁体和(Tb,Nd)FeB 磁体在不同温度下的磁性能如表 3.13 所示,其对应的退磁曲线如图 3.34 所示。从图中可知,经过晶界扩散处理后,烧结钕铁硼磁体的内禀矫顽力有了显著提升。从表 3.13 可以看出,常温下 NdFeB 磁体的 B_r 和 $(BH)_{max}$ 分别为 13.91 kGs和 47.25 MGOe,而(Tb,Nd)FeB 磁体的 B_r 和 $(BH)_{max}$ 分别为 13.83 kGs 和 47.01 MGOe,其变化范围均小于 0.6%。相比之下,(Tb,Nd)FeB 磁体的 H_{cj} 由 NdFeB 磁体的 15.98 kOe提高到 23.78 kOe,提高了 48.81%。在 20～150 ℃温度范围内,相同温度下(Tb,Nd)FeB磁体的 H_{cj} 始终高于 NdFeB 磁体。因此,在保证磁体剩磁和磁能积基本不变的情况下,晶界扩散型(Tb,Nd)FeB 磁体的内禀矫顽力得到大幅度提升。

表 3.13　NdFeB 磁体和 $(Tb,Nd)_2Fe_{14}B$ 磁体在不同温度下的磁性能

T(℃)	B_r(kGs)		H_{cj}(kOe)		$(BH)_{max}$(MGOe)	
	NdFeB	(Tb,Nd)FeB	NdFeB	(Tb,Nd)FeB	NdFeB	(Tb,Nd)FeB
20	13.91	13.83	15.98	23.78	47.25	47.01
60	13.34	13.22	10.93	18.64	43.28	42.88
80	12.98	12.89	8.79	15.43	40.83	40.63
100	12.62	12.54	7.06	12.93	38.37	38.37
120	12.22	12.15	5.54	10.52	34.92	35.76
150	11.57	11.51	3.84	7.58	27.44	31.88

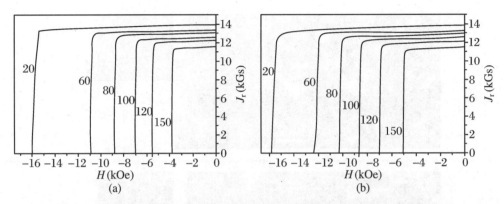

图 3.34　NdFeB 磁体(a)和(Tb,Nd)FeB 磁体(b)在不同温度(℃)下的退磁曲线

　　图 3.35 为 NdFeB 磁体和(Tb,Nd)FeB 磁体在不同温度区间的剩磁温度系数$|\alpha|$和矫顽力温度系数$|\beta|$。从图 3.35(a)可以看出,在 20～150 ℃的温度范围内,NdFeB 磁体和(Tb,Nd)FeB 磁体的剩磁温度系数$|\alpha|$随温度的升高均呈增大趋势,在 20～120 ℃的温度范围内,(Tb,Nd)FeB 磁体的$|\alpha|$值略高于 NdFeB 磁体的$|\alpha|$值。从图 3.35(b)可以看出,在 20～150 ℃的温度范围内,NdFeB 磁体的矫顽力温度系数$|\beta|$随温度的升高逐渐降低,而(Tb,Nd)FeB 磁体的$|\beta|$随温度的升高呈现先增大后降低的变化趋势,且(Tb,Nd)FeB 磁体的$|\beta|$值始终低于 NdFeB 磁体的$|\beta|$值。在 20～150 ℃的温度范围内,NdFeB 磁体和(Tb,Nd)FeB 磁体的剩磁温度系数$|\alpha|$和矫顽力温度系数$|\beta|$分别为 0.129%/℃、0.584%/℃和 0.129%/℃、0.524%/℃。因此,NdFeB 磁体经过晶界扩散处理后,(Tb,Nd)FeB 磁体的剩磁温度系数$|\alpha|$值变化很小,但磁体的矫顽力温度系数$|\beta|$值降低比较明显,表明晶界扩散 Tb 显著提高了烧结钕铁硼磁体的温度稳定性。

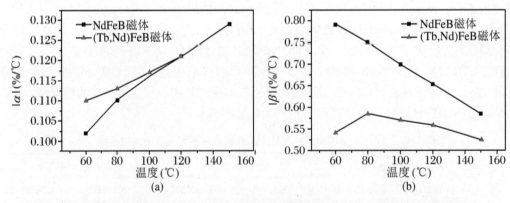

图 3.35　NdFeB 磁体和(Tb,Nd)FeB 磁体的剩磁温度系数(a)和矫顽力温度系数(b)

　　烧结钕铁硼磁体的矫顽力大小反映了磁体的抗退磁能力,随着温度的升高,磁体的矫顽力逐渐减小,从而导致磁体的磁通不可逆损失逐渐增大。NdFeB 磁体和(Tb,Nd)FeB 磁体的磁通不可逆损失如图 3.36 所示。从图中可以看出,当烘烤温度达到某一临界值之前,可以忽略温度变化对磁通不可逆损失的影响。但是,当温度超过该临界值后,磁体的磁通不可逆损失随温度的升高而不断增大。其中 NdFeB 磁体在烘烤温度为 100 ℃时就已达到其临界值,随着烘烤温度的升高,磁体的磁通不可逆损失逐渐增加。当烘烤温度高达 180 ℃时,NdFeB 磁体和(Tb,Nd)FeB 磁体的磁通不可逆损失分别是 42.54% 和 0.95%。当烘烤温度超过 180 ℃后,继续升高烘烤温度将导致磁体的磁通不可逆损失不断增加。因此,烧结钕铁硼磁体经过晶界扩散处理后,内禀矫顽力得到显著提升,提高了磁体的工作温度,改善了磁体的抗退磁能力,降低了其磁通不可逆损失,也显著提高了烧结钕铁硼磁体的温度稳定性。

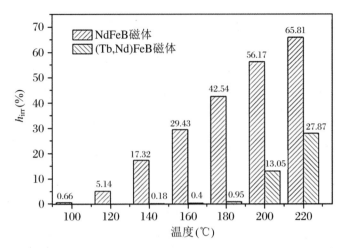

图 3.36　NdFeB 磁体和(Tb,Nd)FeB 磁体的磁通不可逆损失随温度的变化情况

3.7.4　(Tb,Nd)FeB 磁体的力学性能

对烧结钕铁硼磁体来说,在具备一定磁性能的基础上,也要具有较好的力学性能。其中,硬度反映了材料表面抵抗变形的能力。表 3.14 是磁体晶界扩散 Tb 前、后的显微硬度测试结果。从表中可以看出,NdFeB 磁体和(Tb,Nd)FeB 磁体的显微硬度分别为 587.50 HV 和 551.8 HV。烧结钕铁硼经过晶界扩散处理后,使得晶界富稀土相宽度变大,稀土含量增加。烧结钕铁硼磁体中的晶界富稀土相比 $Nd_2Fe_{14}B$ 主相具有更好的变形能力。在显微硬度测试过程中,金刚石压头能够有较大的压入量,而压入量越大代表其硬度越低。因此,当磁体受到外界压应力作用时,硬度较低的晶界富稀土相的变形增大,与 NdFeB 磁体相比,晶界扩散(Tb,Nd)FeB 磁体的显微硬度值略有降低。

表 3.14　NdFeB 磁体和(Tb,Nd)FeB 磁体的显微硬度(HV)

样品	1	2	3	4	5	平均值
NdFeB 磁体	582.7	585.7	586.5	590.3	592.3	587.5±4.8
(Tb,Nd)FeB 磁体	546.7	550.2	551.7	553.6	557.2	551.8±5.4

表 3.15 列出了 NdFeB 磁体和(Tb,Nd)FeB 磁体样品的抗弯强度测试结果。从表中可以看出,NdFeB 磁体的抗弯强度为 321.53 MPa,经过晶界扩散处理后,(Tb,Nd)FeB 磁体的抗弯强度达到了 369.28 MPa。出现这种现象的原因可能在于(Tb,Nd)FeB 磁体中的晶界富稀土相使裂纹在其扩展路径上发生了扭转、偏转、断裂和终止,从而使裂纹的扩展和传播受到抑制和阻碍,起到很好的补强增韧效果。

表 3.15　NdFeB 磁体和(Tb,Nd)FeB 磁体的抗弯强度(MPa)

样品	1	2	3	4	5	平均值
NdFeB 磁体	317.11	325.01	311.33	322.47	326.56	321.53
(Tb,Nd)FeB 磁体	360.82	373.37	375.48	371.68	362.79	369.28

　　表 3.16 列出了 NdFeB 磁体和(Tb,Nd)FeB 磁体的抗压强度测试结果,其中样品的易磁化方向与加载方向平行。从表中可以看出,NdFeB 磁体的抗压强度为 1051.43 MPa,经过晶界扩散处理后,(Tb,Nd)FeB 磁体的抗压强度达到了 1161.66 MPa。烧结钕铁硼磁体属于脆性材料,样品所承受的载荷达到最大值后会发生宏观断裂,由于(Tb,Nd)FeB 磁体具有更宽且沿主相晶粒均匀分布的晶界富稀土相,受压应力作用时会吸收、消耗、释放部分应力,因此改善了磁体的抗压强度。

表 3.16　NdFeB 磁体和(Tb,Nd)FeB 磁体的抗压强度(MPa)

样品	1	2	3	4	5	平均值
NdFeB 磁体	1041.99	1046.83	1028.33	1065.48	1089.99	1051.43 ± 38.56
(Tb,Nd)FeB 磁体	1142.22	1182.11	1109.81	1197.40	1160.66	1161.66

　　图 3.37 为 NdFeB 磁体和(Tb,Nd)FeB 磁体的断口显微形貌。从图中可以看出,NdFeB 磁体主相晶粒具有明显的棱和尖角;经过晶界扩散处理后的(Tb,Nd)FeB 磁体的主相晶粒变得相对圆滑,基本上没有突出的尖角及棱边,受外界应力作用时,在磁体内部产生的应力会被晶界富稀土相吸收、释放等,改善了烧结钕铁硼磁体的力学性能。

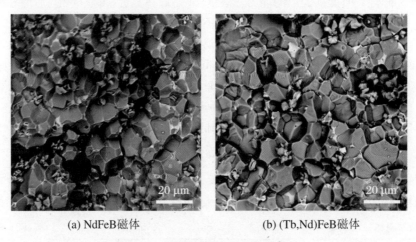

(a) NdFeB磁体　　　　　　　　(b) (Tb,Nd)FeB磁体

图 3.37　晶界扩散前、后的断口形貌

3.7.5　(Tb,Nd)FeB 磁体的化学稳定性

　　图 3.38 为 NdFeB 磁体和(Tb,Nd)FeB 磁体在 120 ℃、2 atm 和 100% 相对湿度条件下,经过不同时间的高温加速老化的实验结果。从图中可以看出,随着时间的延长,NdFeB 磁体和(Tb,Nd)FeB 磁体的腐蚀失重均呈增加趋势。腐蚀相同时间后,(Tb,Nd)FeB 磁体的腐蚀失重均高于 NdFeB 磁体的腐蚀失重。当时间达到 14 d 时,NdFeB 磁体的腐蚀失重

仅为 3.4 mg·cm^{-2},而(Tb,Nd)FeB 磁体的腐蚀失重已高达 6.3 mg·cm^{-2},为 NdFeB 磁体腐蚀失重的两倍左右。烧结钕铁硼磁体中高活性的晶界相易于优先发生腐蚀,导致主相晶粒因失去粘连介质而出现脱落甚至粉化现象。由于晶界扩散(Tb,Nd)FeB 磁体具有更多的晶界相,并且晶界相在主相晶粒之间连续分布,打通了烧结钕铁硼磁体的腐蚀通道,故在腐蚀性环境下,将加速磁体的腐蚀进程。因此,在相同条件下,(Tb,Nd)FeB 磁体的腐蚀失重显著高于 NdFeB 磁体的腐蚀失重,其化学稳定性较差。

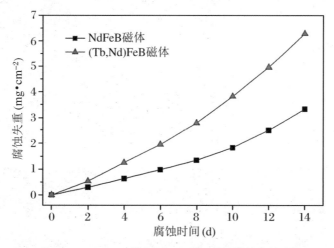

图 3.38　NdFeB 磁体和(Tb,Nd)FeB 磁体的腐蚀失重

在 3.5 wt.%NaCl 溶液中浸泡不同时间后,NdFeB 磁体和晶界扩散(Tb,Nd)FeB 磁体的腐蚀形貌如图 3.39 所示。从图中可以看出,当样品在 3.5 wt.%NaCl 溶液中浸泡 6 h后,可以观察到磁体表面均出现腐蚀坑(图 3.39(a)和(d)),且(Tb,Nd)FeB 磁体的腐蚀比NdFeB 磁体的严重。随着浸泡时间的延长,NdFeB 磁体和(Tb,Nd)FeB 磁体的腐蚀均逐渐加重。当样品浸泡 12 h 后,磁体表面有明显的腐蚀裂纹出现。随着时间的延长,腐蚀裂纹逐渐扩展,最终导致主相晶粒的脱落。当浸泡时间为 18 h 时,NdFeB 磁体表面的腐蚀裂纹破裂,可以观察到暴露出的主相晶粒;此时,(Tb,Nd)FeB 磁体因腐蚀严重而呈粉末状。这是因为 NdFeB 磁体经过晶界扩散处理后,使原来孤立分布的富稀土相连接起来,在主相晶粒周围形成了连续分布的富稀土相,易成为外界腐蚀介质渗入磁体内部的快速腐蚀通道,加快磁体的腐蚀。因此,在相同条件下,(Tb,Nd)FeB 磁体的耐腐蚀性能低于 NdFeB 磁体。

在 3.5 wt.%NaCl 溶液中浸泡不同时间后,NdFeB 磁体和(Tb,Nd)FeB 磁体的动电位极化曲线如图 3.40 所示,其对应的 E_{corr} 和 J_{corr} 如表 3.17 所示。NdFeB 磁体在 NaCl 溶液中浸泡 6 h 后的 E_{corr} 高于(Tb,Nd)FeB 磁体的 E_{corr},表明(Tb,Nd)FeB 磁体在 NaCl 溶液中浸泡 6 h 后的腐蚀倾向较大。由表 3.17 可知,NdFeB 磁体和(Tb,Nd)FeB 磁体在 NaCl 溶液中浸泡 6 h 的 E_{corr} 和 J_{corr} 分别为 -0.9545 V、5.035×10^{-5} A·cm^{-2} 和 -0.9701 V、7.528×10^{-5} A·cm^{-2}。随着浸泡时间的延长,NdFeB 磁体和(Tb,Nd)FeB 磁体在 NaCl 溶液中的自腐蚀电位逐渐向负方向移动,这表明磁体的耐蚀性变差。当浸泡时间达到 18 h 后,NdFeB 磁体和(Tb,Nd)FeB 磁体的 E_{corr} 和 J_{corr} 分别为 -1.0097 V、3.653×10^{-4} A·cm^{-2} 和 -1.0542 V、6.624×10^{-4} A·cm^{-2}。通过以上分析发现,在浸泡相同时间后,(Tb,Nd)FeB 磁体的 E_{corr} 始终低于 NdFeB 磁体的 E_{corr},根据腐蚀热力学可知,(Tb,Nd)FeB 磁体的腐蚀

倾向性比 NdFeB 磁体更强。另外,(Tb,Nd)FeB 磁体的 J_{corr} 始终大于 NdFeB 磁体的 J_{corr},根据腐蚀动力学概念,腐蚀速率与腐蚀电流密度呈正比例关系,因为(Tb,Nd)FeB 磁体的自腐蚀电流密度始终大于 NdFeB 磁体的自腐蚀电流密度,所以(Tb,Nd)FeB 磁体的腐蚀速率更快。因此,在相同条件下,(Tb,Nd)FeB 磁体的耐腐蚀性能低于 NdFeB 磁体的耐腐蚀性能。

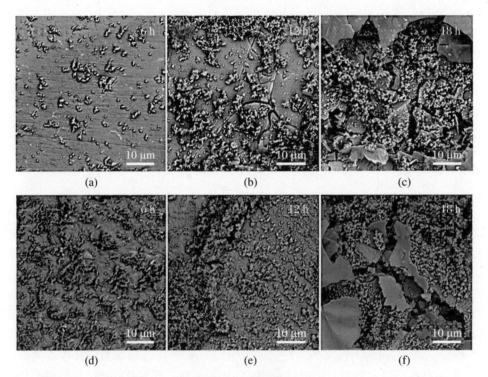

图 3.39　NdFeB 磁体(a~c)和(Tb,Nd)FeB 磁体(d~f)在 3.5 wt.％NaCl 溶液中浸泡不同时间的腐蚀形貌

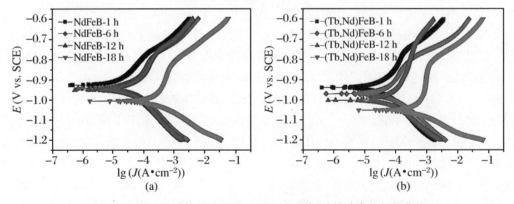

图 3.40　NdFeB 磁体(a)和(Tb,Nd)FeB 磁体(b)的动电位极化曲线

表 3.17　极化曲线中的电化学参数

样品	NdFeB 磁体		(Tb,Nd)FeB 磁体	
	E_{corr} (V vs. SCE)	J_{corr} (A·cm^{-2})	E_{corr} (V vs. SCE)	J_{corr} (A·cm^{-2})
1 h	-0.9306	2.156×10^{-5}	-0.9417	4.286×10^{-5}
6 h	-0.9454	5.035×10^{-5}	-0.9701	7.528×10^{-5}
12 h	-0.9543	5.430×10^{-5}	-1.0041	8.278×10^{-5}
18 h	-1.0097	3.653×10^{-4}	-1.0542	6.624×10^{-4}

在 3.5 wt.%NaCl 溶液中浸泡 1 h 后,NdFeB 磁体和(Tb,Nd)FeB 磁体的电化学 Nyquist 图如图 3.41 所示。从图中可知,NdFeB 磁体和(Tb,Nd)FeB 磁体的 Nyquist 图均为单一的容抗弧,并且晶界扩散型(Tb,Nd)FeB 磁体的容抗弧直径最小。在相同频率条件下,法拉第电流的阻抗值随容抗弧直径的增大而增加,表明电极反应时要克服更高的势垒,导致腐蚀速率变慢。因此,NdFeB 磁体经过晶界扩散处理后,其容抗弧直径变小,这说明(Tb,Nd)FeB 磁体的电极反应腐蚀速率变快,磁体的耐蚀性能下降,所以(Tb,Nd)FeB 磁体的化学稳定性降低。

表 3.18 是交流阻抗曲线基于等效电路的拟合结果。其中,R_s 表示 3.5 wt.%NaCl 溶液的电阻,由表可知 R_s 数值较小,可忽略不计,R_{ct} 表示磁体界面处的电荷转移电阻,CPE 表示常相位角元件,常用符号 Q 表示。R_{ct} 的大小反映了磁体在电解质体系中腐蚀反应的快慢,其数值对应阻抗谱图中的容抗弧直径。NdFeB 磁体的 R_{ct} 数值为 724.4 Ω·cm^2,经过晶界扩散处理后,(Tb,Nd)FeB 磁体的 R_{ct} 数值降为 140.8 Ω·cm^2,(Tb,Nd)FeB 磁体的 R_{ct} 低于 NdFeB 磁体的 R_{ct},说明在相同腐蚀条件下,(Tb,Nd)FeB 磁体更易发生腐蚀。因此 (Tb,Nd)FeB 磁体的化学稳定性较差。

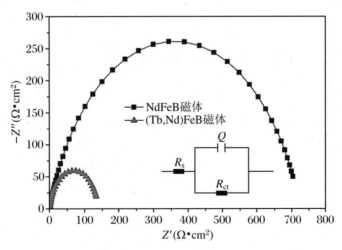

图 3.41　NdFeB 磁体和(Tb,Nd)FeB 磁体在 3.5 wt.%NaCl 溶液中浸泡 1 h 后的 Nyquist 图

表 3.18　Nyquist 图的拟合结果

样品	$R_s(\Omega \cdot cm^2)$	$R_{ct}(\Omega \cdot cm^2)$	Q^{-1}	n
原始磁体	0.7	724.4	5.93×10^{-3}	0.80
(Tb,Nd)FeB 磁体	1.2	140.8	8.55×10^{-3}	0.89

NdFeB 磁体和(Tb,Nd)FeB 磁体在 3.5 wt.%NaCl 溶液中的腐蚀过程如图 3.42 所示。NdFeB 磁体中的主相晶粒周围几乎无连续分布的富稀土相,经过晶界扩散处理后,增加了磁体晶界相的稀土含量,主相晶粒之间形成均匀连续分布的晶界富稀土相,使晶界相的宽度变宽。在腐蚀性环境中,高化学活性的晶界相易成为磁体腐蚀的薄弱部位。然而,晶界扩散型磁体中较宽的连续分布的晶界相更易发生腐蚀,为外界腐蚀介质提供快速的腐蚀通道,加快磁体的腐蚀。因此,晶界扩散(Tb,Nd)FeB 磁体的化学稳定性降低。

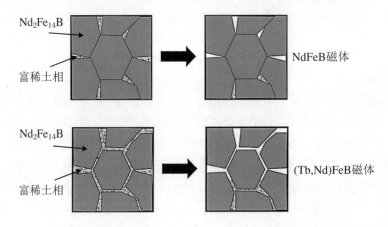

图 3.42　NdFeB 磁体和(Tb,Nd)FeB 磁体的腐蚀机理示意图

3.8　本章小结

无 HR 磁体与含 HR 磁体的温度系数、磁通不可逆损失、力学性能和耐腐蚀性能与微观组织,以及不同条件下烧结钕铁硼磁体的磁通不可逆损失关系如下:

(1) 无 HR 磁体与同牌号含 HR 磁体的常温磁性能基本相当。无 HR 磁体和含 HR 磁体在常温下的 B_r、H_{cj} 和 $(BH)_{max}$ 分别为 13.60 kGs、18.25 kOe、44.73 MGOe 和 13.55 kGs、18.91 kOe、44.49 MGOe。与含 HR 磁体相比,采用气流磨细化晶粒方法制备的无 HR 磁体,晶界角隅处具有较多的块状富稀土相,并且主相晶粒的平均尺寸较小,从而使晶粒周围的离散场变小,形核场得到提高,实现了常温磁性能的显著提升。

(2) 采用细化晶粒制备的无 HR 磁体的力学性能较好。由于无 HR 磁体具有沿主相晶粒均匀分布的晶界富稀土相,受压应力作用时会吸收、消耗、释放部分应力,使裂纹的扩展和传播受到抑制和阻碍,达到改善烧结钕铁硼磁体力学性能的目的。

(3) 无 HR 磁体在高温下的磁性能较低,其温度稳定性较差。无 HR 磁体和含 HR 磁体在 160 ℃下的 B_r、H_{cj}、$(BH)_{max}$ 分别为 11.12 kGs、3.10 kOe、22.07 MGOe 和 11.31 kGs、

4.84 kOe、28.14 MGOe。

（4）无 HR 磁体的化学稳定性较差。在相同的实验条件下，无 HR 磁体和含 HR 磁体的腐蚀失重分别是 3.3 mg·cm^{-2} 和 1.9 mg·cm^{-2}，电化学测试结果均说明无 HR 磁体的耐腐蚀性能较差。

（5）磁通不可逆损失的测量结果主要受托盘性质（材质/规格）、磁体摆放间距和烘烤温度等因素的影响，为了获得准确的磁通不可逆损失测量结果，测量过程中应对这些因素进行有效控制。

Ho 含量对烧结钕铁硼磁体的性能和微观组织的影响如下：

（1）Ho 的添加在提高（Ho，Nd）FeB 磁体 H_{cj} 的同时，会在一定程度上降低磁体的 B_r，当 Ho 含量由 0 增加到 21.0 wt.%时，H_{cj} 由 16.10 kOe 增加到 20.57 kOe；相应的 B_r 和 $(BH)_{max}$ 则分别由 13.42 kGs 和 42.57 MGOe 降至 9.19 kGs 和 20.28 MGOe。

（2）（Ho，Nd）FeB 磁体的温度系数 $|\alpha|$ 和 $|\beta|$ 随 Ho 含量的增加而降低。当 Ho 含量由 0 增加到 21.0 wt.%时，在 20～100 ℃ 范围内，磁体的 $|\alpha|$ 和 $|\beta|$ 则分别由 0.119%/℃ 和 0.692%/℃ 降低到 0.049%/℃ 和 0.54%/℃，在 180 ℃ 烘烤 2 h 后的磁通不可逆损失由 58.82% 降低到 29.17%。

（3）Ho 部分取代 Nd 能够使磁体的自腐蚀电位正移，降低了磁体的自腐蚀电流密度，改善了磁体的力学性能。当 Ho 的添加量为 21.0 wt.%时，（Ho，Nd）FeB 磁体的腐蚀失重由未添加 Ho 时的 2.7 mg·cm^{-2} 降到了 0.9 mg·cm^{-2}；显微硬度和抗弯强度分别由未添加 Ho 时的 528.74 HV 和 374.92 MPa 提高到 633.84 HV 和 459.80 MPa。

（4）Ho 取代 Nd 更倾向于进入主相晶粒，Ho 的添加有助于改善主相和富稀土相之间的浸润性，优化磁体晶界富稀土相的分布，既有助于烧结磁体的致密化，又能够起到去磁耦合作用，对烧结磁体的磁硬化至关重要。

采用基于磁控溅射的晶界扩散法制备了（Tb，Nd）FeB 磁体，得到 NdFeB 磁体和（Tb，Nd）FeB 磁体的性能和微观组织之间的关系：

（1）（Tb，Nd）FeB 磁体的内禀矫顽力 H_{cj} 得到显著提升，获得了更优的磁性能；（Tb，Nd）FeB 磁体的 H_{cj} 由 NdFeB 磁体的 15.98 kOe 提高到 23.78 kOe，提高了 48.81%；主要是因为磁体在晶界扩散处理后，重稀土 Tb 在主相晶粒表层形成了磁晶各向异性场更高的 $(Nd,Tb)_2Fe_{14}B$ 相，从而提高了 NdFeB 磁体的矫顽力。

（2）（Tb，Nd）FeB 磁体具有较强的抗高温退磁能力，所以其温度稳定性更高。当烘烤温度达到 180 ℃ 时，NdFeB 磁体和（Tb，Nd）FeB 磁体的磁通不可逆损失分别为 42.54% 和 0.95%，显著降低了磁体的磁通不可逆损失。

（3）与 NdFeB 磁体相比，（Tb，Nd）FeB 磁体的力学性能较好，这是由于（Tb，Nd）FeB 磁体具有更宽的晶界富稀土相，且沿主相晶粒连续分布，并且晶界富稀土相的韧性较好，当磁体受外力作用时，（Tb，Nd）FeB 磁体中的晶界富稀土相能够使裂纹在其扩展路径上发生扭转、偏转、断裂甚至终止，使裂纹的扩展和传播受到抑制与阻碍，从而达到改善磁体力学性能的目的。

（4）与 NdFeB 磁体相比，（Tb，Nd）FeB 磁体具有更宽的晶界相，且晶界相连续分布在主相晶粒周围，打通了磁体的腐蚀通道，当磁体处于腐蚀性环境中，更易引起磁体的腐蚀。因此，晶界扩散型磁体的化学稳定性较差。

第4章 气相法晶界扩散 Dy 型烧结钕铁硼磁体的制备与性能

作为第三代稀土永磁材料,具有优异磁性能的烧结钕铁硼被广泛应用于汽车、电子、仪表、医疗、能源等诸多领域,但是磁体本身较差的温度稳定性在一定程度上限制了其在高温环境的应用。随着混合动力汽车、风力发电等行业的兴起,迫切需求具有高磁能积、高矫顽力的烧结钕铁硼磁体。采用熔炼或双合金方法添加重稀土元素,是当前提高烧结钕铁硼磁体矫顽力最普遍也是最有效的一种手段,但是也会带来两大问题:一方面,较多的 Dy 或 Tb 进入主相与 Fe 形成反铁磁耦合,造成磁体剩磁和磁能积的大幅下降;另一方面,由于重稀土元素资源稀缺、价格昂贵,直接添加会造成生产成本的增加。因此,如何减少对重稀土元素的过度依赖,同时显著提高磁体的矫顽力成为国内外的研究热点。

近年来,烧结钕铁硼磁体的晶界扩散技术被广泛应用于提高其内禀矫顽力。将重稀土元素通过表面涂覆、电泳沉积、磁控溅射等方式附着于钕铁硼磁体表面,然后结合热处理工艺使得重稀土元素从表面沿着晶界渗透到磁体内部,择优分布于主相晶粒边缘而不是进入晶粒内部,从而提高缺陷区的各向异性,大幅提高磁体矫顽力的同时而不降低剩磁。然而这些工艺在实际应用中仍有许多不足之处:磁控溅射法沉积 Dy 或 Tb 层,溅射效率低,真空要求高,设备复杂昂贵,不适宜实际生产;电泳沉积所采用的重稀土粉末制备工艺复杂;表面涂覆尽管操作简单便捷,但涂覆层厚度不均匀,产品一致性差,难以实现产业化。

4.1 晶界扩散 Dy 型烧结钕铁硼磁体的制备

通过 Dy 蒸气热处理工艺,制备晶界扩散 Dy 型烧结钕铁硼磁体。首先将磁体置于富 Dy 蒸气的环境中,此时 Dy 元素将从磁体表面沿着晶界扩散进入磁体内部,最终达到提高磁体内禀矫顽力的目的。研究磁体尺寸、热处理温度、热处理时间等因素对扩散后磁体性能及微观结构的影响,探索热处理后磁体内重稀土元素分布规律。

钕铁硼初始合金成分为 $(PrNd)_{30.30} Fe_{bal} Co_{1.0} Ga_{0.20} Zr_{0.20} Cu_{0.15} B_{0.96}$（wt.%）。首先,按照上述成分配比进行钕铁硼合金熔炼,获得厚度为 $0.2\sim0.4$ mm 的速凝薄片;然后,依次经过氢破碎与气流磨处理获得平均粒度为 $3.0~\mu m$ 的钕铁硼磁粉;之后,将钕铁硼磁粉在 1.5 T 的外加磁场下进行取向成型,再经 225 MPa 油冷等静压制得钕铁硼压坯;最后,将钕铁硼压坯在真空烧结炉内依次进行烧结、二级回火处理,进而得到原始磁体,其中烧结温度为 1085 ℃,烧结时间为 2 h,在 900 ℃和 480 ℃条件下均回火处理 2 h。原始磁体的剩磁为 $B_r = 14.29$ kGs,矫顽力为 $H_{cj} = 13.20$ kOe,最大磁能积为 49.15 MGOe。将制得的磁体进行机加工,获得数量不等的 10 mm×10 mm×2 mm,10 mm×10 mm×4 mm,10 mm×

10 mm×6 mm 薄片磁体。将镝板和待处理的磁体依次逐层均匀放置于烧结盒内(图 4.1),在高真空条件下,采用 780~850 ℃ Dy 蒸气热处理磁体 2~20 h,然后对磁体进行二级回火(900 ℃×2 h+480 ℃×2 h)得到目标磁体。

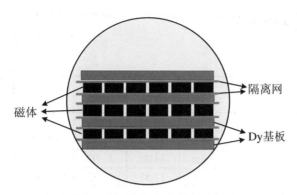

图 4.1　Dy 蒸气热处理法示意图

4.2　Dy 蒸气热处理对烧结钕铁硼磁体性能和微观结构的影响

4.2.1　磁体尺寸

1. 磁性能的变化规律

图 4.2 为相同 Dy 蒸气热处理工艺下(850 ℃×5 h)不同厚度磁体的室温退磁曲线,插图为扩散样品详细磁性能参数。由图可以看出,相比于原始磁体性能,2 mm 厚度磁体扩散后矫顽力提高了 5.01 kOe;4 mm 厚度磁体扩散后矫顽力提高了 2.77 kOe;而 6 mm 厚度磁体扩散后矫顽力的提高量仅为 1.25 kOe。因此,可以得出烧结钕铁硼磁体矫顽力的提高幅度随磁体厚度的增加而迅速减少。图 4.3 为 Dy 蒸气热处理法制备的晶界扩散 Dy 型烧结钕铁硼磁体的性能与磁体尺寸的关系。从图中可以更为直观地看出,对于不同厚度的磁体蒸气热处理前、后,其磁体的剩磁几乎不变,而内禀矫顽力有不同程度的提高。矫顽力的提升效果随着磁体厚度的增加而逐渐减弱,这可能是由扩散层深度不够而引起的。在 Dy 蒸气环境中,Dy 原子通过晶界由磁体表面渗透到磁体内部的距离是有限的,磁体中扩散区域所占比例随着磁体尺寸的增加逐渐减小,所以磁体晶界扩散效果逐渐减弱,其内禀矫顽力的增幅逐渐减小。

扩散后,磁体退磁曲线的方形度变化规律完全不同于磁体矫顽力。4 mm 厚的扩散样方形度出现了明显的异常,相对于原始磁体的方形度显著降低,而 2 mm、6 mm 厚的磁体在蒸气热处理前后,其方形度变化不大,均在 89% 以上。这可能是由于在 850 ℃下蒸发扩散 5 h,对于 2 mm 厚度样品,磁体内大部分区域为已扩散区域,在控制矫顽力和方形度上占主导地位,磁体的矫顽力较高,方形度较好;对于 4 mm 厚度样品,磁体内部未扩散渗透区域和外部含 Dy 区域基本相当,两者共同作用的结果就是磁体退磁曲线的方形度较差;而对于 6 mm

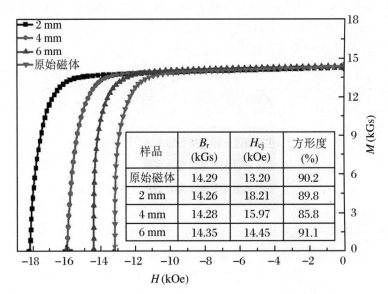

样品	B_r (kGs)	H_{cj} (kOe)	方形度 (%)
原始磁体	14.29	13.20	90.2
2 mm	14.26	18.21	89.8
4 mm	14.28	15.97	85.8
6 mm	14.35	14.45	91.1

图4.2   Dy 蒸气热处理法制备的不同厚度的晶界扩散 Dy 型烧结钕铁硼磁体的退磁曲线

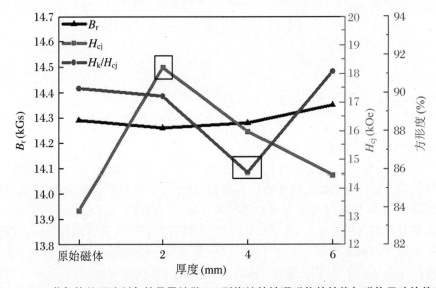

图4.3   Dy 蒸气热处理法制备的晶界扩散 Dy 型烧结钕铁硼磁体的性能与磁体尺寸的关系

厚度样品,由于产品较厚,磁体内部未扩散区域大于表层已扩散区域,在控制矫顽力和方形度上占主导地位,磁体的矫顽力较低,方形度较好。

2. 方形度变化规律的验证

为了证实以上扩散后不同厚度磁体方形度的变化规律,设计了独特的验证方案。为了凸显效果,取 N38 和 38UH 两种磁体(两种牌号磁体的剩磁接近而矫顽力相差 10 kOe),分别加工成 10 mm×10 mm×1 mm 薄片,以不同的组合方式来模拟不同厚度磁体 Dy 蒸气热处理后扩散区域的大小占比情况。不同样品磁性能的测试数据见表4.1。

表 4.1　方形度变化规律的验证方案及其测试结果

编号	组合方式	示意图	剩磁 (kGs)	矫顽力 (kOe)	方形度 (%)	模拟情况
Y-1	N38 6PCS		12.36	14.57	96.1	未扩散
Y-2	38UH 6PCS		12.54	24.96	84.8	完全扩散 (2 mm 扩散样)
Y-3	38UH 1PCS + N38 2PCS + 38UH 2PCS + N38 2PCS + 38UH 1PCS		12.41	19.84	74.2	扩散区域 = 未扩散区域 (4 mm 扩散样)
Y-4	38UH1PCS + N38 4PCS + 38UH 1PCS		12.32	16.90	84.3	扩散区域＜ 未扩散区域 (6 mm 扩散样)

　　在验证的样品中,38UH 薄片代表扩散处理后磁体内已扩散渗透区域,N38 薄片代表磁体内未扩散区域,通过不同的组合来模拟扩散后磁体扩散区域不同的情况。需要说明的是,由于在之前测试不同厚度扩散样品的磁体磁性能时(测量仪器受限缘故),2 mm 磁体是 3 片叠着测试,4 mm 磁体是 2 片叠着测试,6 mm 磁体是直接测试的,因此出现了以上的模拟组合方式。通过表 4.1 可以看出当磁体内扩散区域与未扩散区域相当时,磁体方形度最差,为 74.2%,而当磁体内扩散区域或未扩散区域占主导地位时,磁体方形度会有所恢复,提高至 84% 以上。这验证了之前关于不同厚度磁体 Dy 蒸气热处理后方形度的变化规律的讨论。图 4.4 是不同验证样品组的退磁曲线变化,可以直观地看出不同验证组合尽管剩磁变化不大,但方形度的差别十分明显。

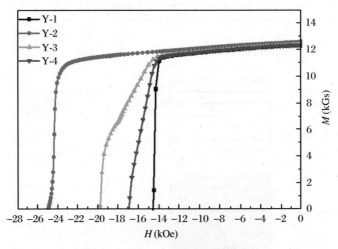

图 4.4   不同模拟样品组的退磁曲线

4.2.2   热处理温度

1. 磁性能的变化规律

相对于其他晶界扩散工艺,Dy 蒸气热处理法制备的晶界扩散 Dy 型烧结钕铁硼磁体的性能更依赖于热处理温度的控制。因为热处理温度不仅影响了 Dy 原子从磁体表面渗透到磁体内部的过程,也决定了重稀土元素扩散源量的多少。表 4.2 是金属 Dy 在不同温度下的饱和蒸气压。从表中可以看出,在 800～900 ℃的热处理温度下,Dy 的饱和蒸气压达到 $10^{-3}～10^{-2}$ Pa,其含量基本可以满足磁体晶界扩散的需求。

表 4.2   金属 Dy 在不同温度下的饱和蒸气压

温度(℃)	625	682	747	817
饱和蒸气压(Pa)	$1.33×10^{-6}$	$1.33×10^{-5}$	$1.33×10^{-4}$	$1.33×10^{-3}$
温度(℃)	897	997	1117	1262
饱和蒸气压(Pa)	$1.33×10^{-2}$	$1.33×10^{-1}$	1.33	13.3

图 4.5 表示磁体经不同温度 Dy 蒸气热处理后的退磁曲线(扩散样品厚度为 2 mm),插图是经不同扩散温度处理后磁体的磁性能。随 Dy 蒸气扩散温度的升高,Dy 元素扩散效果越好,当热处理温度由 750 ℃提升至 850 ℃时,扩散后的磁体的剩磁略微降低而矫顽力大幅增加,矫顽力由初始的 14.12 kOe 提高到 18.21 kOe。根据表 4.2 所示的 Dy 的饱和蒸气压变化规律,并结合分子动力学可以预知,继续升高扩散温度,磁体的内禀矫顽力仍有提高的空间。然而,实验发现,继续提高热处理温度时,过高的 Dy 的饱和蒸气浓度会导致磁体表面形成低熔点的物质,继而磁体与钼网发生粘连现象。所以,进一步提高 Dy 蒸气热处理温度获得更高的磁体矫顽力的方法并不可取。

2. Dy 元素扩散深度

图 4.6 为经不同温度 Dy 蒸气热处理后磁体内 Dy 浓度与距表面距离(深度)的变化关系。扩散后,磁体内的 Dy 浓度从磁体表面到磁体内部呈典型的梯度式递减分布。大量的

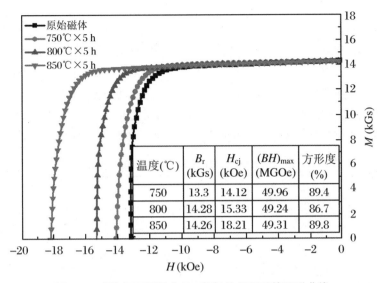

图 4.5　磁体经不同温度 Dy 蒸气热处理后的退磁曲线

重稀土 Dy 富集在磁体表面,随着扩散深度的增加,Dy 含量先急剧降低,然后缓慢减少。结合图 4.5 可以看出,当 Dy 蒸气热处理温度为 850 ℃时,扩散磁体在距离表面 750 μm 处 Dy 的浓度仍能达到 0.3 wt.%。因此可以认为,该热处理工艺下 Dy 的有效扩散深度为 750 μm,磁体内已扩散区域占比达到 75%。另一方面,可以看出分别经 750 ℃、800 ℃、850 ℃不同蒸气热处理温度制备得到晶界扩散磁体,距离磁体表面 100 μm 处 Dy 浓度值分别为 1.5 wt.%、2.6 wt.%、3.5 wt.%,说明扩散到磁体内部 Dy 的含量受热处理温度的影响。这是由于蒸气热处理温度的提高不仅增加了 Dy 原子的扩散动力,促进 Dy 原子不断沿着晶界渗透到磁体内部,同时,温度的上升也使得 Dy 的饱和蒸气压急剧增加,有效扩散源增多,因此更多的 Dy 元素更充分地扩散到磁体的内部。

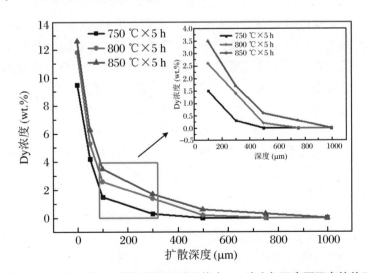

图 4.6　不同温度 Dy 蒸气热处理后磁体内 Dy 浓度与距表面距离的关系

　　如表 4.3 所示,当蒸气热处理温度为 750 ℃时,扩散磁体内 Dy 元素只分布在磁体表面,有效扩散深度仅为 300 μm,磁体内未扩散区域占据绝对主导地位,此时磁体矫顽力较低,方形度较好;当热处理温度提高至 800 ℃时,有效扩散深度提高至 500 μm,磁体内已扩散区域与未扩散区域基本相当,磁体的内禀矫顽力仍能得到提高,但磁体的方形度却略有降低;当热处理温度继续提高至 850 ℃时,此时磁体矫顽力达到最大,为 17.28 kOe。同时,随着蒸气热处理温度的增加,磁体距离表面 100 μm 处 Dy 的浓度值逐渐增加,其矫顽力也呈现了逐渐增长的规律。众所周知,可以通过 Dy 元素取代主相晶粒的部分 Nd 元素来显著提高磁体的矫顽力,主要是通过提高磁体的磁晶各向异性场来实现的。磁体内部 Dy 浓度的变化与图 4.5 的矫顽力变化规律相吻合,这说明 Dy 含量是磁体矫顽力变化的关键因素。

表 4.3　蒸气热处理后磁体内 Dy 的浓度值及其磁性能

工艺 (℃×h)	100 μm 处 Dy 含量 (wt.%)	矫顽力变化量 (kOe)	方形度 (%)	有效扩散深度 (mm)
750×5	1.5	0.92	89.4	0.30
800×5	2.6	2.13	86.7	0.50
850×5	3.5	5.01	89.8	0.75

4.2.3　热处理时间

1. 磁性能的变化规律

另一个影响扩散效果的重要因素是 Dy 蒸气热处理时间。当热处理时间太短时,扩散不充分,扩散效果不明显;当热处理时间太长时,不仅造成时间、资源的浪费,还会增加磁体的生产成本。因此,进一步研究 Dy 蒸气热处理时间对晶界扩散磁体的微观结构和磁性能的影响。

图 4.7 表示蒸气热处理时间与晶界扩散 Dy 磁体的磁性能间的关系。由图可知,随着蒸气热处理时间的延长,磁体的矫顽力先大幅增长,而后缓慢上升,甚至出现略微下降的现象。在扩散前期,随热处理时间的延长,更多的 Dy 原子不断地从磁体表面沿着晶界渗透到磁体内部,所以磁体内部发生扩散的区域不断增大,从而使磁体的矫顽力得到不断提高。在热处理一定时间后,磁体矫顽力变化不大,这与磁体内已扩散区域的占比大小有关。同时,可以看出,这种矫顽力增幅迟缓出现的拐点时间与参与扩散的磁体厚度有关。对于 2 mm 厚的磁体,当热处理时间从 2 h 延长到 5 h 时,磁体的剩磁变化不大,然而矫顽力却从 14.98 kOe 迅速增加至 18.21 kOe;继续延长时间至 10 h 时,磁体的剩磁开始显著下降,而矫顽力增幅不大,仅提高 0.93 kOe;当热处理时间达到 20 h 时,磁体的剩磁降至 13.99 kGs,此时磁体的矫顽力也出现小幅度的降低。因此,对于 2 mm 厚的磁体,其最佳蒸气热处理时间为 5 h。对于 4 mm 厚的磁体,当热处理时间从 2 h 延长到 5 h 时,磁体的剩磁几乎不变,矫顽力增幅为 1.85 kOe;继续延长时间至 10 h 时,剩磁出现小幅下降,而矫顽力增幅明显,从 15.97 kOe 急剧增加至 18.19 kOe;当热处理时间进一步增加到 20 h 时,磁体的剩磁出现明显下降,而矫顽力增幅不大,仅为 0.75 kOe。因此,对于 4 mm 厚的磁体,其最佳蒸气热处理时间为 10 h。不同厚度磁体的最佳热处理时间表现出了明显的差异,这与扩散后磁体内 Dy 的渗透效果有关。前一节已经讨论到 2 mm 厚的磁体在 850 ℃下热处理 5 h 时,它的有效扩散深度约为 750 μm,磁体内已扩散区域占比达 75%。因此,热处理时间继续增加一倍时,其扩散效果增

幅不再明显。由此可以认为,相同蒸气热处理条件下(热处理温度,热处理时间),磁体内 Dy 的有效扩散距离是一致的。因此,对于 4 mm 厚的磁体,850 ℃热处理 5 h 时,Dy 的渗透区域占比约为 37.5%。

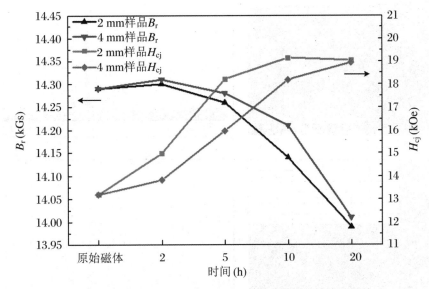

图 4.7 蒸气热处理时间与晶界扩散 Dy 型磁体的磁性能之间关系

图 4.8 为 4 mm 厚的磁体在 850 ℃下 Dy 蒸气热处理 5 h 和 10 h 后距表面 1.5 mm 处背散射扫描及 EDS 结果。由图可以看到,850 ℃下热处理 5 h 距磁体表面 1.5 mm 处已难以探测到 Dy 元素,而延长热处理时间至 10 h 后,磁体距表面 1.5 mm 处 Dy 的含量可达 0.21 wt.%,说明此时磁体内 Dy 的有效扩散深度至少达到 1.5 mm,磁体内渗透区域占比约达 75%。因此,相同热处理温度下,适当延长热处理时间也可以增加扩散渗透区域,提高扩散渗透效果。

2 mm 厚的磁体的最佳 Dy 蒸气热处理工艺为 850 ℃下热处理 5 h,此时磁体的剩磁为 14.26 kGs,矫顽力可达 18.21 kOe,同时方形度可保持在 89.5%以上,其综合磁性能达到了 52H 牌号的磁体。为了更好地了解扩散处理后磁体的整体成分变化,针对该磁体进行了等离子体光谱(ICP)分析,表 4.4 为 2 mm 厚的磁体经 850 ℃×5 h 扩散后的 ICP 分析结果。可以看出,扩散后磁体内 Dy 的含量约为 0.86 wt.%,其他元素含量与初始成分比例基本一致。目前,常规 52H 系列磁体为保持高剩磁,不可避免地添加了重稀土 Tb 元素,并且 Tb 的含量通常不低于 0.8 wt.%。通过该 Dy 蒸气热处理工艺,几乎用相同含量的 Dy 实现了含 Tb 磁体的性能,大大节约了磁体的生产成本,充分体现了晶界扩散型磁体在减少重稀土含量和实现高性能方面的优越性。

表 4.4 Dy 蒸气热处理后(850 ℃×5 h)磁体 ICP 分析结果(wt.%)

样品	Pr	Nd	B	Dy	Co	Cu	Ga	Zr	Fe
原始磁体	7.04	23.02	0.98	0.00	1.04	0.14	0.16	0.18	67.44
扩散磁体	7.07	22.94	0.97	0.82	1.03	0.14	0.18	0.17	66.68

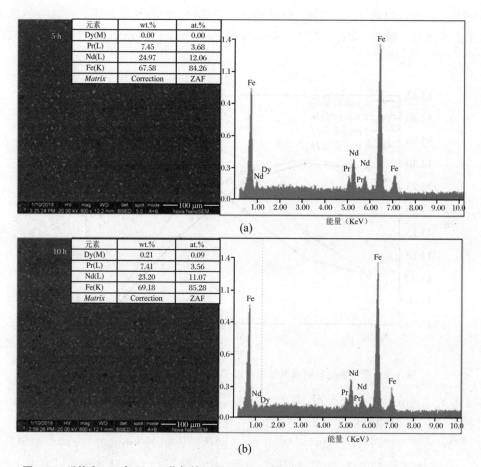

图 4.8　磁体在 850 ℃下 Dy 蒸气热处理保温不同时间后距表面 1.5 mm 处背散射扫描及其面扫描能谱结果

2. Dy 元素分布

从图 4.7 可以看出,当热处理时间超过一定时长时,经 Dy 蒸气热处理后的磁体的剩磁开始出现了明显下降,但内禀矫顽力的增幅较小。图 4.9 表示 2 mm 厚的磁体在 850 ℃下蒸气热处理 10 h 后距磁体表面 300 μm 处的背散射扫描图及其元素分布。可以看出,尽管此时磁体已不易观察出富 Dy 的壳层结构,但通过区域(i)内点扫描能谱结果,依然能够找到主相外围形成的 $(Nd,Dy)_2Fe_{14}B$ 相,所以 Dy 在主相晶粒周围通过部分取代 Nd 从而形成 $(Nd,Dy)_2Fe_{14}B$ 相,提高了该区域的各向异性场,根据反磁化形核畴理论,主相晶粒周围的"缺陷"区域是磁体反磁化最易形成反磁化畴核的区域。因此,磁体的矫顽力得到明显提高。同时,根据区域(ii)内的点扫描能谱结果可以看出,此时磁体内部分晶粒内部已被 Dy 完全渗透,虽然重稀土 Dy 进入主相内部也能提高磁体的矫顽力,但是 Dy 与 Fe 之间为反铁磁性耦合。因此,重稀土元素 Dy 大量进入主相晶粒内部会导致其剩磁的大幅度降低,这就解释了热处理 10 h 后磁体矫顽力增强的同时剩磁会出现明显降低的现象。热处理时间对磁体磁性能的影响主要是通过改变 Dy 的浓度梯度来实现的。相关研究表明,浓度梯度是扩散进行的主要驱动力[265]。在磁体表层,由于 Dy 含量高,浓度梯度大,因此部分 Dy 元素可以通过体扩散直接进入主相晶粒。尽管体扩散速率远低于晶界扩散速率,但当热处理保温时间较长时,这种体扩散的 Dy 元素在较大的浓度梯度下是可以扩散贯穿整个晶粒的。当扩散无限延长时,扩散将一直进行下去,直到磁体晶粒内部的 Dy 浓度梯度也消失。

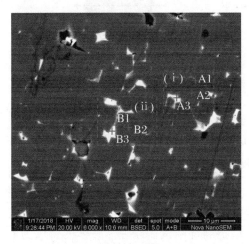

位置	元素(wt.%)			
	Dy(M)	Pr(L)	Nd(L)	Fe(K)
A1	1.63	6.32	22.24	69.81
A2	0.00	6.44	22.79	70.76
A3	3.32	15.99	46.06	34.63
B1	1.99	8.39	26.35	63.27
B2	2.89	5.38	21.82	69.91
B3	2.42	25.13	53.87	18.57

图 4.9　磁体经 Dy 蒸气热处理后(2 mm,850 ℃ × 10 h)距离表面 300 μm 处背扫射 SEM 形貌及能谱结果

4.3　晶界扩散 Dy 型烧结钕铁硼磁体矫顽力的增强机制

具有多相结构的烧结钕铁硼磁体,主要由 $Nd_2Fe_{14}B$ 主相以及包裹在主相晶粒周围且呈薄层状的晶界富 Nd 相组成。如图 4.10 所示,在主相晶粒表面,存在一个由主相成分向晶界相成分过渡的薄层(约 20~30 nm),该过渡区域成分与主相晶粒内部不同,存在成分缺陷和结构缺陷,因此称为过渡层或缺陷层。磁晶各向异性常数 K_1 较小的缺陷层在反磁化过程中优先被反磁化,从而形成反磁化畴核。当反磁化畴核快速长大并向相邻的整个晶粒扩展时,使主相晶粒发生反磁化现象,最终导致整个磁体被反磁化。从矫顽力的形核机制角度考虑,主相晶粒周围缺陷处的反磁化畴形核场强弱决定了磁体矫顽力的大小。该缺陷区域是烧结钕铁硼磁体内禀矫顽力远低于其理论值的主要原因之一。所以通过提高主相晶粒周围缺陷层的各向异性常数能够有效提高整个烧结钕铁硼磁体的矫顽力。

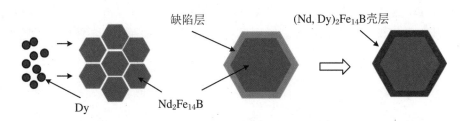

图 4.10　晶粒表面缺陷及强化示意图

图 4.11 给出了各向异性常数 K_1 在主相晶粒中的分布情况。由于磁体内部缺陷的存在,且主相晶粒表层的 K_1 值比晶粒内部小,所以磁体的内禀矫顽力较低。使用常规工艺单合金法提高磁体矫顽力时,即在合金熔炼时加入重稀土元素 Dy 或 Tb,此时重稀土元素在整

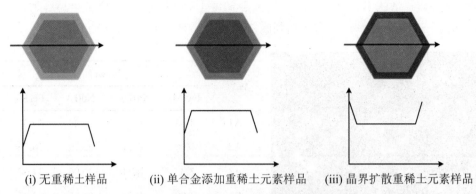

(i) 无重稀土样品　　　　(ii) 单合金添加重稀土元素样品　　　(iii) 晶界扩散重稀土元素样品

图 4.11　各向异性常数 K_1 在烧结钕铁硼主相晶粒中的分布示意图

个晶粒中均有分布,提高了整个晶粒的 K_1 值,因此实现了矫顽力的提高。但可以看出,此时晶粒表面缺陷层仍然是整个磁体矫顽力的限制因素。即使钕铁硼主相晶粒内部不存在重稀土元素,其 K_1 值也可以保证实现高矫顽力[3]。因此,提高烧结钕铁硼磁体整体的矫顽力的关键在于提高晶粒表层缺陷处的各向异性场。单合金法添加尽管有效提高了缺陷层的 K_1 值,但不可避免地牺牲了磁体的剩磁,以及造成大量重稀土资源的浪费。可以注意到,缺陷层占整个晶粒的体积分数是很小的,通过合理地控制重稀土元素的分布,使其全部或大部分存在于缺陷层,使用少量的重稀土可以显著提高磁体的矫顽力,同时不会造成剩磁的大幅度降低。本章采用的 Dy 蒸气热处理工艺,由于扩散的温度高于富 Nd 相熔点,在热处理过程中,重稀土元素 Dy 能够沿已熔化的晶界富稀土相扩散到磁体内部,并取代主相晶粒表层的金属 Nd,在主相表层形成 $(Nd,Dy)_2Fe_{14}B$ 相的核壳结构,从而显著提高烧结钕铁硼磁体缺陷层的磁晶各向异性常数 K_1,达到提高磁体矫顽力的目的。同时,由于 Dy 蒸气热处理的温度远低于熔炼和烧结的温度,因此,Dy 元素只进入主相周围的表面缺陷层,而不会过多进入主相晶粒内部,在实现提高主相晶粒表面缺陷层的抗反磁化能力的情况下,使磁体的剩磁和磁能积几乎不受影响。

此外,主相晶粒中被 Dy 取代的 Nd 元素唯一可能去往的区域只有晶界相,Nd 元素的涌入使得磁体的晶界相变得更加均匀连续,并使晶界相增厚。这种均匀连续分布的晶界相可以有效减弱主相晶粒之间的交换耦合作用,达到提高磁体矫顽力的目的。Dy 蒸气热处理后磁体的微观形貌如图 4.12 所示,其中,灰色区域代表主相 $Nd_2Fe_{14}B$,亮白色区域代表晶界相。在 Dy 蒸气热处理前,磁体主相晶粒之间的界限比较模糊,各主相晶粒之间几乎直接接触。经 850 ℃ Dy 蒸气热处理保温 5 h 后,磁体内晶界相变得连续光滑,晶粒界限变得清晰,各主相晶粒被晶界相较为完整地包裹着。因此,扩散磁体微观结构的改善也是 Dy 蒸气热处理后磁体矫顽力得到提高的重要原因之一。

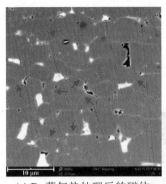
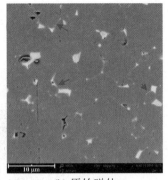

(a) Dy蒸气热处理后的磁体　　　　　(b) 原始磁体

图 4.12　磁体背散射扫描电子显微形貌

4.4　大块晶界扩散 Dy 型烧结钕铁硼磁体的制备及性能

无论是表面涂覆或电泳沉积不同类型重稀土化合物的方式,还是溅射或蒸镀重稀土金属单质的方式,都能够在保证剩磁和磁能积基本不变的情况下,大幅度提高磁体的内禀矫顽力,降低重稀土的使用量[266]。但是,重稀土元素在磁体内部的扩散深度非常有限,所以在晶界扩散处理的相关报道中,通常采用的样品厚度基本都在 3 mm 以下,重稀土扩散距离过小的问题仍然没有得到解决,严重限制了晶界扩散技术的推广与应用。尽管近期已有研究通过改变烧结钕铁硼基体的回火状态[267],扩散渗透的方向[268]以及磁体基体中的晶界添加相[269]等,来提升重稀土元素的扩散渗透效果,但扩散层的厚度仍然难以突破 5 mm。因此,研究开发适用于大块磁体($h>10$ mm)的晶界扩散技术将会是一项非常有意义的工作。

Dy 蒸气热处理法可以实现大幅度提高磁体矫顽力的目的,同时保证剩磁几乎不会降低。为了增加扩散层的深度,进一步提高扩散渗透效果,本节将沿用 Dy 蒸气热处理工艺对大块 NdFeB 粉末压坯进行晶界扩散处理,将磁体烧结与扩散结合,以期实现 Dy 元素在磁体未烧结致密时通过磁体内大量的孔隙不断地进入到磁体内部,大幅度提高 Dy 元素的扩散深度。本章节将研究热处理工艺、热处理温度和时间对扩散磁体磁性能的影响,比较不同热处理条件下磁体的微观结构与 Dy 的分布状况,并探索扩散处理后磁体内部不同区域位置的矫顽力的变化规律,以及扩散后磁体的温度稳定性。

4.4.1　大块晶界扩散 Dy 型烧结钕铁硼磁体的制备

钕铁硼初始合金成分为 $(PrNd)_{30.30}Fe_{bal}Co_{1.0}Ga_{0.20}Zr_{0.20}Cu_{0.15}B_{0.96}$(wt.%)。首先按照所设计的成分配比进行合金熔炼,然后进行氢破碎处理,随后采用气流磨工艺获得平均粒度为 $3.0~\mu$m 的磁粉。磁粉经 1.5 T、225 Mpa 取向压型后,得到尺寸为 18.0 mm×42.9 mm×22.3 mm、密度为 4.8~5.3 g·cm^{-3} 的压坯。将重稀土 Dy 板、隔离架、压坯依次逐层放置在烧结盒内(图 4.13),根据初始烧结工艺进行升温保温,为取得扩散效果,增设 890~1040 ℃保温 2~20 h 的扩散平台,并以 Dy 蒸气热处理平台为分界线,根据 Dy 板参与时间段的不同制得前期扩散、整段扩散、后期扩散等不同类型的磁体。磁体进行二级回火处理,分别在 900 ℃下保温 2 h,480 ℃下保温 3 h,制得产品尺寸为 17.84 mm×39.10 mm×22.10 mm 的磁体。

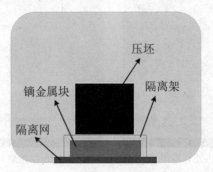

图 4.13　烧结盒内结构示意图

4.4.2　Dy 蒸气热处理对大块烧结钕铁硼磁体性能的影响

4.4.2.1　蒸气热处理工艺

本节将磁体烧结过程和 Dy 渗透扩散过程有机结合,采用 Dy 蒸气热处理法在烧结过程的不同阶段对大块钕铁硼粉体压坯进行晶界扩散 Dy,优化适用于制备大块晶界扩散 Dy 型烧结钕铁硼磁体的 Dy 蒸气热处理工艺,并在保证磁体致密烧结的同时,获得较好的晶界扩散效果。钕铁硼磁体烧结工艺过程中的不同阶段 Dy 蒸气热处理工艺曲线如图 4.14 所示。

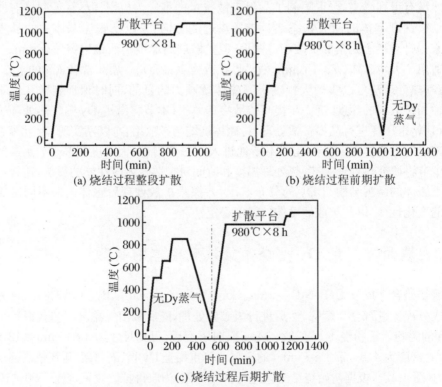

图 4.14　钕铁硼磁体烧结工艺过程中的不同 Dy 蒸气热处理工艺

　　为了同时完成扩散与烧结过程,在常规烧结工艺基础上增加了 980 ℃×8 h 的 Dy 蒸气热处理平台。当 Dy 的扩散渗透参与了磁体烧结的整个过程时,该工艺称为整段扩散工艺(工艺 A)。考虑到粉末压坯在高温(>1000 ℃)烧结阶段的急剧收缩,倘若该段烧结时间仍将压坯放置于隔离支架上,易出现因收缩不均匀导致的表面裂纹和磁体不致密等现象。因此,将 Dy 片在蒸气热处理平台后撤出,同时将半致密化磁体置于氧化铝粉末上完成最后烧结过程,该工艺中 Dy 的扩散渗透仅参与了磁体烧结的前段过程,该工艺称为前期扩散工艺(工艺 B)。此外,由于混粉过程中需添加较多的防氧化剂、润滑剂等有机成分,压坯在低温烧结(<800 ℃)阶段挥发出大量有机气体,这些气体会影响 Dy 的蒸发与渗透,因此,前期烧结过程不放入 Dy 片,当 Dy 蒸气热处理即将开始时,再将 Dy 片放入烧结腔体中,最终压坯同时完成烧结和扩散过程,该工艺中 Dy 的扩散渗透主要参与了磁体烧结的后段过程,将该工艺称为后期扩散工艺(工艺 C)。不同热处理工艺条件下磁体的退磁曲线如图 4.15 所示。

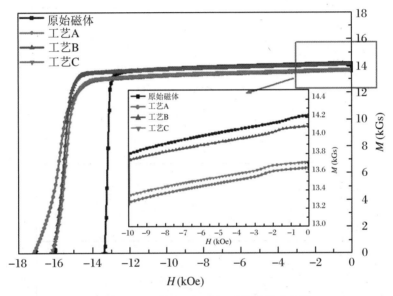

图 4.15　不同热处理工艺下磁体的退磁曲线

　　表 4.5 是在不同工艺条件下经 Dy 蒸气热处理后磁体的磁性能结果。从表中可以看出,扩散磁体的矫顽力均得到不同程度的提升,然而不同工艺条件下,扩散磁体的性能出现了明显的差异。经整段扩散工艺制备得到的磁体,尽管矫顽力的增幅最大,可达 3.82 kOe,但其剩磁降低过多,由 14.22 kGs 降低至 13.65 kGs,同时可以看到,经整段扩散处理后,磁体退磁曲线上的方形度也较差,其方形度为 85.3%;前期扩散磁体虽然矫顽力增幅相对较小,但也由原始的 13.36 kOe 提升至 16.13 kOe,更为重要的是,扩散前后其剩磁基本没发生变化;经后期扩散处理后,扩散磁体的矫顽力变化和整段扩散磁体接近,但其剩磁降低较为明显。

表 4.5　不同 Dy 蒸气热处理工艺下不同样品的磁性能

样品		B_r (kGs)	H_{cj} (kOe)	方形度 (%)	ΔB_r (kGs)	ΔH_{cj} (kOe)	$\Delta H_{cj}/\Delta B_r$
原始样		14.22	13.36	97.2	—	—	—
整段扩散工艺	扩散样	13.65	17.18	85.3	−0.57	3.82	6.70
	对比样	14.28	12.86	94.4	0.06	−0.50	—
前期扩散工艺	扩散样	14.10	16.13	92.6	−0.12	2.77	23.08
	对比样	14.23	12.73	97.0	0.01	−0.63	—
后期扩散工艺	扩散样	13.71	16.21	90.3	−0.51	2.85	5.59
	对比样	14.21	12.95	94.6	−0.01	−0.41	—

此外,不同 Dy 蒸气热处理工艺下均设置了随炉对比样,可以发现各对比样磁体的剩磁基本不变,矫顽力略微降低,说明各扩散样品的矫顽力的提高不是由于烧结工艺的变化而引起的,扩散磁体中 Dy 含量的增加是磁体内禀矫顽力增强的根本原因。结合图 4.16 可以发现,整段扩散和后期扩散磁体的剩磁出现明显降低,可能是由高温烧结过程中急剧增大的原子扩散动能,以及磁体内晶界相与主相晶粒间 Dy 的巨大浓度差加剧了大量 Dy 元素进入主相而引起的,且高温下较高 Dy 的饱和蒸气压为其提供了充足的扩散源。

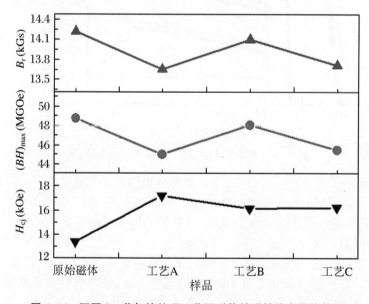

图 4.16　不同 Dy 蒸气热处理工艺下磁体的磁性能变化趋势图

不同 Dy 蒸气热处理工艺下样品的密度如图 4.17 所示,插图为整段扩散样品,可以发现经前期扩散后的磁体密度与原始磁体的基本相同,而后期扩散及整段扩散样品的密度显著降低,并且整段扩散样品的表面已出现明显裂纹。

众所周知,晶界扩散改善磁体性能最大的优势在于能够实现在基本不降低磁体剩磁的基础上,矫顽力得到有效提高。如果将每牺牲 1 kGs 的剩磁磁体矫顽力的增幅量,即 $\Delta H_{cj}/\Delta B_r$ 作为一项参考指标,那么前期扩散后的磁体 $\Delta H_{cj}/\Delta B_r$ 可以高达 23.08。整段扩散样品和后

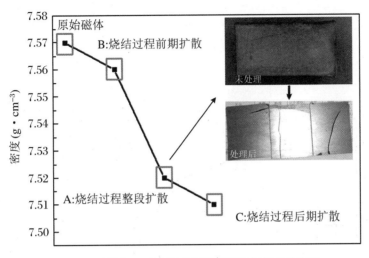

图 4.17　不同 Dy 蒸气热处理工艺下不同样品的密度

期扩散样品其 $\Delta H_{cj}/\Delta B_r$ 值分别仅为 6.70,5.59,这与掺杂纳米 Dy 改善烧结钕铁硼性能[270]相比并无多大差异。显然,整段扩散工艺和后期扩散工艺难以表现出晶界扩散处理技术的优势。综合来看,前期扩散工艺是目前最佳的 Dy 蒸气热处理工艺。图 4.18 是掺杂重稀土元素的磁体性能数据与本工作的磁体性能对比。从图中可以看出,相对于双合金法添加 Dy 及其合金制备的烧结钕铁硼,通过对压坯直接晶界扩散处理可以在磁体剩磁几乎不变的情况下,显著提高磁体的内禀矫顽力。

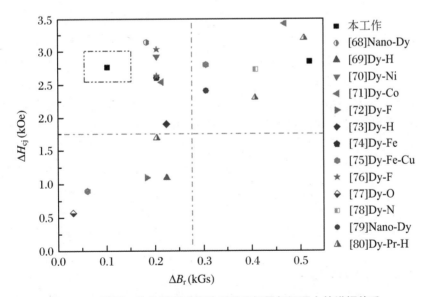

图 4.18　不同工艺处理下磁体的剩磁降低量与矫顽力的增幅关系

4.4.2.2　热处理温度

我们已经明确了热处理温度是影响扩散结果的重要因素。因此,在确定了适用于大块磁体最佳 Dy 蒸气热处理工艺之后,将有必要继续研究热处理温度对扩散后磁体性能和微观结构的影响规律。图 4.19 为 Dy 蒸气热处理后磁体的磁性能与热处理温度之间的关系。由图可知,Dy 蒸气热处理后的磁体矫顽力均得到不同程度的提升,磁体矫顽力随热处理温度的提高先提高而后降低,在 1010 ℃下矫顽力增幅最大,最大增幅为 4.20 kOe。同时磁体剩磁随着热处理温度的升高先保持基本不变,而后急剧下降,在 1040 ℃下热处理 8 h 后,磁体的剩磁已由原始的 14.23 kGs 降低至 13.60 kGs。

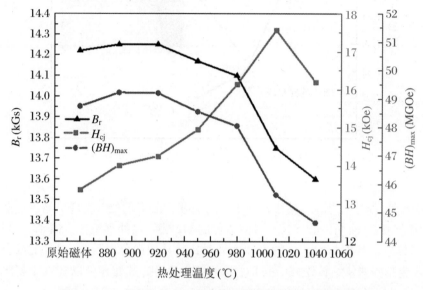

图 4.19　Dy 蒸气热处理后的磁体磁性能与热处理温度的关系

　　当 Dy 蒸气热处理温度低于 980 ℃时,扩散后的磁体剩磁虽然基本不变,但矫顽力的提升效果也不够明显,这是由于尽管此时磁体致密缓慢,孔隙多有利于扩散,但较低温度下 Dy 的饱和蒸气压也较低,扩散源的量难以满足厚度大于 15 mm 的大块磁体的完全渗透。当 Dy 蒸气热处理至 1010 ℃时,扩散后磁体的矫顽力达到最大,为 17.56 kOc,但此时磁体的剩磁下降也很明显,$\Delta H_{cj}/\Delta B_r$ 为 8.936,这一结果与掺杂纳米 Dy 的磁体性能相当,难以体现出晶界扩散工艺特有的优势。扩散后磁体的剩磁下降明显可能是由高温热处理时大量 Dy 元素渗透进入到主相引起的[271]。值得关注的是,当热处理温度继续升至 1040 ℃时,扩散后磁体的矫顽力并没有随热处理温度的升高而继续升高,反而相对于 1010 ℃扩散处理后的剩磁下降了 1.36 kOe。这可能是由于在 1040 ℃高温下磁体迅速致密[272],Dy 原子由孔隙进入磁体内部的通道被堵塞,故只能通过晶界渗透到磁体内部,已有研究[41]表明这种扩散形式渗透距离十分有限(<4 mm),因此对大块磁体来说,大量 Dy 富集在表面处,磁体的扩散渗透效果差,矫顽力提升不明显,并且随着高温热处理时间的延长,Dy 元素逐渐进入了主相,从而导致磁体的剩磁下降。

　　烧结钕铁硼磁体的相对密度与热处理温度、热处理时间的关系如图 4.20 所示。从图中可以看出,当热处理温度达到 1010 ℃时,此时磁体仍具有 20%的孔隙率,而继续将温度升高至 1040 ℃时,磁体迅速致密,相对密度已达 91%,这显然对于实现适用于大块磁体的扩散过程是不利的。因此,会出现 1040 ℃下扩散处理的磁体矫顽力的提升幅度,反而低于 1010 ℃下扩散处理后的磁体。Dy 蒸气热处理温度对扩散效果的影响规律的探讨表明,当热处理温度为 980 ℃时,扩散效果最佳,扩散后磁体的剩磁仅降低 0.12 kGs,矫顽力由 13.36 kOe 提升至 16.13 kOe，$\Delta H_{cj}/\Delta B_r$ 高达 23.08，远高于常规纳米掺杂磁体。扩散后磁体的性能基本达到商业 50H 牌号系列。

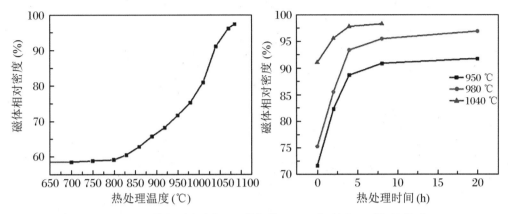

图 4.20　磁体相对密度与 Dy 蒸气热处理温度、热处理时间的关系

4.4.2.3　热处理时间

影响晶界扩散结果的另一个重要因素是热处理时间。图 4.21 为 980 ℃下 Dy 蒸气热处理不同时间后磁体的表面形貌。由图可以看出，当 Dy 蒸气热处理保温 4 h 时，磁体厚度方向上中间区域显示出一条已扩散层与未扩散层的明显分界线，这表明此时磁体扩散并不充分，渗透效果较差；当热处理保温时间延长至 8 h 时，Dy 已基本完全覆盖磁体表面（仅上表面露出一点基体色）；继续延长时间至 12 h 时，磁体整个表面出现了一层厚厚的、光亮的 Dy 层，在磁体下表面由于沉积了大量的 Dy，从而导致磁体与钼网产生了粘连现象。

图 4.21　磁体经 980 ℃下 Dy 蒸气热处理不同时间后的表面状态：（ⅰ）4 h；（ⅱ）8 h；（ⅲ）12 h

经 Dy 蒸气热处理后，烧结钕铁硼磁体的剩磁及矫顽力与热处理保温时间的关系如图 4.22 所示。从图中可以看出，扩散磁体的矫顽力随热处理时间的延长逐渐升高，但剩磁随热处理时间的延长逐渐下降，但降幅不大。除在 20 h 处剩磁出现"悬崖式"降低外，其余各处剩磁仍能保持在 14 kGs 以上，满足磁体高剩磁、高磁能积的要求。通过 $\Delta H_{cj}/\Delta B_r$ 计算发现，在扩散 12 h 以内，扩散后的磁体每牺牲 1 kGs 的剩磁均能提高 2～3 kOe 以上的内禀矫顽力，这充分体现了扩散处理技术的优越性。在 980 ℃下扩散 12 h 后，磁体矫顽力已高达 17.15 kOe，剩磁仍能保持在 14.06 kGs，$\Delta H_{cj}/\Delta B_r = 23.08$，但此时磁体与隔离钼网间出现了粘连现象。因此，就实际应用来说，这种工艺是不可取的。综合来看，Dy 蒸气热处理最佳保温时间应控制在 8 h。

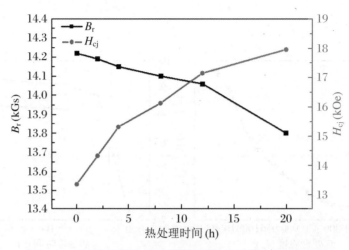

图 4.22　Dy 蒸气热处理后磁体磁性能与热处理时间的关系

4.4.3　大块晶界扩散 Dy 型烧结钕铁硼磁体的成分及微观结构

4.4.3.1　成分分析

　　讨论磁性能的变化规律,首先要考虑到的是磁体内部 Dy 含量的变化。磁体矫顽力的提升程度,与进入到磁体内部的 Dy 含量及其分布密切相关。将磁体沿扩散方向切成 7 片 2.2 mm 厚的薄片,并利用等离子发射光谱仪对每片磁体进行成分分析,不同 Dy 蒸气热处理温度下磁体内 Dy 含量的分布如图 4.23 所示。由图可以看出,对压坯直接进行 Dy 蒸气热处理后,Dy 原子可以基本贯穿 17 mm 厚的磁体(由于加工时两端的磨平及刀损,实际加工出的尺寸为 15.4 mm),说明通过该晶界扩散工艺处理后 Dy 元素的有效扩散深度可以超过 15 mm。同时,Dy 元素的含量沿着扩散方向在磁体内的分布总体呈现先下降后上升的趋势,在磁体最内层部位,Dy 的含量最少甚至减少至 0。这是因为磁体在充满 Dy 蒸气的环境中完成扩散过程,所有暴露在外的表面都可以是 Dy 元素进入到磁体内部的通道起点,因此磁体两端表面的 Dy 含量会明显高于磁体内部。

　　此外,不同 Dy 蒸气热处理温度下,Dy 含量的分布规律也呈现一定的差异。950 ℃下蒸气热处理后,磁体的每段 Dy 含量明显较低,平均 Dy 含量仅为 0.60 wt.%。当 Dy 蒸气热处理温度升高至 1040 ℃时,仅磁体表面集聚大量 Dy 元素,由磁体表面到磁体内部 Dy 含量急剧缩减至 0,这是因为温度较低(950 ℃)时,磁体致密缓慢,Dy 元素可以沿着大量的孔隙进入磁体内部,但是相对于 980 ℃,Dy 的饱和蒸气压较低,有效扩散源量较少。因此,表现出 Dy 的扩散层深度足够,但含量较低。当温度较高(1040 ℃)时,磁体迅速致密,Dy 扩散进入磁体内部的大量通道被堵塞,只能通过晶界进行渗透,研究表明,在有限时间内通过晶界进行扩散的距离很难超过 5 mm。因此,1040 ℃下扩散的磁体的 Dy 含量足够高,但是扩散深度不够。Dy 的分布无论是以上哪种表现形式(较均匀但量不足还是量足但不均匀),对于磁体的磁性能显然都是不利的,这也解释了为什么 950 ℃和 1040 ℃下扩散的磁体的综合磁性能相对较差。

　　对最佳扩散样品(980 ℃×8 h)进行了更深入地分析,图 4.24 是样品不同位置的能谱结

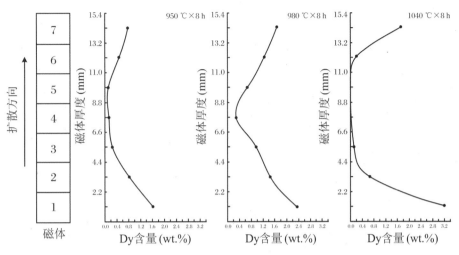

图 4.23　不同热处理温度下磁体沿扩散方向上 Dy 的含量分布

果,可以看出 Dy 的分布与 ICP 测试结果基本一致,进一步验证了蒸气热处理后磁体内 Dy 的有效扩散渗透深度及其分布规律。

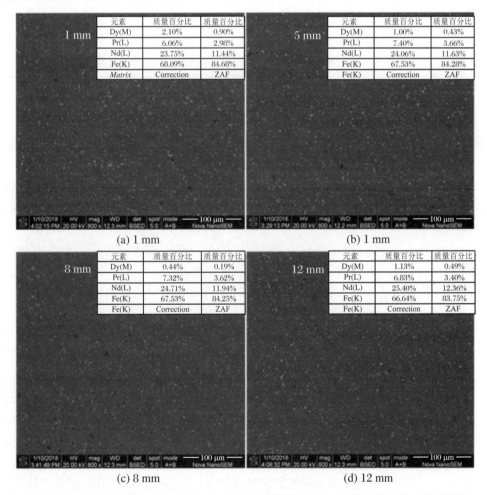

图 4.24　Dy 蒸气热处理后(890 ℃×8 h)距表面不同距离的磁体微观形貌及对应面能谱

表 4.6 列出了 Dy 蒸气热处理后磁体沿扩散方向时,各个薄片样品的磁性能值及其对应的 Dy 含量。从表中可以看出,磁体的矫顽力在扩散方向也呈现梯度式的分布规律,最内层区域磁体的矫顽力可以提高 1.6 kOe,矫顽力的变化和磁体内部 Dy 浓度的变化规律相吻合,表明 Dy 含量及其分布是矫顽力变化的关键因素。此外,17 mm 厚的磁体在扩散后,平均含有 1.25 wt.%Dy,磁体性能却基本达到了商业 50H 牌号,降低了重稀土的使用量,实现了低重稀土高矫顽力磁体的可控制备。

表 4.6　磁体沿扩散方向的磁性能值及其对应的 Dy 含量

代号	厚度范围 (mm)	B_r (kGs)	H_{cj} (kOe)	ΔH_{cj} (kOe)	ΔDy (wt.%)	
0#	—	14.09	12.97	—	0.00	0.00
1#	0~2.2	13.80	16.13	3.16	2.10	
2#	2.2~4.4	14.05	15.59	2.62	1.49	
3#	4.4~6.6	14.10	15.02	2.05	1.00	
4#	6.6~8.8	14.07	14.57	1.60	0.44	平均值 1.25
5#	8.8~11.0	14.01	14.92	1.95	0.85	
6#	11.0~13.2	13.96	15.52	2.55	1.13	
7#	13.2~15.4	13.89	16.04	3.07	1.78	

4.4.3.2　显微形貌分析

采用 Dy 蒸气热处理工艺对大块 NdFeB 粉末压坯进行晶界扩散处理,是将 Dy 扩散渗透过程与磁体烧结过程有机结合,因此如何实现理想扩散效果的同时不影响原致密烧结过程值得关注。目前,探索的 Dy 蒸气热处理温度均相对较高,长时间的热处埋保温过程对最终磁体的晶粒大小是否有影响,需进一步探究。图 4.25 表示不同温度 Dy 蒸气热处理后磁体的断口截面形貌。

从图 4.25(a)可以看出,压坯按常规烧结工艺制备得到的磁体其晶粒大小基本分布在 6.8~8.8 μm,平均晶粒尺寸约为 7.49 μm。当烧结工艺增加 980 ℃×8 h 的蒸气热处理平台后,制备的磁体(图 4.25(b))晶粒基本分布于 7.1~9.0 μm,平均晶粒尺寸约为 7.63 μm,与初始晶粒尺寸相比几乎没有变化,说明该工艺下完成扩散对压坯烧结过程影响不大。当 Dy 蒸气热处理温度升高至 1010 ℃时,此时晶粒出现了略微长大现象,晶粒大小分布于 7.5~9.3 μm,其平均晶粒尺寸约为 8.31 μm,晶粒长大约 1 μm。继续升高热处理温度时(1040 ℃),扩散样品晶粒长大现象更为明显,最大晶粒尺寸超过了 13.5 μm,平均晶粒约为 10.9 μm,与原始磁体相比,晶粒长大了约 3.4 μm。高温下的晶粒长大主要是由晶界的界面能的增大而导致的,在长时间的保温热处理过程中会出现大晶粒不断吞并周围小晶粒的现象,从而晶粒数目减少,晶粒长大。实验中,晶界扩散样品这种晶粒长大现象要比仅增加热处理平台的空白对比样更为明显,可能是由于 Dy 的不断渗透增加了磁体烧结时的液相体积分数[273],更多细小的颗粒溶于液相中,然后通过液相的扩散和析出,沉积在大颗粒表面,使得晶粒长大。有研究[274]表明,磁体矫顽力会随着晶粒尺寸的增加而降低,并与 ln D^2 呈线性关系[275-276]

（其中，D 为主相晶粒尺寸），晶粒形状和尺寸主要是通过改变磁体的有效退磁场因子（Neff）来影响矫顽力的。因此，1040 ℃下蒸气热处理后的磁体矫顽力出现下降的现象，不仅和前文说明的磁体内 Dy 的分布有关，而且与晶粒长大的程度也密不可分。

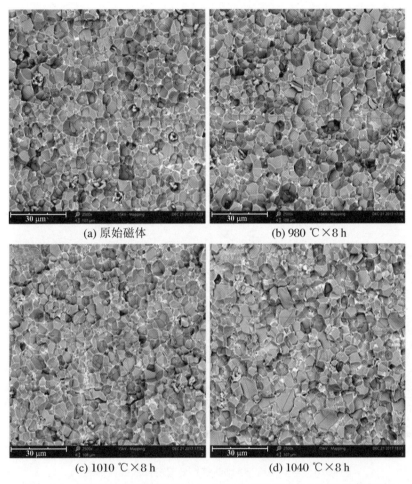

(a) 原始磁体　　　　　　　　　　(b) 980 ℃×8 h

(c) 1010 ℃×8 h　　　　　　　　　(d) 1040 ℃×8 h

图 4.25　原始磁体及不同温度下 Dy 蒸气热处理后磁体的断口截面形貌

　　通过磁体内的孔隙进行 Dy 蒸气的扩散渗透是该工艺方法的特点，也是大幅提高扩散层深度的重要保障。本书研究了磁体在不同热处理温度下的孔隙率。如图 4.26 所示，表示的是不同温度下 Dy 蒸气热处理磁体的截面形貌，其中，灰白色为主相晶粒，黑色为晶粒间的孔隙。随着热处理温度的升高，磁体内部黑色孔洞的数量逐渐减少，磁体的致密度逐渐提高。在 950 ℃到 980 ℃下，磁体致密性较差，孔隙率多，大量的孔隙为 Dy 蒸气从磁体表面扩散进入磁体内部提供了充足的通道，扩散层深度的增加显著改善了磁体的整体磁性能。当温度为 1010 ℃时，磁体孔隙有所减小，但是约 20% 的孔隙率对于 Dy 蒸气的扩散仍是足够的，磁体仍能达到充分的扩散渗透效果。因此，扩散后磁体的矫顽力进一步提高，但是由于高温下磁体表层 Dy 的浓度增加，且 Dy 原子扩散动能更大，从而导致 Dy 进入主相晶粒的量增多，磁体的剩磁急剧下降。当温度达到 1040 ℃时，磁体迅速致密，孔隙急剧减少，长时间的保温热处理过程中大量的 Dy 只能集聚在磁体表面，仅有少量 Dy 通过晶界扩散进入磁体内部。研究[271]表明，这种扩散距离是十分有限的，因而 Dy 的渗透不彻底，分布不均匀，最终导致磁体矫顽力有所下降,方形度也较低。因此,晶界扩散对扩散时磁体的孔隙率具有一定的依赖性,孔隙率越高,扩散渗透效果越好。

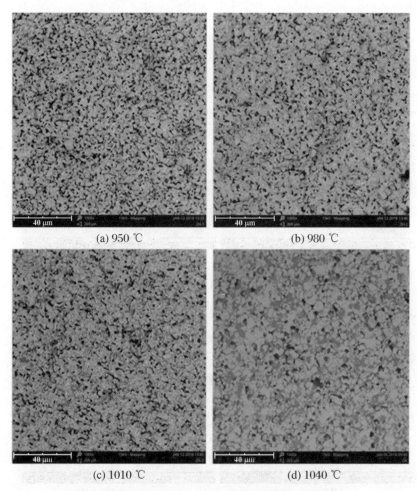

(a) 950 ℃　　　　　　　　　　(b) 980 ℃

(c) 1010 ℃　　　　　　　　　(d) 1040 ℃

图 4.26　不同温度下 Dy 蒸气热处理磁体的截面形貌

前文已用 ICP 和能谱表征证明了 Dy 在磁体内部的梯度式分布规律,为了深入探究 Dy 在晶粒中的分布规律,进一步观察了磁体高倍下的显微形貌并对其晶粒不同位置进行了能谱分析。图 4.27 表示在最佳热处理工艺(980 ℃×8 h)下,距磁体表面 3 mm 处的显微形貌及能谱分析结果。

图中暗灰色为主相晶粒,白色为晶界富 Nd 相,主相和晶界相之间还存在与二者化学成分不同的浅灰色,这种浅灰色区域就是晶界扩散磁体中的核壳结构。能谱分析表明,Dy 在晶粒外围的含量约为 1.5 wt.%,在晶粒内部为 0,表现出了非常明显的核壳成分特征。由于背散射模式下轻元素表现为黑暗场,重元素富集则表现为明亮场。因此,这种富 Dy 的 $(Nd,Dy)_2Fe_{14}B$ 相表现出的是比主相 $Nd_2Fe_{14}B$ 更亮,但比富 Nd 晶界相更暗的浅灰色。这已经说明,由于烧结钕铁硼磁体的反磁化机制主要是晶粒外围缺陷处反磁化畴的形核,$Dy_2Fe_{14}B$ 的磁晶各向异性场明显高于 $Nd_2Fe_{14}B$,因此,晶界扩散处理后磁体这种特有的晶粒外围的壳层结构能够有效抑制反磁化畴的形成,从而显著提高磁体的矫顽力。由于富 Dy 的壳层结构在整个晶粒中的占比很小,因此可以少量使用 Dy 的同时有效提高磁体矫顽力

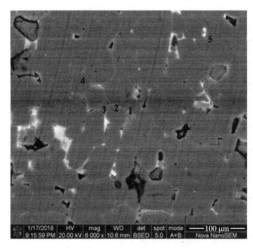

位置	元素(wt.%)			
	Dy(M)	Pr(L)	Nd(L)	Fe(K)
1	1.92	7.84	25.66	64.59
2	0.00	7.49	24.28	68.23
3	1.48	7.01	24.38	67.14
4	0.00	7.10	25.06	67.84
5	2.66	15.17	48.91	33.25

图 4.27　Dy 蒸气热处理后(980 ℃×8 h)磁体距表面 3 mm 处背扫描扫描电子衍射图及能谱分析结果

并且剩磁几乎不变。

4.4.3.3　晶体结构分析

采用 XRD 分析烧结钕铁硼磁体晶界扩散前、后相结构的变化情况。图 4.28 表示磁体沿扩散方向不同深度的 XRD 结果,其中,0♯表示原始磁体的 XRD 衍射图。

从图中可以看出,Dy 蒸气热处理前、后(包含扩散磁体的不同位置),所有的衍射峰都对应于 $Nd_2Fe_{14}B$ 相,没有其他相的衍射峰,这说明晶界扩散不会改变磁体的主相结构。从(105)与(006)两特征峰的强度关系来看,扩散前、后磁体出现略微变化,扩散后磁体外表面(006)的峰的强度相对而言有所降低,说明这种扩散方式对磁体的取向度有轻微影响,同时也解释了扩散后磁体外层部分的剩磁降低较多的原因。从衍射峰的位置来看,扩散前后主峰位置出现不同程度的偏移,扩散后磁体(006)峰的位置由内部(4♯)往外部逐渐向右偏移。根据布拉格衍射公式 $2d\sin\theta = n\lambda$ 可知,当 θ 角增加时,晶面间距 d 减少,说明扩散后磁体的晶面间距有所减小。由镧系收缩原则可知,Dy 原子的原子半径小于 Nd 原子的原子半径,Dy 原子取代 Nd 原子则会出现晶格收缩的现象,这表明扩散过程中 Dy 原子确实进入了主相晶粒取代部分 Nd 原子,从而出现衍射峰右移的现象。同时,可以看出磁体不同位置衍射峰偏移程度的变化规律与 Dy 元素在磁体内扩散方向的分布基本一致,在磁体最表层,Dy 含量最高,进入磁体晶粒内的 Dy 最多,从而出现衍射峰的偏移程度最明显。

4.4.4　大块晶界扩散 Dy 型烧结钕铁硼磁体的应用潜力

4.4.4.1　磁性能分布

我们已经明确了晶界扩散 Dy 后磁体的成分是不均匀的,这种不均匀的成分是晶界扩散工艺所带来的固有"缺陷"。成分的不均匀必然引起材料性能的不均匀,需要深入探究整体材料不同区域在性能上表现出的差异化,能否满足材料的实际应用。图 4.29 是晶界扩散 Dy 处理后磁体的加工示意图。表 4.7 列出的是磁体不同区域位置的剩磁和矫顽力。为了更为直观地表现出磁体内部矫顽力和剩磁的分布情况,采用了曲面拟合方法得到了图 4.30

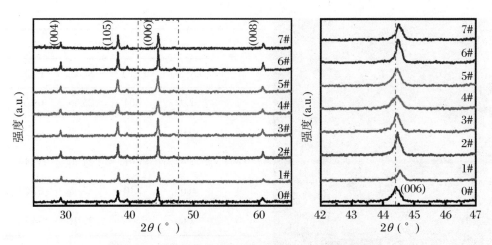

图4.28　磁体沿扩散方向不同深度的X射线衍射曲线

和图4.31。可以看出，采用Dy蒸气热处理工艺对大块NdFeB粉末压坯进行晶界扩散处理后，扩散后磁体的外围表面矫顽力明显高于内部，平均差值接近于1.5～2.5 kOe，边角处矫顽力表现更高，最高可达19.41 kOe，中心内部B3处的矫顽力最低，但仍有14.98 kOe，高出原始性能1.62 kOe。这种矫顽力的差异性分布主要是由于蒸气热处理时，在充满Dy饱和蒸气环境下，磁体边角和四周外围处暴露的面域更广，Dy扩散的通道更多，扩散更加充分，扩散效果更加明显。

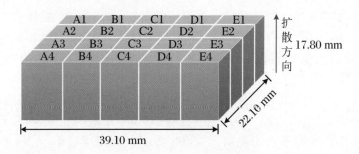

图4.29　磁体加工示意图

表4.7　Dy蒸气热处理后磁体不同区域位置的矫顽力与剩磁

H_{cj} (kOe)	A	B	C	D	E	B_r (kGs)	A	B	C	D	E
1	17.43	16.45	16.56	16.69	18.13	1	13.85	14.05	14.02	14.01	13.74
2	15.10	15.01	15.10	15.13	16.15	2	14.21	14.12	14.17	14.15	14.06
3	15.11	14.98	15.04	15.23	16.62	3	14.24	14.12	14.13	14.08	13.98
4	17.56	16.53	16.66	17.06	19.41	4	13.98	14.01	13.96	13.91	13.58

同时，Dy蒸气热处理后磁体的剩磁分布与矫顽力分布刚好相反，磁体边角和外围位置的剩磁较低，而磁体内部大部分区域基本维持在14.10 kGs，与原始磁体的剩磁（14.22 kGs）基本保持一致。外围表面处的剩磁降低主要是由Dy含量升高引起的，Dy进入主相与Fe形成的是反铁磁耦合，$Dy_2Fe_{14}B$的理论饱和磁极化强度不到$Nd_2Fe_{14}B$的一半，最终表现为

剩磁和磁能积的下降。非扩散方向上的磁性能不均匀的分布很难通过调整工艺参数进行改善,但是这种所谓的固有"缺陷"并不影响磁体的应用,甚至更加适应于工作环境的要求。烧结钕铁硼磁体一般应用于各类电机中,工作时,通常磁体一侧贴在电极的轭铁上,磁钢与轭铁的接触部分形成了闭合回路,从而不易退磁。此外在设备高速运转过程中,传统的大块单组分磁钢因为整体电阻小,很容易在电磁感应下产生涡流,同时在趋肤效应下磁钢表层的有效电阻增加,引起表层发热严重,因此,表层工作环境比内层更加恶劣,更加容易出现失磁现象。就材料本身结构而言,材料的边角和表面处的退磁场更大,也更易发生退磁。尽管通过双合金添加 Dy、Tb 来提高磁体整体的矫顽力,能够"掩盖"永磁体在电机中失磁不均匀的现象,但 Dy、Tb 的大量添加会使得生产成本骤然上升,同时随着单个磁体剩磁、磁能积的下降,实现电机定量输出则需要更多的磁体组合,不利于电机向小型化方向发展。对磁体应用领域的工作环境分析可以发现,需要提高磁体抗退磁能力的并不是整个磁体本身,而仅仅是磁体表面与边角区域。因此,通过 Dy 蒸气热处理工艺制备大块烧结钕铁硼永磁体,实现了用较少量的 Dy 差异性来改善磁体不同区域位置的矫顽力,不仅满足了实际应用要求,还可以避免剩磁的过度下降,减少重稀土元素的使用,降低生产成本。

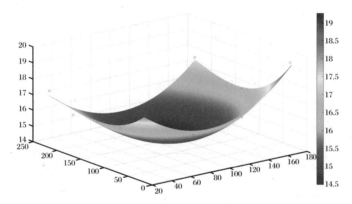

图 4.30　Dy 蒸气热处理后磁体内矫顽力分布

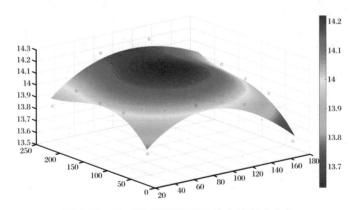

图 4.31　Dy 蒸气热处理后磁体内的剩磁分布

4.4.4.2　温度稳定性

通常,烧结钕铁硼用作磁场源时可在一定的气隙范围内提供稳定持久的磁场。稳定的磁场是电机持续稳定输出的基本要求。然而,烧结钕铁硼磁体的温度稳定性较差,为了保证电机在外界及磁体内部温度变化时仍然可以正常工作,在磁路设计时,需要了解磁体的磁性能随温度的具体变化规律。因此,有必要研究烧结钕铁硼磁体的磁通不可逆损失以及变化规律,为实际应用提供重要参考。

图 4.32 为相同规格下不同样品的磁通不可逆损失率(简称磁损率)与温度的关系。由图可以看出,不同样品的磁损率随温度的升高先基本不变而后迅速增高,未扩散的磁体在 220 ℃ 工作环境中,其磁通量已降低至常温下(23 ℃)的一半。相比之下,相同温度下晶界扩散 Dy 后磁体沿扩散方向不同深度的样品的磁损率均明显小于扩散前磁体的磁损率,在低于 220 ℃ 条件下,扩散后磁体的内层区域的磁损率基本不超过未扩散磁体的一半,外层磁损率甚至小于未扩散磁体的三分之一,这表明扩散磁体的温度稳定性得到明显改善。如果定义磁损率低于 5% 作为磁体最高工作温度,那么经 Dy 蒸气热处理后的磁体其最高工作温度可提升 20 ℃,并且扩散后磁体沿着扩散方向的磁损率先增大而后逐渐下降,在磁体最内层区域磁损率达到最大。扩散磁体不同区域间的磁损率变化规律与磁体矫顽力的变化规律一致,说明矫顽力是影响磁损率的重要因素。相同条件下(长径比,温度)矫顽力高的磁体,其磁损率低;矫顽力较低的磁体,其磁损率较高。出现这种现象的原因在于,矫顽力较低的磁体晶粒尺寸较大,且其微观结构不均匀,导致烧结钕铁硼磁体具有较高的成分浓度梯度和较低的能垒,分子热运动随温度的升高而增强,可以越过的能垒数量增多,导致磁体的微观结构发生变化,使磁体更易发生磁通不可逆损失[277]。

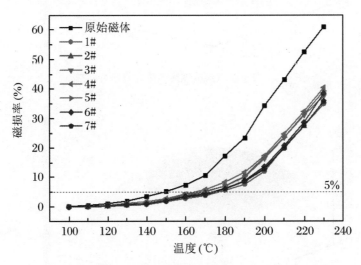

图 4.32　不同 Dy 蒸气热处理后的磁体磁通不可逆损失率与温度的关系

4.5　晶界扩散型烧结钕铁硼磁体的产业化

晶界扩散本质上是将附着在磁体表面的重稀土元素通过晶界相扩散进入磁体内部,并在主相晶粒周围形成"核-壳"结构,显著提高磁体的内禀矫顽力,同时保持剩磁不会出现明显的降低。近年来,晶界扩散处理独特的技术优势引起了国内外诸多学者的热捧和持续关注,重在研究提高重稀土扩散效果,关于扩散磁体的微观结构变化和矫顽力提升机制等方面的研究有了长足的发展。然而,现有的研究技术路线无论是磁控溅射法还是表面涂覆法都难以推动该技术产业化的发展。在此背景下,晶界扩散技术的研究已不再满足于理论基础的探索,而是开始走向工程技术领域的体系化、稳定化和效益化[271]。甚至日本的日立金属和信越化工等主要钕铁硼制造厂家已将晶界扩散制备磁体单独分类形成新的产品系列,并开始探索量产技术与工艺。目前,国内该方面的研究仍然处于起步阶段,因此,对烧结钕铁硼晶界扩散产业化技术的开发是一项非常有实际意义的工作。

前文研究了蒸气热处理法晶界扩散 Dy 工艺对烧结钕铁硼磁体性能的影响规律,然而该工艺还存在如下弊端:① 扩散源单一,该工艺仅适用于纯稀土金属 Dy,无法使用镝合金及其化合物,并且由于 Tb 的饱和蒸气压远低于 Dy,该工艺同样不适用于纯稀土金属 Tb。② 扩散源-磁体-扩散源的叠放方式需要花费大量时间及人力。日立金属关于滚动接触式热处理制备晶界扩散型烧结钕铁硼的技术[278]最具有产业化的前景。因此,本书将对该工艺进行产业化的可能性进行探讨,并将从工艺体系多样化、产品性能稳定化、应用领域广泛化、产业效益最大化等几个方面进行展开,以期为晶界扩散型烧结钕铁硼的量产提供一定参考和指导。

4.5.1　工艺体系多样化

规模化生产工艺需要构建不同扩散工艺与目标晶界扩散型磁体性能之间的对应关系,以满足不同应用领域所需产品的性能要求。因此,本节对烧结钕铁硼滚动接触式热处理工艺进行了如下(表 4.8)的系统探索,并得出以下结论:

(1) 对比样品 1 和 2 可以发现,700 ℃下扩散 4 h 的磁体矫顽力提升幅度与 650 ℃扩散 8 h 的磁体矫顽力基本相当,但 2 号样品的剩磁降低较多,且此时 Dy 薄片与炉腔筒内粘连。因此,当扩散源为 Dy 时,最高热处理温度应控制在 650 ℃之内。

(2) 对比样品 1 和 3 的数据,可以说明追加热处理,扩散后磁体的矫顽力得到进一步提升,且剩磁变化不大。这部分矫顽力的提升不仅仅来源于 900 ℃下磁体内已有 Dy 的进一步扩散渗透,同时也来源于合适的热处理温度会给磁体带来较好的显微组织结构。

(3) 对比样品 2 和 4 号,可以发现 700 ℃扩散热处理时,使用 Dy-Fe 合金替代 Dy 作为扩散源,可以有效避免粘连现象,但是扩散后磁体的矫顽力提升幅度不大,仅为 1.77 kOe。根据 Dy-Fe 合金相图(图 4.33)可知,当初始合金成分($Dy_{80}Fe_{20}$)合适时,Dy-Fe 合金熔点会随着 Fe 含量的增加而升高。因此,使用 Dy-Fe 合金可以有效避免扩散源与不锈钢筒壁的粘连。

（4）当扩散源为 DyFe 时,适当增加蒸气热处理的温度,并追加后续热处理也能得到较佳的扩散效果,扩散磁体的矫顽力提升了 7.48 kOe,剩磁仅降低 0.1 kGs。

（5）滚动接触式热处理工艺不仅适用于 Dy 及其 Dy 合金,同样适用于 Tb 及其 Tb 合金。使用 TbFe 合金作为扩散源时,不同的追加热处理工艺会得到不同的扩散渗透效果。

（6）当提高扩散源比例时,可以进一步提高扩散后磁体的矫顽力,但扩散源过多时,会出现磁体间的粘连现象。通过增加转速,调整合适的球料比,能够减少或避免磁体与磁体以及磁体与筒壁间的黏附。

表 4.8　不同扩散热处理工艺处理后的磁体性能

代号	扩散源	转速 (r·min^{-1})	热处理温度（℃）	热处理时（h）	磁体：扩散源：球料	追加热处理 （℃×h）	粘连情况	ΔH_{cj} （kOe）	ΔB_r （kGs）
1	Dy	5	650	8	1∶1.5∶2	无	否	2.74	0.05
2	Dy	5	700	4	1∶1.5∶2	无	是	2.72	−0.38
3	Dy	5	650	8	1∶1.5∶2	900×2+ 500×3	否	6.19	−0.01
4	DyFe	5	700	4	1∶1.5∶2	无	否	1.77	0.03
5	DyFe	5	750	4	1∶1.5∶2	无	否	2.38	−0.29
6	DyFe	5	800	4	1∶1.5∶2	无	是	4.87	−0.67
7	DyFe	5	750	4	1∶1.5∶2	900×2+ 500×3	否	7.48	−0.10
8	TbFe	5	750	4	1∶1.5∶2	无	否	3.67	−0.24
9	TbFe	5	750	4	1∶1.5∶2	500×3	否	4.15	−0.39
10	TbFe	5	750	4	1∶1.5∶2	900×3+ 500×3	否	6.96	−0.25
11	TbFe	5	750	4	1∶3∶1	900×3+ 500×3	是	8.86	−0.16
12	TbFe	8	750	4	1∶2∶2	900×3+ 500×3	否	6.95	−0.03

通过以上产业化工艺的初步探索,可以看出,针对不同性能的提升需求,可以从扩散源、热处理温度、热处理时间、物料比、追加热处理等核心工艺参数进行有效控制,针对不同的性能要求,选择不同的工艺参数。

4.5.2　产品性能稳定化

当某一技术路线从实验走向量产的过程时,往往更多关注的是产品性能稳定性的问题。只有输出稳定,才能使技术走向工程化。因此,研究利用滚动接触式热处理工艺制备烧结钕铁硼磁体性能的稳定性是非常有必要的。

本节就同一炉不同产品间的均匀性,以及不同炉间产品性能的重复性做了大量的试验,

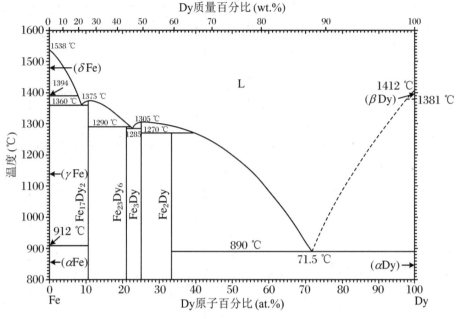

图 4.33　Dy-Fe 二元合金相图

产品性能的均匀性和稳定性的测试结果如图 4.34 所示。从图 4.34(a)、(c)、(e)中可以看出,滚动扩散处理后,同一炉内不同磁体间的磁性能变化并不大,矫顽力的波动幅度仅为 0.81 kOe,剩磁波动也基本维持在 0.09 kGs 以内,基本达到了常规烧结工艺同炉不同产品间性能的波动要求。因此,可以说通过这种滚动接触式热处理得到的晶界扩散型磁体同炉产品间磁性能的均匀性较好,产品性能较为稳定。

　　图 4.34(b)、(d)和(f)表示的是同种工艺条件下,不同炉间的扩散产品的磁性能统计情况。在 1~9 炉中,无论是产品的矫顽力、剩磁,还是方形度均保持在较窄的范围内波动,此时,不同炉间的产品的磁性能的重复性表现较佳,这是实现晶界扩散型产品量产化的重要基础。可以看到,从第 10 炉开始,随后的 5 炉产品扩散后的矫顽力出现了明显的降低,而剩磁有所恢复,不同炉间的产品性能波动开始增大,说明扩散效果开始减弱,如果继续生产下去,产品的重复性则会变得难以保证。第 15 炉时,扩散源得到了更换(指未经扩散使用的 TbFe 薄片),在后续的 4 炉内产品的性能提升幅度又恢复至最初的几炉水平,并且其波动范围与前 9 炉基本保持一致,这说明及时更换新的扩散源有利于改善产品磁性能的重复性,这是因为在整个生产过程中,扩散源实质上为消耗品,及时补充其损耗量是控制过程稳定的必要保障。同时,重稀土合金薄片频繁地出入炉也会导致其氧化逐渐严重,从而影响后续渗透效果。在实际生产中,什么时候更换新的扩散源薄片需要根据实际应用情况而定。

4.5.3　应用领域广泛化

　　成熟的扩散工艺应当可以适用于不同规格、不同性能的原始磁体,以满足不同的生产需求。本节就不同厚度、不同牌号的磁体做了如下研究。图 4.35 表示的是不同种类(厚度、性能)的磁体经滚动接触式热处理后(表 4.8 中 10 号工艺参数)的退磁曲线。由图可以看出,无论是原始磁体厚度(规格)上的不同(图 4.35(a)),还是原始磁体性能(成分)的不同

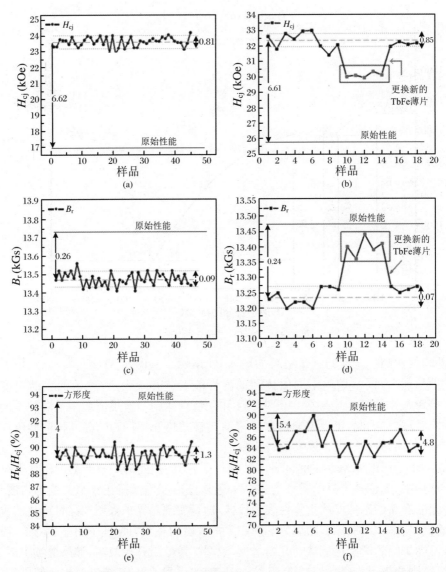

图 4.34   产品磁性能的均匀性与重复性:(a,b) H_{cj};(c,d) B_r;(e,f) 方形度

(图 4.35(b)~图 4.35(d)),通过滚动接触式热处理后,磁体矫顽力均能够得到一定程度的提升,从而达到扩散所期待的效果。良好的适用领域广泛性、多样性基本满足了工艺技术工程化的要求。同时还可以发现,在同种热处理工艺下,磁体厚度越薄,扩散效果越佳,当原始磁体厚度超过 4 mm 时,磁体的扩散效果会有较为明显地减弱,不同性能的磁体,扩散效果不同,这可能与磁体的初始稀土含量及生产工艺有关,在实际应用中需进行系统地摸索与总结。

4.5.4   产业效益最大化

从前文以及大量关于烧结钕铁硼晶界扩散技术的研究中可以明确的是,在保证磁体的剩磁和磁能积基本不变的基础上,晶界扩散技术可以减少对重稀土元素的过度依赖,同时也

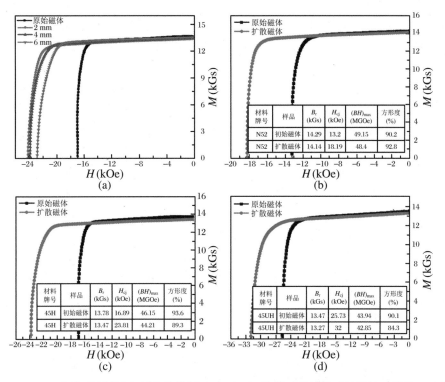

图 4.35　不同种类(厚度[图(a)]和性能[图(b)～图(d)])的磁体经滚动扩散处理后的退磁曲线

降低了磁体的制造成本。重稀土元素用量的减少可以有效降低磁体的生产成本,提高晶界扩散型产品的生产效益。晶界扩散工艺产业化应用和发展受限的不在于其生产成本方面,而是其生产效率。本书采用的滚动接触式热处理工艺,不仅制得的产品性能稳定,应用领域广,且其设备简单,维护方便,单次产量可随设备炉腔的大小做出适当的调整,相对于摆盘式的 Dy 蒸气热处理方式,其效率更高,操作更加便捷。

4.6　本 章 小 结

采用 Dy 蒸气热处理技术制备了晶界扩散型烧结钕铁硼磁体,磁体尺寸、Dy 蒸气热处理温度和时间对磁体微观结构和磁性能具有影响作用,Dy 蒸气热处理后磁体内重稀土元素分布规律及晶界扩散 Dy 磁体矫顽力的增强机制归纳如下:

(1) 相同 Dy 蒸气热处理条件(850 ℃×5 h)下,扩散磁体矫顽力的提升幅度随着磁体厚度的增加而迅速减少,这与热处理后磁体内已扩散区域占整个磁体的比例有关,磁体内已扩散区域占比越大,矫顽力增幅越大。这种已扩散区域占比关系也影响了蒸气热处理后磁体退磁曲线的方形度。当磁体内已扩散区域或未扩散区域占据绝对主导地位时,磁体退磁曲线的方形度均较好,当磁体内已扩散区域与未扩散区域基本相当时,方形度最差。

(2) 磁体的矫顽力随着 Dy 蒸气热处理温度(750～850 ℃)的升高而逐渐增加,这是因为热处理温度不仅影响了 Dy 原子从磁体表面渗透到内部的过程,也决定了扩散源量的多少,但是热处理温度过高时,磁体会与隔离网发生粘连现象。热处理温度由 750 ℃提高至 850 ℃时,距表面 100 μm 处的 Dy 含量由 1.5 wt.%增加到了 3.5 wt.%,Dy 的扩散深度由 300 μm 提高到了 750 μm。无论热处理温度如何改变,扩散磁体内的 Dy 浓度从磁体表面到磁体内部均呈典型的梯度式递减分布。

(3) 磁体的矫顽力随着 Dy 蒸气热处理时间的延长先急剧增长,而后缓慢上升,最后出现略微下降的现象。这是由于矫顽力的变化不仅和磁体内 Dy 的总含量有关,还受磁体内 Dy 元素的具体分布影响。微观结构分析表明,当磁体内大部分为已扩散区域时,继续延长热处理时间,会导致更多的 Dy 元素进入主相内部,结果导致扩散磁体的剩磁大幅度降低,但是磁体的矫顽力变化不大。

(4) 晶界扩散型磁体的矫顽力增强机制为:在高温热处理过程中,重稀土元素 Dy 主要沿着晶界通过扩散进入磁体内部,并在主相晶粒周围形成磁晶各向异性场更高的 (Nd,Dy)$_2$Fe$_{14}$B 相,从而显著提高了磁体的矫顽力。另外,主相晶粒表面缺陷层中被 Dy 置换出的 Nd 析出并进入晶界相,使晶界富 Nd 相变宽,晶界富稀土相更加均匀连续地包裹在主相晶粒周围,各相邻主相晶粒之间被有效"隔离",其中去磁耦合作用得到增强,所以磁体的内禀矫顽力得到进一步提高。

采用 Dy 蒸气热处理工艺对大块 NdFeB 粉末压坯进行晶界扩散处理,晶界扩散工艺对扩散后磁体性能的影响规律,以及晶界扩散处理后磁体内不同区域位置矫顽力的变化规律如下:

(1) 采用前期扩散工艺,扩散效果最佳。即使磁体厚度大于 15 mm,扩散后的磁体矫顽力仍能提高 2.77 kOe,而磁体剩磁仅降低 0.12 kGs。

(2) 对压坯进行 Dy 蒸气热处理得到的磁体,其矫顽力随着热处理温度(890~1040 ℃)的提高,呈先升高后降低的变化规律。在 1010 ℃时,矫顽力增幅最大,最大增幅可达 4.2 kOe,但此时磁体剩磁降低过多,$\Delta H_{cj}/\Delta B_r$ 仅为 8.936,与 Dy 纳米粉掺杂磁体相当,没有体现出晶界扩散技术特有的优势。当热处理温度为 980 ℃时,尽管磁体矫顽力稍低,但仍有 2.77 kOe 的增幅,且 $\Delta H_{cj}/\Delta B_r$ 可达 23.08,此时磁体综合磁性能最佳。通过磁体晶粒大小、孔隙率等微观形貌分析可知,晶粒长大,以及 Dy 因 NdFeB 粉末压坯迅速致密而渗透不充分,是 1040 ℃下扩散磁体矫顽力下降的主要原因。

(3) 磁体的矫顽力随 Dy 蒸气热处理时间的延长而逐渐增高,但是过长的热处理保温时间会导致隔离网与磁体表面粘连,研究表明,最佳热处理时间应控制在 8 h 之内。成分分析表明,在最佳热处理工艺下(980 ℃×8 h),Dy 的扩散深度可以超过 15 mm,且磁体内 Dy 的含量从磁体表面到内部呈梯度式递减,平均 Dy 含量为 1.25 wt.%;初始性能为 N52 的钕铁硼压坯扩散后的综合性能可到 50H 等级。

(4) 扩散后磁体的性能出现了明显的不均匀现象,磁体的表面矫顽力明显高于内部的矫顽力,平均差值接近于 1.5~2.5 kOe,边角处的矫顽力最高可达 19.41 kOe。这种矫顽力的差异性分布主要是由于蒸气热处理时,在充满 Dy 饱和蒸气环境下,磁体边角和四周外围处暴露的面域更广,Dy 扩散的通道更多,扩散更加充分,扩散效果更加明显。由于工作环境中退磁场的不均匀分布,扩散磁体性能上的差异性分布更加适合特定不均匀退磁场领域的应用。

烧结钕铁硼磁体晶界扩散技术的研究始于 2009 年,国内关于烧结钕铁硼磁体晶界扩散的研究大部分还停留在实验室阶段,关于产业化技术或现有技术产业化论证的研究较少,从而一定程度上限制了国内高性能烧结钕铁硼磁体的发展。

第 5 章 烧结钕铁硼磁体表面 Zn-Co 合金镀层的制备与性能

烧结钕铁硼磁体凭借其优异的磁性能及较高的性价比被广泛应用于汽车工业、风力发电、医疗器械、航空航天等诸多领域，但是磁体极差的耐腐蚀性能严重限制了其应用领域的推广。当前，合金化和表面防护是两种改善磁体耐蚀性的主要途径，其中合金化方法会在一定程度上损害磁体的磁性能，并且对磁体耐蚀性能的改善效果有限。因此，表面防护是提高磁体耐蚀性能的最主要措施。由于化学镀 Ni 工艺会造成严重的环境污染，电镀 Ni-Cu-Ni 制备工艺复杂，制备成本较高，且在一定程度上会对磁体磁性能造成屏蔽，因此，工业上通常将对磁体没有磁屏蔽作用，且成本较低的镀 Zn 工艺作为研究的主要方向。

尽管电镀 Zn 防护层的工艺操作简单，制造成本较低，适用于产业化生产，并且没有磁屏蔽作用，但是由于其镀层晶粒较粗，耐高温腐蚀性差，不能满足高低温冲击，以及高温高湿环境对钕铁硼磁体镀层耐蚀性能的要求。为了改善磁体表面电镀 Zn 防护层的性能，进一步开发了相应的 Zn 合金镀层（Zn-Ni、Zn-Co 和 Zn-Fe 等），其中针对钕铁硼磁体表面 Zn-Fe 合金镀液体系的开发研究最为深入，针对钕铁硼磁体表面电镀 Zn-Co 合金的研究仍然较少。Zn-Co 合金镀液体系主要有碱性锌酸盐、氯化物锌酸盐和硫酸盐三种体系，其中氯化物锌酸盐体系的镀液易维护，成分简单，电镀效率高，并适用于复杂零部件。因此，本章将采用氯化物锌酸盐镀液体系在磁体表面沉积 Zn-Co 合金镀层，并对磁体表面 Zn-Co 合金镀层的耐蚀性能以及腐蚀防护机制进行研究。

5.1 烧结钕铁硼磁体表面 Zn-Co 合金镀层的制备

5.1.1 磁体表面前处理

将烧结钕铁硼磁体（未充磁，牌号为 38SH）加工成尺寸为 10 mm×10 mm×4 mm 的片状样品，然后对样品进行倒角处理 3.5 h，随后在 2 wt.%NaOH 溶液中进行碱洗除油，除油时间是 15 min。进一步对除油后的样品进行超声波振荡清洗 2 min，再在 5 wt.%的 HNO$_3$ 溶液中进行酸洗除锈，酸洗时间为 30 s，采用无水乙醇对酸洗后的样品进行超声波振荡清洗 1 min，最后经柠檬酸活化 10 s 后置于去离子水溶液中，进行超声清洗 20 s，从而得到表面洁净的片状样品。

5.1.2　Zn-Co 合金镀层的制备

将处理后的烧结钕铁硼试样迅速放入电镀槽中,完成电镀后将试样在 3 wt.%HNO₃溶液中浸泡 3~4 s 后出光,使用纯水快速冲洗后置于钝化液中 30 s,其目的是对磁体表面电镀 Zn-Co 合金镀层进行蓝白钝化处理。表 5.1 是电镀 Zn-Co 合金镀液的配方及工艺参数。

表 5.1　Zn-Co 镀液成分和工艺参数

成分	含量	工艺参数	数值
氯化钾	200 g·L⁻¹	pH	2~5
氯化锌	90 g·L⁻¹	$J_k(\text{A·dm}^{-2})$	0.50~1.25
六水合氯化钴	30 g·L⁻¹	$T(℃)$	15~30
硼酸	25 g·L⁻¹	—	—
添加剂	10~25 mL·L⁻¹	—	—

5.1.3　镀层表征与性能测试

采用扫描电子显微镜观察磁体表面 Zn-Co 合金镀层的表面和截面形貌,并利用 EDS 能谱仪分析合金镀层中的元素分布。采用 X 射线衍射仪对 Zn-Co 合金镀层进行物相分析。采用电化学工作站(三电极体系)测试合金镀层试样的动电位极化曲线,其中参比电极、辅助电极和工作电极分布是饱和甘汞电极、Pt 电极以及镀层试样,腐蚀介质为3.5 wt.%NaCl 溶液,扫描范围为相对于平衡电位±0.3 V,扫描速度为 1 mV·s⁻¹,测试温度为(25±2) ℃。对磁体表面 Zn-Co 合金镀层试样进行中性盐雾腐蚀实验,所用腐蚀介质为 5 wt.%NaCl 溶液,沉降率为 1~2 mL/80 cm²·h,测试温度为(36±2) ℃。采用万能实验机测试磁体表面 Zn-Co 合金镀层与基体之间的结合力。

5.2　Zn-Co 合金镀层的工艺优化

5.2.1　电镀工艺的关键工艺参数

要想获得性能较好的 Zn-Co 合金镀层,需要严格控制电镀过程中的关键工艺参数。研究磁体表面 Zn-Co 合金镀层的镀液 pH 值、添加剂浓度、镀液温度以及电流密度等对合金镀层性能的影响。将每个影响因素设置为四个水平值,采用控制单一变量法对各影响因素进行优化,具体的电镀工艺参数如表 5.2 所示。

合金镀层的耐蚀性能和外观是衡量电镀工艺对镀层影响的最主要指标,同时也是我们关注合金镀层的重要指标。因此,本实验选择合金镀层的耐中性盐雾实验、自腐蚀电流密度、自腐蚀电位以及镀层表面及截面形貌等结果反馈优化工艺参数,并对镀层的性能进行分析和讨论,所有试样的表面合金厚度控制在 $7\sim8\ \mu m$。

表 5.2　Zn-Co 合金镀层工艺参数优化实验因素水平表

因素	水平值 1	水平值 2	水平值 3	水平值 4
电流密度 $J_k (\mathrm{A \cdot dm^{-2}})$	0.50	0.75	1.00	1.25
pH 值	2	3	4	5
镀液温度 $T(℃)$	15	20	25	30
添加剂浓度(mL·L^{-1})	10	15	20	25

5.2.2　镀液 pH 值的影响

在保证电流密度、电镀温度和添加剂浓度等影响因素不变的条件下,调整镀液的 pH 值。其中,电流密度 $J_k = 1\ \mathrm{A \cdot dm^{-2}}$,电镀温度 $T = 30\ ℃$,添加剂浓度 $C = 15\ \mathrm{mL \cdot L^{-1}}$,pH 分别取值 2、3、4、5。

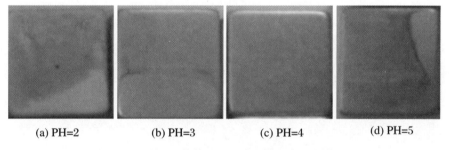

| (a) PH=2 | (b) PH=3 | (c) PH=4 | (d) PH=5 |

图 5.1　不同 pH 值的 Zn-Co 合金镀层表面光学形貌

图 5.1 是在不同 pH 值下制备 NdFeB 磁体表面 Zn-Co 合金镀层的表面光学照片。当镀液的 pH 值分别为 2、3、5 时,磁体表面 Zn-Co 合金镀层有污渍存在,说明镀层外观不合格。当镀液 pH 值为 4 时,磁体表面 Zn-Co 合金镀层外观得到显著改善,污渍明显减少,镀层较为光亮。

图 5.2 是钕铁硼磁体在不同 pH 值镀液中制备的 Zn-Co 合金镀层试样的动电位极化曲线,对应的极化曲线拟合结果见表 5.3。从图 5.2 和表 5.3 可以看出,磁体表面 Zn-Co 合金镀层的自腐蚀电流密度,随 pH 值的增大呈先减小后增大的变化趋势。当镀液 pH = 4 时,合金镀层试样的自腐蚀电流密度最小,此时 Zn-Co 合金镀层试样具有小的腐蚀速率,耐蚀性能最佳。当镀液 pH 值太低时,H$^+$ 浓度很高,阴极析氢副反应剧烈,导致镀层发脆、发暗,出现析氢条纹,镀层耐蚀性差。同时,pH 值太低对 NdFeB 基体的腐蚀也比较严重,会降低镀层耐蚀性。当合金镀液的 pH 值大于 4 时,则容易在阴极表面形成含锌的氢氧化物薄膜,从而对后续金属离子的沉积造成干扰,同时也会影响电镀过程中阳极的正常反应,使合金镀层的性能下降。因此,烧结钕铁硼磁体表面 Zn-Co 合金镀层的最佳 pH 值为 4。

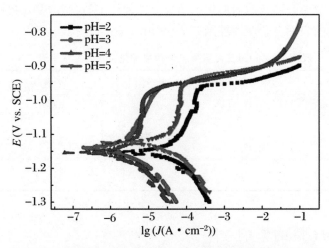

图 5.2　不同 pH 值制备的 Zn-Co 合金镀层的动电位极化曲线

表 5.3　图 5.2 中极化曲线的各电化学参数拟合结果

pH 值	E_{corr} (V vs. SCE)	J_{corr} ($A \cdot cm^{-2}$)
2	-1.152	3.593×10^{-5}
3	-1.140	9.922×10^{-6}
4	-1.154	8.881×10^{-6}
5	-1.079	2.906×10^{-5}

5.2.3　镀液温度的影响

控制 pH 值、电流密度 J_k、添加剂浓度 C 三个因素不变,调整镀液温度,其中镀液 pH $=$ 4,电流密度 $J_k = 1.00\ A \cdot dm^{-2}$,添加剂浓度 $C = 15\ mL \cdot L^{-1}$,镀液温度 T 值分别取 15 ℃、20 ℃、25 ℃ 和 30 ℃。4 种不同温度下进行电镀获得膜层完整、外观合格的合金镀层。对不同温度下在磁体表面制备的 Zn-Co 合金镀层进行中性盐雾腐蚀实验测试,其结果列于表 5.4。当镀液温度为 30 ℃ 时,磁体表面 Zn-Co 合金镀层试样在 48 h 时出现腐蚀黑点,但其余试样表面未见腐蚀黑点;当中性盐雾腐蚀时间为 72 h 时,所有试样表面均出现腐蚀黑点。

表 5.4　不同镀液温度下制备的 Zn-Co 合金镀层的耐中性盐雾实验结果

温度(℃)	时间(h)		
	24	48	72
15	未腐蚀	未腐蚀	腐蚀黑点
20	未腐蚀	未腐蚀	腐蚀黑点
25	未腐蚀	未腐蚀	腐蚀黑点
30	未腐蚀	腐蚀黑点	腐蚀黑点

在不同镀液温度条件下,磁体表面 Zn-Co 合金镀层试样的耐中性盐雾腐蚀 72 h 的表面形貌如图 5.3 所示。4 种试样均发生了一定程度的腐蚀,镀液温度为 30 ℃ 时试样的腐蚀最为严重,而镀液温度为 25 ℃ 时的腐蚀程度最小,具有最好的耐腐蚀性能。因此,Zn-Co 合金镀层的最佳镀液温度为 25 ℃。

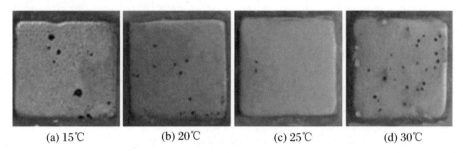

(a) 15℃　　　(b) 20℃　　　(c) 25℃　　　(d) 30℃

图 5.3　钕铁硼磁体表面不同镀液温度下制备 Zn-Co 合金镀层经 72 h 盐雾
实验后样品表面形貌

在不同镀液温度条件下,磁体表面 Zn-Co 合金镀层试样的动电位极化曲线如图 5.4 所示,其对应的电化学参数拟合结果见表 5.5。从图 5.4 可知,镀液温度对 Zn-Co 合金镀层试样的自腐蚀电位影响不明显。从表 5.5 可以看出,镀液温度的变化对合金镀层试样自腐蚀电流密度的影响也较小。以上分析表明,最佳的镀液温度为 25 ℃,这一结果与中性盐雾腐蚀实验结果(图 5.3)相一致。

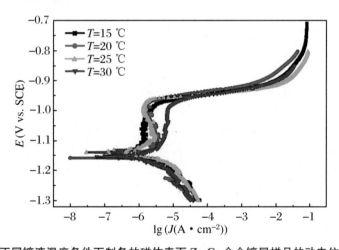

图 5.4　不同镀液温度条件下制备的磁体表面 Zn-Co 合金镀层样品的动电位极化曲线

表 5.5　图 5.4 中极化曲线的电化学参数拟合结果

温度(℃)	E_{corr} (V vs. SCE)	J_{corr} (A·cm^{-2})
15	-1.15	1.6×10^{-6}
20	-1.16	6.2×10^{-6}
25	-1.14	1.1×10^{-6}
30	-1.12	8.9×10^{-6}

5.2.4 电流密度的影响

控制 pH 值、镀液温度 T、添加剂浓度 C 三个因素不变,调整电流密度 J_k。其中 pH = 4,电镀温度 $T = 25\ ℃$,添加剂浓度 $C = 15\ mL \cdot L^{-1}$,电流密度 J_k 值分别取 $0.5\ A \cdot dm^{-2}$、$0.75\ A \cdot dm^{-2}$、$1.00\ A \cdot dm^{-2}$ 和 $1.25\ A \cdot dm^{-2}$。不同电流密度下制备的 Zn-Co 合金镀层完整、表面光洁与耐中性盐雾实验结果列于表 5.6。当电流密度为 $0.5\ A \cdot dm^{-2}$、$0.75\ A \cdot dm^{-2}$ 和 $1.25\ A \cdot dm^{-2}$ 时,经过 24 h 盐雾实验即出现明显的腐蚀黑点,电流密度为 $1.00\ A \cdot dm^{-2}$ 时,耐中性盐雾实验能力最强,48 h 盐雾实验后未出现腐蚀情况,直到 72 h 才出现明显的腐蚀黑点。

表 5.6 不同电流密度下制备的 Zn-Co 合金镀层的耐中性盐雾实验结果

电流密度(A · dm^{-2})	时间(h)		
	24	48	72
0.5	腐蚀黑点	腐蚀黑点	腐蚀黑点
0.75	腐蚀黑点	腐蚀黑点	腐蚀黑点
1.00	未腐蚀	未腐蚀	腐蚀黑点
1.25	腐蚀黑点	腐蚀黑点	腐蚀黑点

在不同电流密度条件下,磁体表面 Zn-Co 合金镀层试样的动电位极化曲线测试结果如图 5.5 所示,对应的极化曲线拟合结果如表 5.7 所示。磁体表面 Zn-Co 合金镀层试样的自腐蚀电位,随电流密度的增大而向正方向移动。自腐蚀电位值越正说明磁体发生腐蚀的倾向越小。磁体表面 Zn-Co 合金镀层的自腐蚀电流密度,随电镀电流密度的增大出现先减小后增大的变化趋势。当电镀过程中的电流密度为 $1\ A \cdot dm^{-2}$ 时,其自腐蚀电流密度具有最小值 $1.50 \times 10^{-7}\ A \cdot cm^{-2}$。根据腐蚀动力学可知,电流密度为 $1\ A \cdot dm^{-2}$ 条件下所制备的 Zn-Co 合金镀层试样的腐蚀速率最低。因此,NdFeB 磁体表面 Zn-Co 合金镀层制备的最佳电流密度为 $1\ A \cdot dm^{-2}$。

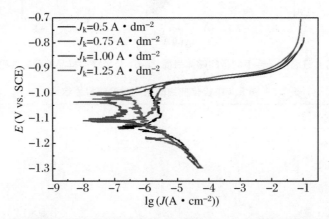

图 5.5 钕铁硼磁体表面不同电流密度下所制备的 Zn-Co 合金镀层的动电位极化曲线

表 5.7   图 5.5 中极化曲线的各电化学参数拟合结果

电流密度($A \cdot dm^{-2}$)	E_{corr}(V vs. SCE)	J_{corr}($A \cdot cm^{-2}$)
0.5	−1.14	1.61×10^{-6}
0.75	−1.11	1.14×10^{-6}
1.00	−1.04	1.50×10^{-7}
1.25	−1.01	2.29×10^{-7}

5.2.5   添加剂浓度的影响

在保证镀液 pH 值、镀液温度、电流密度等因素不变的情况下,对添加剂浓度 C 进行优化。其中 pH = 4,电镀温度 $T = 25\ ℃$,电流密度 $J_k = 1\ A \cdot dm^{-2}$,添加剂浓度 C 值分别取 $10\ mL \cdot L^{-1}$、$15\ mL \cdot L^{-1}$、$20\ mL \cdot L^{-1}$ 和 $25\ mL \cdot L^{-1}$。在不同浓度添加剂条件下,磁体表面 Zn-Co 合金镀层试样的耐中性盐雾腐蚀结果如表 5.8 所示,其中添加剂浓度 $C = 15\ mL \cdot L^{-1}$ 时,Zn-Co 合金镀层耐中性盐雾腐蚀能力最强。

表 5.8   不同添加剂浓度条件下所制备的 Zn-Co 合金镀层的耐中性盐雾实验结果

添加剂浓度($mL \cdot L^{-1}$)	时间(h)		
	24	48	72
10	未腐蚀	腐蚀黑点	腐蚀黑点
15	未腐蚀	未腐蚀	腐蚀黑点
20	未腐蚀	腐蚀黑点	腐蚀黑点
25	未腐蚀	腐蚀黑点	腐蚀黑点

在不同添加剂浓度条件下,磁体表面 Zn-Co 合金镀层试样的动电位极化曲线测试结果如图 5.6 所示,对应的极化曲线拟合结果见表 5.9。当添加剂浓度为 $10\ mL \cdot L^{-1}$ 时,磁体表面 Zn-Co 合金镀层试样的自腐蚀电位,比添加剂浓度分别为 $15\ mL \cdot L^{-1}$、$20\ mL \cdot L^{-1}$ 和 $25\ mL \cdot L^{-1}$ 时制备的试样更正。当添加剂浓度在一定范围内时,磁体表面 Zn-Co 合金镀层试样的自腐蚀电流密度,随添加剂浓度的增加先减小后增加,在添加剂浓度为 $15\ mL \cdot L^{-1}$ 时,达到最小值 $3.30 \times 10^{-7}\ A \cdot dm^{-2}$。合金镀层的自腐蚀电流密度是衡量合金镀层腐蚀速率的参数,因此,添加剂的最佳浓度值选择为 $15\ mL \cdot L^{-1}$。

综上分析,烧结钕铁硼磁体表面制备 Zn-Co 合金镀层的最佳工艺参数为添加剂浓度 $C = 15\ mL \cdot L^{-1}$、pH = 4、镀液温度 $T = 25\ ℃$ 和电流密度 $J_k = 1\ A \cdot dm^{-2}$。采用该最佳工艺参数在磁体表面制备 Zn-Co 合金镀层,然后进行蓝白钝化处理。对钝化后的 Zn-Co 合金镀层和 Zn 镀层进行了盐雾实验对比,其结果列于表 5.10 中。Zn-Co 合金镀层在 120 h 时未出现腐蚀现象。Zn 镀层在 40 h 时未出现明显腐蚀,而在 41 h 出现了明显的腐蚀斑点,因此,Zn 镀层耐中性盐雾试验能力可达 40 h。优化工艺参数下制备的 Zn-Co 合金镀层的耐蚀性是 Zn 镀层的 3 倍,耐中性盐雾腐蚀时间可达 120 h。

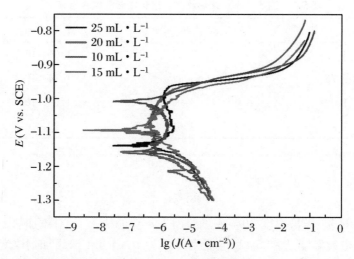

图 5.6　不同添加剂浓度条件下所制备的 NdFeB 磁体表面 Zn-Co 合金镀层的动电位极化曲线

表 5.9　图 5.6 中极化曲线的各电化学参数拟合结果

添加剂浓度($mL \cdot L^{-1}$)	E_{corr}(V vs. SCE)	J_{corr}($A \cdot dm^{-2}$)
10	-1.01	1.19×10^{-6}
15	-1.10	3.30×10^{-7}
20	-1.16	1.61×10^{-6}
25	-1.14	6.88×10^{-6}

表 5.10　磁体表面 Zn-Co 合金镀层与锌镀层钝化后的盐雾实验结果

腐蚀时间	40 h	41 h	120 h
Zn-Co	未腐蚀	未腐蚀	未腐蚀
Zn	未腐蚀	腐蚀黑点	—

5.3　Zn-Co 合金镀层的组织与性能

5.3.1　Zn-Co 合金镀层的组织

采用最佳工艺参数在钕铁硼磁体表面制备了 Zn-Co 合金镀层,并对其进行了三价铬蓝白钝化处理。图 5.7 显示出了 NdFeB 基体(图 5.7(a))、Zn-Co 合金镀层(图5.7(b))和镀层(图 5.7(c))钝化后的 SEM 形貌。由图可以看出,烧结钕铁硼基体表面凹凸不平,由于主相与晶界富稀土相之间的电位相差较大,致使磁体表面容易形成电化学腐蚀,腐蚀介质容易在磁体晶界及缺陷处渗透,加快磁体的腐蚀。磁体表面 Zn-Co 合金镀层平整,镀层均一性好,表明在电沉积过程中,添加的光亮剂起到了光亮整平作用。镀层表面存在明显的晶界,致密度较低,有部分裂纹和微孔存在。进一步对 Zn-Co 合金镀层进行 Cr^{3+} 蓝白钝化处理,钝化后的 Zn-Co 合金镀层表面平整致密,并且缺陷明显减少。对 Zn-Co 合金镀层进行 EDS 分析,如图 5.7(d)所示。其中,Co 元素的含量为 0.4 wt.%,O 元素的含量为 13.3 wt.%,Zn 元素的含量为 86.3 wt.%,Co 元素含量符合配方设计的成分要求(0.3 wt.% ～ 0.7 wt.%)。

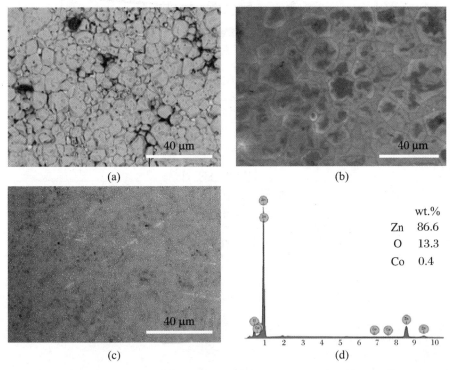

图 5.7 NdFeB 基体(a)、Zn-Co 合金镀层(b)、钝化后的 Zn-Co 合金镀层(c)的 SEM 形貌以及 Zn-Co 合金镀层的 EDS 分析

5.3.2　极化行为分析

图 5.8 是 NdFeB 基体、Zn-Co 合金镀层、钝化后的 Zn-Co 合金镀层和钝化后的 Zn 镀层的动电位极化曲线,对应的极化曲线拟合结果见表 5.11。由此可以看出,电镀 Zn-Co 合金镀层的自腐蚀电位由基体的 -0.93 V 负移至 -1.17 V。经钝化处理后,磁体表面 Zn-Co 合金镀层试样的自腐蚀电位是 -0.99 V,缩小了与基体之间的电位差。这说明 Zn-Co 合金镀层是阳极性镀层,在相同条件下,磁体表面 Zn-Co 合金镀层试样的腐蚀倾向更小,具有更好的耐蚀性。

从上述四种试样的自腐蚀电流密度来看,钝化处理后的 Zn-Co 合金镀层试样的自腐蚀电流密度最小,比烧结 NdFeB 基体降低了 3 个数量级,显示出良好的耐蚀性能。在相同条件下,钝化处理后的 Zn-Co 合金镀层试样的自腐蚀电流密度比 Zn 镀层试样降低了 1 个数量级,说明 Zn-Co 合金镀层比 Zn 镀层具有更优的耐蚀性能。另外,钝化处理可以显著提高 Zn-Co 合金镀层的耐蚀性能,从而可以更好地对钕铁硼基体发挥阳极保护作用。

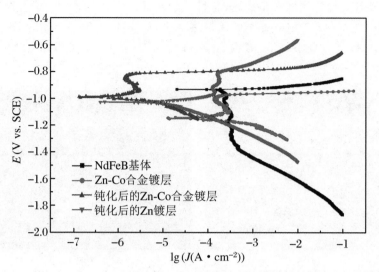

图 5.8   NdFeB 基体、Zn-Co 合金镀层、钝化后的 Zn-Co 合金镀层和钝化后的 Zn 镀层试样
在 3.5 wt.%NaCl 溶液中的动电位极化曲线

表 5.11   图 5.8 中极化曲线的各电化学参数拟合结果

试样	E_{corr}(V vs. SCE)	J_{corr}(A·cm^{-2})
NdFeB 基体	-0.93	1.40×10^{-3}
Zn-Co 合金镀层	-1.17	3.03×10^{-4}
钝化后的 Zn-Co 合金镀层	-0.99	1.61×10^{-6}
钝化后的 Zn 镀层	-1.08	2.37×10^{-5}

5.4   本 章 小 结

采用电镀方法在烧结钕铁硼磁体表面制备了 Zn-Co 合金镀层,对影响合金镀层的电镀工艺进行了优化,耐腐蚀性能得到提高。具体结论如下:

(1) 磁体表面 Zn-Co 合金镀层的最佳工艺参数是,添加剂浓度 C 为 15 mL·L^{-1}; pH 值为 4;电镀温度为 25 ℃;电流密度为 1 A·dm^{-2}。

(2) NdFeB 磁体表面 Zn-Co 合金镀层光亮、平整,经 Cr^{3+} 蓝白钝化后,镀层表面微裂纹减少,结构更加致密。

(3) 最优化的 NdFeB 磁体表面 Zn-Co 合金镀层经钝化后,耐中性盐雾腐蚀时间可达 120 h,动电位极化曲线测试其自腐蚀电位比 Zn 镀层出现正移,腐蚀倾向减小,同时其自腐蚀电流密度仅为 -1.61×10^{-6} A·dm^{-2},明显低于 Zn 镀层。这表明磁体表面 Zn-Co 合金镀层具有更优的耐蚀性能。

第6章 烧结钕铁硼磁体表面电泳沉积环氧树脂涂层

阴极电泳涂装过程中会发生复杂的物理反应和化学反应,其工艺参数对阴极电泳涂装制备的环氧树脂涂层性能具有重要影响。前期研究发现,阴极电泳过程中的槽液温度、电泳电压和电泳时间是影响环氧树脂涂层质量的主要因素。从工业生产及应用角度考虑,为了获得膜/基结合强度高、耐蚀性能优异的环氧树脂涂层,本章将通过正交实验,对影响烧结钕铁硼磁体表面阴极电泳环氧树脂涂层质量的主要因素进行优化,确定最佳的涂层制备工艺,并将对采用最优工艺制备的环氧树脂涂层的性能进行测试分析。

6.1 烧结钕铁硼表面阴极电泳涂装预处理工艺

6.1.1 磁体打磨

采用不同型号的砂纸(100♯、200♯、400♯、800♯,砂纸型号从小到大依次使用)打磨烧结钕铁硼样品,其目的在于将磁体表面的氧化皮、锈迹等污染物清除干净,同时消除机加工过程中产生的划痕等。

6.1.2 热碱除油

采用粉末冶金工艺制备的烧结钕铁硼磁体存在孔隙,表面粗糙,易吸附油污而在磁体表面形成一层油性薄膜。此油性薄膜会影响后续电泳过程和效果,导致涂层与磁体之间的结合强度下降,因此,热碱除油可以改善磁体表面状态,利于获得涂层与基体之间高结合强度的环氧树脂涂层。对磁体进行热碱除油处理,磁体表面的油性薄膜在加热状态下与 NaOH 溶液发生以下反应:

$$(C_{17}H_{35}COO)_3C_3H_5 + 3NaOH = 3C_{17}H_{35}COONa + C_3H_5(OH)_3 \qquad (6.1)$$

在烧结钕铁硼磁体表面热碱除油过程中,可以引入超声波清洗,通过超声波振荡可以快速清理磁体表面的油渍。热碱除油和超声波清洗结合可以很好地实现去除磁体表面油渍的目的。

6.1.3　酸洗活化

高化学活性的烧结钕铁硼磁体表面因氧化而形成疏松的氧化层,导致后续阴极电泳环氧树脂涂层与磁体之间的结合强度降低,甚至涂层出现脱落现象。因此,需要采用酸洗工艺去除磁体表面疏松的氧化层,酸洗通常是采用 3 wt.% HNO_3 溶液。

6.2　正交实验设计与工艺优化

6.2.1　正交实验设计

采用正交实验法来确定烧结钕铁硼磁体表面阴极电泳环氧树脂涂层的最佳工艺参数,其中阴极电泳槽液温度、电泳电压和电泳时间作为三大关键工艺参数,每个工艺参数选择四个水平进行探讨。槽液温度控制在 10~40 ℃ 范围内,电泳电压控制在 40~160 V 范围内,电泳时间控制在 10~120 s 范围内,所选择的正交实验为三因素四水平 $L_{16}(4^3)$,选取的因素及水平如表 6.1 所示。

表 6.1　正交实验因素水平表

序号	因素	水平			
		1	2	3	4
A	温度(℃)	10	20	30	40
B	电压(V)	40	80	120	160
C	时间(s)	10	30	60	120

6.2.2　正交实验评价标准

根据烧结钕铁硼磁体表面防护应当遵循的原则,结合生产实际与应用需求情况,对阴极电泳环氧树脂涂层的厚度、附着力和耐腐蚀性进行分析,多方面综合评价阴极电泳环氧树脂涂层的性能。

1. 厚度

环氧树脂涂层的耐蚀性和力学性能等受涂层厚度的影响较大。当涂层厚度较薄时,其强度不够,易损伤且涂层的防护寿命短。然而,盲目追求涂层厚度会影响涂层的附着力,降低涂层的腐蚀防护效果。采用扫描电子显微镜观察不同条件下所制备的环氧树脂涂层表面及截面形貌,并可估算出涂层的厚度。

2. 耐蚀性

采用中性盐雾实验评价烧结钕铁硼磁体表面阴极电泳环氧树脂涂层的耐蚀性。对不同条件下所制备的环氧树脂涂层耐中性盐雾腐蚀能力进行观察,根据涂层出现锈点或锈斑的时间来判断其耐腐蚀性能的优劣。为了更好地反映涂层耐腐蚀性能的好坏,根据涂层耐中性盐雾腐蚀结果,将试样耐腐蚀性能按照出现锈蚀的时间划分不同的等级标准,结果见表6.2所示。

表6.2　涂层耐中性盐雾实验评价标准

出锈时间(h)	评价等级
240～360	4
360～480	3
480～600	2
>600	1

3. 附着力

附着力是评价磁体表面防护层性能好坏的主要判断标准之一。若环氧树脂涂层与磁体之间的结合强度较低,膜/基之间存在空隙时,外界腐蚀性介质易通过涂层渗入基体表面,导致磁体发生腐蚀现象,致使涂层出现起泡、脱落等现象,加快烧结钕铁硼磁体的腐蚀。根据国标《GB/T 9286—1998》的分级标准,可采用划格法来评价环氧树脂涂层的附着力强弱。

6.2.3　正交实验结果

不同条件下所制备的环氧树脂涂层的外观、厚度、耐蚀性以及附着力列于表6.3。根据打分标准,其中涂层外观满分为10分,分数越高代表其外观越好;涂层厚度要适中;耐蚀性的等级以1级为最好;涂层与磁体之间的附着力以1级为最优。

由表6.3可以看出,在其他工艺条件相同的情况下,通过对磁体表面环氧树脂涂层的厚度、耐蚀性和附着力的对比分析可知,各因素对涂层性能的影响先后顺序为A>B>C。

表6.3　正交实验结果

序号	水平			结果		
	A	B	C	膜厚(μm)	耐蚀性	附着力
1	1	1	1	4.9	4	4
2	1	2	2	10.9	4	4
3	1	3	3	13.6	4	3
4	1	4	4	15.8	4	4
5	2	1	2	7.1	4	4
6	2	2	1	8.2	4	4
7	2	3	4	16.4	2	2
8	2	4	3	17.5	2	3

序号	水平			结果		
	A	B	C	膜厚(μm)	耐蚀性	附着力
9	3	1	3	17.6	3	3
10	3	2	4	22.4	2	2
11	3	3	1	13.6	1	2
12	3	4	2	18.0	1	1
13	4	1	4	17.5	4	3
14	4	2	3	21.8	2	2
15	4	3	2	20.2	3	2
16	4	4	1	20.7	4	4
均值1	11.300	9.275	11.850			
均值2	12.300	15.825	14.050			
均值3	15.400	15.950	15.125	厚度分析结果 A4B4C4		
均值4	20.050	18.000	18.025			
极差	8.750	8.725	6.175			
均值1	4.000	3.750	3.250			
均值2	3.000	3.000	3.000			
均值3	1.750	2.500	2.750	耐蚀性分析结果 A3B3C3		
均值4	3.250	2.750	3.000			
极差	2.250	1.250	0.500			
均值1	3.750	3.500	3.500			
均值2	3.250	3.000	2.750			
均值3	2.000	2.250	2.750	附着力分析结果 A3B3C(2、3、4)		
均值4	2.750	3.000	2.750			
极差	1.750	1.250	0.750			

　　图 6.1~图 6.3 分别示出了工艺参数对环氧树脂涂层的厚度、耐蚀性和附着力的影响。结果表明,阴极电泳环氧树脂涂层的性能主要受槽液温度和电泳电压的影响,相比之下,电泳时间对其影响较小。对正交实验结果进行分析,分析标准是在主要因素中选取最优水平,次要因素的参数根据实际情况进行适当的调整,最终获得阴极电泳环氧树脂涂层的最佳制备工艺。

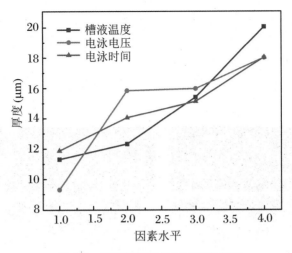

图 6.1　不同因素对涂层厚度的影响

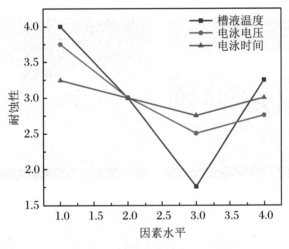

图 6.2　不同因素对涂层耐蚀性的影响

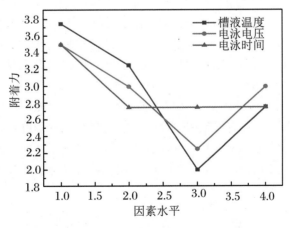

图 6.3　不同因素对涂层附着力的影响

由表 6.3 正交实验结果可以发现,环氧树脂涂层的厚度随槽液温度、电泳电压和电泳时间的增加而增厚。其中,槽液温度和电泳电压的变化对环氧树脂涂层厚度的影响更为显著。图 6.4 是不同因素条件下所制备的环氧树脂涂层的截面形貌。由图可以看出,采用不同工艺参数制备的环氧树脂涂层厚度差异较大。组合为 A4B4C4 时所制备的环氧树脂涂层厚度最大。然而,涂层厚度对其耐腐蚀性能的好坏仅起参考作用,并不是涂层越厚其耐蚀性能及附着力就一定会越好。

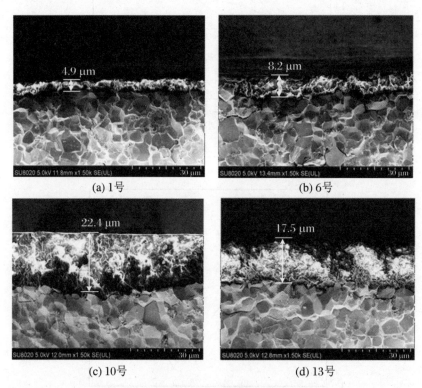

图 6.4　不同因素水平下所得涂层的断面形貌

通过对试样的耐蚀性进行对比分析发现,涂层的耐蚀性主要受槽液温度和电泳电压的影响,电泳时间的影响很小。图 6.5 是不同试样耐中性盐雾腐蚀情况。从图中可以看出,工艺参数的改变对环氧树脂涂层的耐蚀性具有很大影响。从表 6.3 可以发现,组合为 A3B3C3 所制备的环氧树脂涂层的耐蚀性最好,这说明环氧树脂涂层的耐蚀性与涂层厚度有关,但是涂层厚度不能太薄也不能太厚,实际生产中要严格控制环氧树脂涂层的厚度。

对比分析试样的涂层附着力,结果发现,环氧树脂涂层的附着力主要受槽液温度和电泳电压的影响,电泳时间对涂层附着力的影响也很小。所以,从生产效率和产品的制造成本方面考虑,在满足环氧树脂涂层具有良好防护能力的情况下,要尽可能地缩短电泳时间。

综上分析可知,阴极电泳环氧树脂涂层的性能主要受槽液温度和电泳电压的影响,电泳时间属于次要影响因素。分析发现,工艺组合为 A3B3C3 时所制备的环氧树脂涂层的耐腐蚀性能最佳。然而,该工艺组合并未出现在上述 16 组实验中,因此,通过补充对比实验对该工艺组合进行验证。

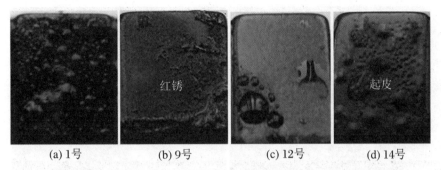

| (a) 1号 | (b) 9号 | (c) 12号 | (d) 14号 |

图 6.5　不同影响因素水平下所得涂层中性盐雾实验 600 h 后表面宏观形貌

6.2.4　验证实验

通过对表 6.3 正交实验结果分析发现,当工艺组合为 A3B4C2 时,所制备的环氧树脂涂层具有更好的耐腐蚀性能和附着力,此时涂层厚度达到了 18.0 μm,根据上一节中的计算分析可知,工艺组合为 A3B3C3 时涂层具有最优的综合性能。选取工艺组合分别为 A3B4C2 和 A3B3C3 的工艺参数进行对比验证,其结果如表 6.4 所示。

表 6.4　验证实验结果

序号	工艺参数	涂层厚度(μm)	盐雾出锈时间(h)	附着力
1	A3B4C2	17.8	648	1
2	A3B3C3	17.0	720	1

从表 6.4 可以看出,两种工艺组合所制备的环氧树脂涂层与基体之间的附着力基本一致,环氧树脂涂层具有较大的厚度。相比之下,工艺组合为 A3B3C3 的所制备的涂层耐中性盐雾腐蚀时间更长,耐腐蚀性能更好。因此,工艺组合为 A3B3C3 时所制备的环氧树脂涂层的性能最优。

6.3　环氧树脂涂层性能

采用最优工艺参数在磁体表面制备环氧树脂涂层,并对制备所得的涂层的各项性能进行测试分析。

6.3.1　涂层形貌

采用最优工艺参数制备的环氧树脂涂层表面及截面形貌如图 6.6 所示,涂层均匀分布在磁体表面,并且涂层平整致密,与磁体之间结合紧密,涂层厚度可达 17.0 μm。

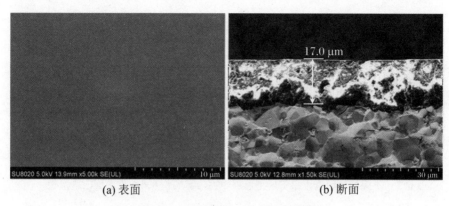

(a) 表面   (b) 断面

图 6.6   环氧树脂涂层的显微形貌

6.3.2   涂层耐蚀性

采用最优工艺参数制备的环氧树脂涂层试样在 3.5 wt.% NaCl 溶液中的动电位极化曲线如图 6.7 所示。由图可知,环氧树脂涂层在电解质溶液中并未发生极化现象,当电解质溶液通过涂层渗入基体时,基体本身才会发生极化现象,此时金属因氧化失去电子变成金属阳离子,电解质溶液中的氢离子得到电子被还原成氢气。

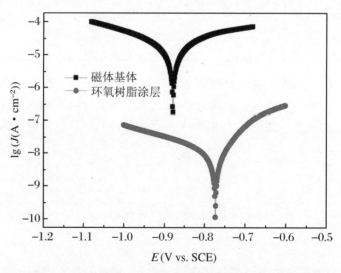

图 6.7   电泳沉积环氧树脂涂层前、后烧结钕铁硼样品的极化曲线

采用电化学工作站测试烧结钕铁硼磁体涂覆环氧树脂涂层前、后的电化学腐蚀情况,结果表明磁体和涂覆环氧树脂涂层磁体的自腐蚀电位和自腐蚀电流密度分别为 -0.878 V、2.252×10^{-5} A·cm^{-2} 和 -0.733 V、1.163×10^{-8} A·cm^{-2}。磁体表面阴极电泳环氧树脂涂层使其自腐蚀电流密度降低 3 个数量级,所以涂覆环氧树脂涂层的磁体具有更优异的耐蚀性能,环氧树脂涂层能够为磁体提供长效的腐蚀防护作用。

6.3.3　涂层附着力

采用拉伸法测试涂层与基体之间的附着力,以此来评价环氧树脂涂层在磁体表面的附着情况,测试结果如图 6.8 所示。根据涂层脱落时的拉力与其有效受力面积,计算可得涂层与基体之间的结合强度。在最优工艺条件下,环氧树脂涂层与基体之间的结合强度为 20 MPa 及以上,这说明阴极电泳环氧树脂涂层能够牢固地附着于磁体表面。

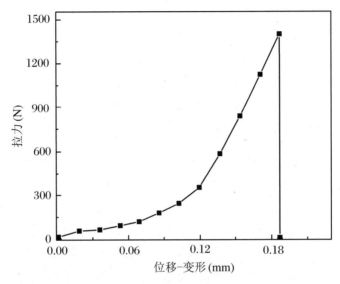

图 6.8　环氧树脂涂层典型的拉伸实验力-位移曲线

6.3.4　磁性能

对烧结钕铁硼磁体表面阴极电泳环氧树脂涂层前、后样品的磁性能进行对比测试,结果列于表 6.5。由表可以看出,阴极电泳沉积环氧树脂涂层对烧结钕铁硼磁体的磁性能基本无影响。

表 6.5　烧结钕铁硼磁体表面制备环氧树脂涂层前、后样品的磁性能

磁参量	烧结钕铁硼磁体	涂覆环氧树脂涂层磁体
B_r(kGs)	12.03	12.01
H_{cj}(kOe)	19.53	19.49
$(BH)_{max}$(MGOe)	35.74	35.67

6.4　电泳工艺参数对环氧树脂涂层性能的影响

磁体表面阴极电泳环氧树脂涂层的性能,受环氧树脂有机材料和电泳工艺参数的共同影响。本节内容主要围绕阴极电泳工艺参数展开讨论,探究电泳工艺参数对磁体表面环氧树脂涂层的微观形貌、力学性能和耐蚀性能的影响。

6.4.1　槽液温度对涂层性能的影响

由前文阴极电泳工艺参数优化结果,将电泳电压和电泳时间分别设置为 120 V 和 60 s,槽液温度分别选取 0 ℃、10 ℃、20 ℃、30 ℃和 40 ℃,然后在不同槽液温度条件下制备阴极电泳环氧树脂涂层,探究槽液温度对目标环氧树脂涂层性能的影响规律。

1. 涂层厚度

图 6.9 是采用不同槽液温度在烧结钕铁硼磁体表面制备的环氧树脂涂层的截面 SEM 形貌,测量不同槽液温度下制备的环氧树脂涂层厚度,并列于表 6.6。在电泳电压和电泳时间等其他条件相同的情况下,磁体表面环氧树脂涂层的厚度随槽液温度的升高而逐渐增大,说明磁体表面阴极电泳环氧树脂的沉积速率受槽液温度的影响较大。

图 6.10 是根据表 6.6 中的数据得出的环氧树脂涂层厚度与槽液温度之间的关系曲线。环氧树脂涂层沉积的初期,在电流的作用下,环氧树脂分子被分解为有机酸根($RCOO^-$)和树脂阳离子($R'—NH^+—R''$),两者在电流的牵引下分别向阳极和阴极泳动。在其他电泳工艺参数不变的情况下,升高槽液温度会降低电泳液的黏度,加剧粒子的泳动,有利于电极反应快速进行。因此,环氧树脂涂层厚度随槽液温度的升高而变厚。

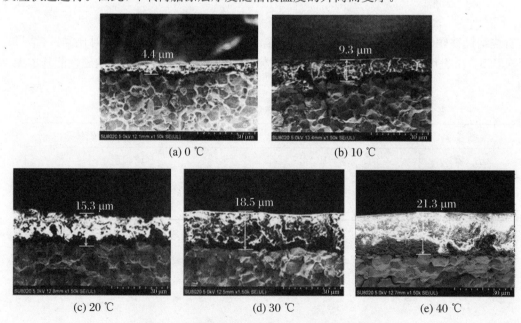

(a) 0 ℃　　　　　　　　　(b) 10 ℃

(c) 20 ℃　　　　　(d) 30 ℃　　　　　(e) 40 ℃

图 6.9　不同槽液温度下制备的涂层样品截面形貌

表 6.6　不同槽液温度下制备的涂层厚度

槽液温度(℃)	0	10	20	30	40
涂层厚度(μm)	4.4	9.3	15.3	18.5	21.3

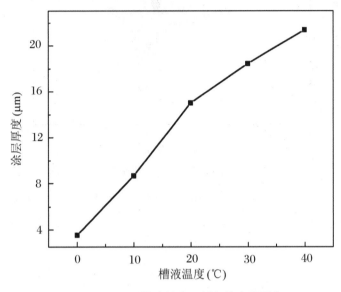

图 6.10　不同槽液温度下制备的涂层厚度

2. 涂层耐蚀性

（1）动电位极化曲线

图 6.11 是不同槽液温度下制备的磁体表面涂覆环氧树脂涂层试样在 3.5 wt.%NaCl 溶液中的动电位极化曲线情况,表 6.7 是对应的拟合结果。当电泳槽液的温度在 30 ℃以下时,环氧树脂涂层的自腐蚀电流密度随槽液温度的升高而减小。槽液温度由 10 ℃升到 20 ℃时,环氧树脂涂层的自腐蚀电流密度降低近 2 个数量级。出现这种现象的原因在于,槽液温度过低时,槽液的黏度增大,电解的阳离子和阴离子在磁体表面沉积过程中产生的气泡难以消除,使环氧树脂涂层的孔隙变大,严重时会出现肉眼可见的针孔等缺陷。同时,槽液温度过低会显著降低粒子的活性,使其在烧结钕铁硼磁体表面的沉积量降低,所制备的涂层较薄且无法完整覆盖整个磁体表面,易留有外界腐蚀性介质渗入的通道。相比之下,当电泳液的温度为 40 ℃时,磁体表面制备的环氧树脂涂层自腐蚀电流密度略有增加,这是由于槽液温度过高导致电泳液中有机助溶剂部分挥发,电泳液变质,所制备的涂层变得粗糙,其稳定性也有所下降。

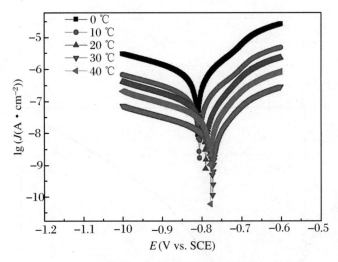

图 6.11   不同槽液温度下制备涂层后样品的极化曲线

表 6.7   不同槽液温度下制备涂层后样品的腐蚀电位和腐蚀电流密度

槽液温度(℃)	E_{corr}(V)	J_{corr}(A·cm^{-2})
0	−0.810	6.007×10^{-7}
10	−0.806	1.243×10^{-7}
20	−0.791	6.203×10^{-8}
30	−0.773	1.163×10^{-8}
40	−0.778	3.310×10^{-8}

（2）中性盐雾实验

在不同槽液温度条件下制备的环氧树脂涂层经过 600 h 中性盐雾腐蚀后的实验结果如图 6.12 所示。从图中可以看出，所制备的环氧树脂涂层的耐腐蚀性能随槽液温度的升高而显著增强。当电泳槽液的温度分别为 30 ℃和 40 ℃时，所制备的环氧树脂涂层耐中性盐雾腐蚀时间可达到 600 h。

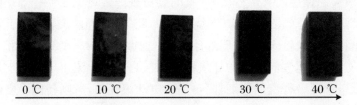

图 6.12   不同槽液温度下制备的涂层样品耐中性盐雾实验结果

3. 涂层与基体之间的结合力

在不同电泳槽液温度下所制备的环氧树脂涂层，与烧结钕铁硼磁体之间的结合强度如表 6.8 所示。图 6.13 是环氧树脂涂层和磁体之间的结合强度与槽液温度之间的关系曲线。

表 6.8　不同槽液温度下制备涂层与基体之间的结合强度

规格（mm×mm×mm）	最大拉力（N）	拉伸强度（MPa）	槽液温度（℃）
10×7×2	609	8.7	0
10×7×2	973	13.9	10
10×7×2	1141	16.3	20
10×7×2	1566	22.4	30
10×7×2	1360	19.4	40

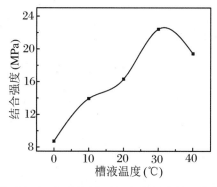

图 6.13　槽液温度对环氧树脂涂层与烧结钕铁硼基体的结合力的影响

由图 6.13 可以看出，环氧树脂涂层与基体之间的结合强度，随槽液温度的升高呈先升高后降低的变化趋势，结合强度最大值出现在槽液温度为 30 ℃时。这是由于槽液温度升高会增大槽液电解生成的阳离子和阴离子活性，加剧电极反应，使磁体表面制备的环氧树脂涂层变厚，致密度增加，且涂层与基体之间的结合强度也随之升高。过高的槽液温度会降低环氧树脂涂层的稳定性，所以当槽液温度为 40 ℃时，环氧树脂涂层与磁体之间的结合强度略有降低。因此，电泳槽液的温度为 30 ℃时的膜/基结合强度最高。

4. 磁性能

在不同电泳槽液温度条件下，烧结钕铁硼磁体表面沉积环氧树脂涂层前、后样品的磁性能如表 6.9 所示。可以看出，电泳槽液温度对烧结钕铁硼磁体表面环氧树脂涂层样品的磁性能基本无影响。

表 6.9　不同槽液温度下烧结钕铁硼表面制备涂层前、后样品的磁性能

温度（℃）	样品	B_r（kGs）	H_{cj}（kOe）	$(BH)_{max}$（MGOe）
0	未涂覆涂层磁体	12.15	19.80	35.68
	涂覆涂层磁体	12.14	19.77	35.63
10	未涂覆涂层磁体	12.24	19.97	36.23
	涂覆涂层磁体	12.22	19.47	36.07
20	未涂覆涂层磁体	12.18	19.52	35.88
	涂覆涂层磁体	12.17	19.50	35.81

续表

温度（℃）	样品	B_r（kGs）	H_{cj}（kOe）	$(BH)_{max}$（MGOe）
30	未涂覆涂层磁体	12.24	19.87	36.23
	涂覆涂层磁体	12.23	19.78	36.14
40	未涂覆涂层磁体	12.19	19.62	35.89
	涂覆涂层磁体	12.19	19.60	35.89

6.4.2　电泳电压对涂层性能的影响

由前文阴极电泳工艺参数优化结果,将槽液温度和电泳时间分别设置为 30 ℃和 60 s。采用量程为 0～160 V 的直流电源调控烧结钕铁硼磁体表面阴极电泳沉积环氧树脂涂层的电泳电压,分别设定为 30 V、60 V、80 V、120 V 和 150 V,研究电泳电压对阴极电泳环氧树脂涂层性能的影响。

1. 涂层厚度

图 6.14 是磁体表面涂覆环氧树脂涂层试样的截面 SEM 形貌。在烧结钕铁硼磁体表面制备环氧树脂涂层的过程中,环氧树脂粒子的电解速率与阴极和阳极之间的电压有关。极间电压是电解生成的阳离子和阴离子在电泳槽液内定向泳动的动力来源。表 6.10 是在不同电泳电压下所制备的环氧树脂涂层的厚度情况。图 6.15 是根据表 6.10 中的涂层厚度得出的环氧树脂涂层厚度与电泳电压之间的关系曲线。可以看出,磁体表面阴极电泳环氧树脂涂层的厚度受电泳电压的影响程度较大。极间电场强度随电泳电压的增大而变强,使环氧树脂粒子的电解加快,此时电解生成的阳离子和阴离子受电流牵引作用变强,所以环氧树脂离子在磁体表面的沉积量也随之增大。因此,磁体表面环氧树脂涂层的厚度随电泳电压的升高而逐渐增大。

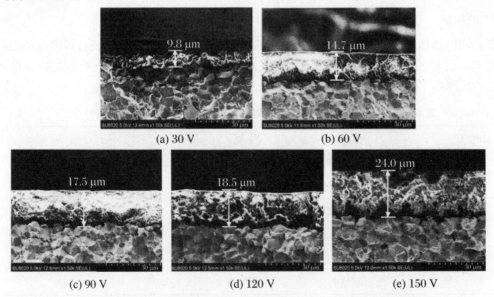

(a) 30 V　　(b) 60 V

(c) 90 V　　(d) 120 V　　(e) 150 V

图 6.14　不同电泳电压下所制备的环氧树脂涂层样品的截面形貌

表 6.10 不同电泳电压下所制备的环氧树脂涂层的厚度

电泳电压(V)	30	60	90	120	150
涂层厚度(μm)	9.8	14.7	17.5	18.5	24.0

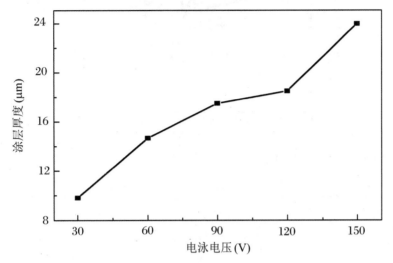

图 6.15 电泳电压对所制备的环氧树脂涂层厚度的影响

2. 涂层耐蚀性

(1) 动电位极化曲线

在不同电泳电压条件下,烧结钕铁硼磁体表面阴极电泳环氧树脂涂层的样品在 3.5 wt.%NaCl 溶液中的动电位极化曲线如图 6.16 所示,表 6.11 是相应的拟合结果。当电泳电压≤120 V 时,电泳电压越大,获得的自腐蚀电流密度就越小。当电泳电压达到 90 V 时,与电泳电压为 60 V 相比,所制备的环氧树脂涂层试样的自腐蚀电流密度降低了近 2 个数量级。这是由于电泳电压过低时,电泳液中的环氧树脂粒子在电解后生成的阳离子和阴离子在槽液中的泳动能力变差,导致在磁体表面的沉积效率低,因而环氧树脂涂层的厚度较薄,外界腐蚀性介质更易穿过涂层渗入基体。环氧树脂粒子的电解效率随电泳电压的升高而逐渐提升,在直流电场的作用下,沉积在磁体表面的碱性物质将气泡和水分排除干净,得到更加密实的环氧树脂涂层。但是当电泳电压为 150 V 时,阴极电泳环氧树脂涂层试样的自腐蚀电流密度有所增加,这是由于电泳电压过高时会使磁体表面的冲击电流过大,导致环氧树脂粒子的电解反应十分剧烈,环氧树脂涂层的沉积速率过快,此时在磁体表面产生的大量气体来不及排出而残留在涂层内部,最终导致环氧树脂涂层的孔隙率增加,致密度下降。

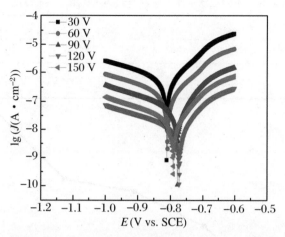

图 6.16　不同电泳电压下所制备的环氧树脂涂层样品的动电位极化曲线

表 6.11　不同电泳电压下所制备的环氧树脂涂层样品的腐蚀电位和腐蚀电流密度

电泳电压（V）	E_{corr}（V）	J_{corr}（A·cm^{-2}）
30	-0.811	5.185×10^{-7}
60	-0.808	1.655×10^{-7}
90	-0.778	5.957×10^{-8}
120	-0.773	1.163×10^{-8}
150	-0.791	2.068×10^{-8}

（2）中性盐雾实验

在不同电泳电压条件下,采用阴极电泳沉积法在烧结钕铁硼磁体表面所制备的环氧树脂涂层试样的耐中性盐雾腐蚀结果如图 6.17 所示。由图可知,磁体表面环氧树脂涂层的耐腐蚀性能随电泳电压的增加而增强。当电泳电压为 120 V 时,环氧树脂涂层的耐中性盐雾腐蚀时间高达 600 h。但是,当电泳电压高达 150 V 时,环氧树脂涂层的耐中性盐雾腐蚀时间却降为 480 h。这说明电泳电压在超过一定值后,继续增大电泳电压反而会导致环氧树脂涂层的耐蚀性变差。

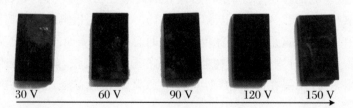

图 6.17　不同电泳电压下所制备的环氧树脂涂层的耐中性盐雾实验结果

3. 涂层与基体之间的结合力

在不同电泳电压条件下,磁体表面环氧树脂涂层与磁体之间的结合强度如表 6.12 所示。图 6.18 是环氧树脂涂层和磁体之间的结合强度与电泳电压的关系曲线。可以看出,环氧树脂涂层与烧结钕铁硼磁体之间的结合强度,随电泳电压的增加呈先增大后降低的变化趋势。当电泳电压为 120 V 时,表面环氧树脂涂层与烧结钕铁硼磁体之间的结合强度达到最大值。

表 6.12 不同电泳电压下所制备的环氧树脂涂层与烧结钕铁硼基体之间的结合强度

规格(mm×mm×mm)	最大拉力(N)	拉伸强度(MPa)	电泳电压(V)
10×7×2	774	11.0	30
10×7×2	1023	14.6	60
10×7×2	1476	21.1	90
10×7×2	1629	23.3	120
10×7×2	1352	19.3	150

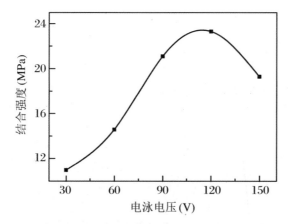

图 6.18 电泳电压对环氧树脂涂层与烧结钕铁硼基体的结合力的影响

呈现这种现象的原因在于随着电泳电压的增大,一是促进了极间粒子的电解与泳动能力,阴极磁体表面沉积环氧树脂涂层的速率加快;二是直流电场对已经沉积的环氧树脂涂层的电渗效果越来越明显,制得的环氧树脂涂层更加致密,涂层与基体之间的结合强度更高。然而,电泳电压过高导致反应剧烈,不利于电渗的进行,使环氧树脂涂层的孔隙率变大。因此,当电泳电压为 120 V 时,环氧树脂涂层与磁体之间的结合强度最高;当电泳电压达到150 V 时,环氧树脂涂层与磁体之间的结合强度略有降低。

4. 磁性能

在不同电泳电压条件下,阴极电泳环氧树脂涂层对烧结钕铁硼磁体的磁性能的影响如表 6.13 所示。不同电泳电压条件下所制备的阴极电泳环氧树脂涂层试样的磁性能未有明显变化,说明环氧树脂涂层不会对烧结钕铁硼磁体的磁性能造成影响。

表 6.13   不同电泳电压下烧结钕铁硼磁体表面沉积环氧树脂涂层前、后的磁性能

电泳电压(V)	样品	B_r(kGs)	H_{cj}(kOe)	$(BH)_{max}$(MGOe)
30	未涂覆涂层磁体	12.19	19.63	35.94
	涂覆涂层磁体	12.19	19.60	35.94
60	未涂覆涂层磁体	12.20	19.58	35.99
	涂覆涂层磁体	12.19	19.55	35.94
90	未涂覆涂层磁体	12.21	19.49	36.05
	涂覆涂层磁体	12.19	19.51	35.94
120	未涂覆涂层磁体	12.17	19.49	35.83
	涂覆涂层磁体	12.19	19.50	35.94
150	未涂覆涂层磁体	12.18	19.80	35.89
	涂覆涂层磁体	12.17	19.84	35.89

6.4.3   电泳时间对涂层质量的影响

在前文烧结钕铁硼磁体表面阴极电泳沉积环氧树脂涂层的工艺参数优化基础上,将槽液温度设置为 30 ℃,电泳电压设置为 120 V,调控电泳时间,分别设定为 10 s、30 s、60 s、120 s 和 300 s,研究电泳时间对环氧树脂涂层性能的影响规律。

1. 涂层厚度

图 6.19 是在不同电泳时间条件下所制备的环氧树脂涂层试样的截面 SEM 形貌。不同电泳时间所沉积的环氧树脂涂层厚度如表 6.14 所示。图 6.20 是环氧树脂涂层厚度与电泳时间之间的关系曲线。当电泳时间在 10~60 s 范围内时,环氧树脂涂层的厚度随电泳时间的延长而逐渐增加;当电泳时间在 60~120 s 范围内时,环氧树脂涂层的厚度变化很小。其原因是在电泳沉积初期,烧结钕铁硼磁体完全裸露,此时与槽液之间的电位差较大,电流快速增大,导致电极反应强烈。当烧结钕铁硼磁体表面沉积的环氧树脂涂层越来越厚时,因环氧树脂涂层本身的绝缘性,使磁体表面的欧姆电阻变大,导致磁体表面的电位升高,减小了环氧树脂涂层与磁体之间的电位差,则电流逐渐变小,从而使电极反应趋于缓和。从磁体表面阴极电泳环氧树脂涂层的厚度增加情况可知,涂层沉积初期膜厚增长速率较快,随后膜厚的增长沉积速率逐渐降低,最终趋于饱和状态。当电泳时间为 300 s 时,环氧树脂涂层的厚度有时会反而降低,并且涂层表面变得相对粗糙,这是由于电泳时间太长使环氧树脂涂层发生再溶解。

表 6.14   不同电泳时间所制备的环氧树脂涂层的厚度

电泳时间(s)	10	30	60	120	300
涂层厚度(μm)	6.5	14.2	18.5	18.0	20.2

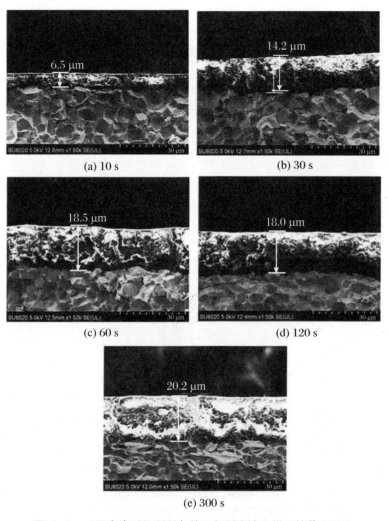

图 6.19 不同电泳时间所制备的环氧树脂涂层样品的截面形貌

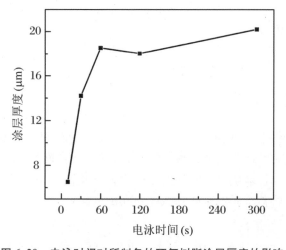

图 6.20 电泳时间对所制备的环氧树脂涂层厚度的影响

2. 涂层耐蚀性

（1）动电位极化曲线

测试不同电泳时间条件下所制备的环氧树脂涂层试样在 3.5 wt.%NaCl 溶液中的动电位极化曲线，结果如图 6.21 所示。表 6.15 是对应的动电位极化曲线拟合结果。当电泳时间≤120 s 时，环氧树脂涂层试样的自腐蚀电流密度随电泳时间的延长而逐渐降低，这是由于电泳时间的延长可以增加环氧树脂涂层的厚度，使外界腐蚀介质通过涂层渗入基体的阻力增加。较长的电泳时间能够使电渗过程更加充分，在直流电场的作用下，可以排除环氧树脂涂层中的气泡和水分，从而获得更加致密的环氧树脂涂层。当电泳时间达到 300 s 时，环氧树脂涂层试样的自腐蚀电流密度略有增加，出现这种现象的原因在于电泳时间过长使环氧树脂涂层再次发生溶解，降低了涂层的致密度。

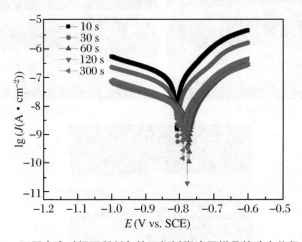

图 6.21　不同电泳时间下所制备的环氧树脂涂层样品的动电位极化曲线

表 6.15　不同电泳时间下所制备的环氧树脂涂层样品的腐蚀电位和腐蚀电流密度

电泳时间（s）	E_{corr}（V）	J_{corr}（A·cm^{-2}）
10	−0.808	9.732×10^{-8}
30	−0.806	4.144×10^{-8}
60	−0.773	1.163×10^{-8}
120	−0.878	1.103×10^{-8}
300	−0.789	1.181×10^{-8}

（2）中性盐雾试验

在不同电泳时间条件下，采用阴极电泳方法在烧结钕铁硼磁体表面沉积环氧树脂涂层，环氧树脂涂层试样的耐中性盐雾腐蚀结果如图 6.22 所示。从图中可以看出，在电泳初期环氧树脂涂层试样的耐腐蚀性能随电泳时间的延长而显著提高。当电泳时间超过 60 s 后，环氧树脂涂层试样的耐中性盐雾腐蚀时间基本在 600 h 左右。

3. 涂层与基体之间的结合力

表 6.16 是不同电泳时间条件下环氧树脂涂层与烧结钕铁硼磁体之间的结合强度情况。图 6.23 是环氧树脂涂层和基体之间的结合强度与电泳时间之间的关系曲线。由图可知，阴

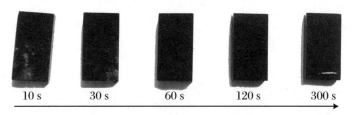

图 6.22　不同电泳时间所制备的环氧树脂涂层样品的盐雾实验结果

极电泳环氧树脂涂层与烧结钕铁硼磁体之间的结合强度,随电泳时间的延长呈先升高后趋于平稳的趋势,这是由于足够的电泳时间有助于环氧树脂阳离子在电位差的作用下沉积在涂层空隙处,也为电渗反应提供了足够的时间,增加了环氧树脂涂层的致密度,从而获得更高的膜/基结合强度。但是电泳时间过长会导致环氧树脂涂层的再次溶解,使涂层表面变得相对粗糙,涂层的强度也有所降低。当电泳时间达到 300 s 时,阴极电泳环氧树脂涂层与烧结钕铁硼磁体之间的结合强度略有降低。当电泳时间为 120 s 时,膜/基结合强度最高。

表 6.16　不同电泳时间下所制备的环氧树脂涂层与烧结钕铁硼基体之间的结合强度

规格(mm×mm×mm)	最大拉力(N)	拉伸强度(MPa)	电泳时间(s)
10×7×2	1088	15.5	10
10×7×2	1294	18.4	30
10×7×2	1471	21.0	60
10×7×2	1533	21.9	120
10×7×2	1509	21.5	300

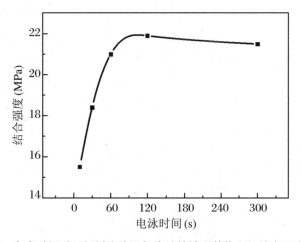

图 6.23　电泳时间对环氧树脂涂层与烧结钕铁硼基体之间结合强度的影响

4. 磁性能

在不同电泳时间条件下,阴极电泳环氧树脂涂层对烧结钕铁硼磁体的磁性能的影响如表 6.17 所示。由表可以看出,不同电泳时间条件下所制备的环氧树脂涂层对烧结钕铁硼磁体的磁性能基本无影响。

表 6.17　不同电泳时间条件下烧结钕铁硼磁体表面涂覆环氧树脂涂层前、后的磁性能

电泳时间(s)	样品	B_r(kGs)	H_{cj}(kOe)	$(BH)_{max}$(MGOe)
10	未涂覆涂层磁体	12.17	19.85	35.81
	涂覆涂层磁体	12.17	19.81	35.81
30	未涂覆涂层磁体	12.25	19.57	36.26
	涂覆涂层磁体	12.23	19.60	36.14
60	未涂覆涂层磁体	12.25	19.49	36.24
	涂覆涂层磁体	12.25	19.53	36.25
120	未涂覆涂层磁体	12.18	19.88	35.86
	涂覆涂层磁体	12.19	19.90	35.91
300	未涂覆涂层磁体	12.14	19.91	35.67
	涂覆涂层磁体	12.15	19.90	35.70

6.5　碳纳米管/环氧树脂复合涂层

阴极电泳环氧树脂涂层对烧结钕铁硼磁体的磁性能无影响,且环氧树脂涂层的绝缘特性使其不易发生电化学腐蚀。然而,环氧树脂具有易水解、力学性能较差等缺点,在一定程度上限制了环氧树脂涂层在磁体防护领域的应用。

本书将采用碳纳米管对传统环氧树脂涂层进行复合改性,采用阴极电泳方法在磁体表面沉积碳纳米管/环氧树脂复合涂层,探究碳纳米管对环氧树脂涂层性能的提升作用与机理,从而扩大烧结钕铁硼磁体在不同领域中的应用。

6.5.1　复合涂层的制备

1. 分散剂的种类

不同种类的分散剂对磁体表面碳纳米管/环氧树脂复合涂层的微观形貌的影响如图6.24 所示。未添加分散剂的混合液中碳纳米管易缠绕团聚,图层中出现较大颗粒物,添加分散剂后的碳纳米管的团聚现象得到显著改善。这是由于片层结构的石墨卷曲所形成的碳纳米管表面缺乏活性基团,致使碳纳米管在各种溶剂中的分散性能很差,分散剂的表面活性基团能够在溶液与碳纳米管之间起桥梁连接作用,其中分散剂分子中的亲水基团能与极性溶液相连,疏水基团则吸附在碳纳米管的表面,在空间位阻和静电斥力的作用下,能够发挥分散碳纳米管的作用。

经过不同种类的分散剂处理后,碳纳米管/环氧树脂悬浮液的稳定性曲线如图 6.25 所示。当十二烷基苯磺酸钠(SDBS)分散剂的添加量为 $0.2\ g\cdot L^{-1}$ 时,所制备的碳纳米管/环氧树脂悬浮液具有最优的稳定性,因为分散剂为 SDBS 时的分散效果最佳。因此,选用 SDBS

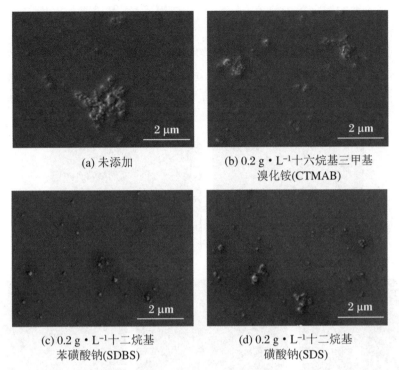

(a) 未添加　　　　　　　　　(b) 0.2 g·L⁻¹十六烷基三甲基
　　　　　　　　　　　　　　　　溴化铵(CTMAB)

(c) 0.2 g·L⁻¹十二烷基　　　　(d) 0.2 g·L⁻¹十二烷基
苯磺酸钠(SDBS)　　　　　　　磺酸钠(SDS)

图 6.24　添加不同种类分散剂所制备的碳纳米管/环氧树脂复合涂层的微观形貌

作为分散剂,研究分散剂浓度对碳纳米管分散效果的影响。

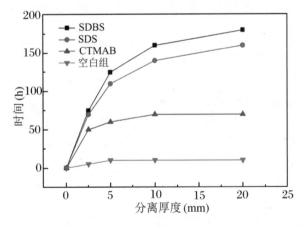

图 6.25　添加不同种类分散剂的碳纳米管/环氧树脂悬浮液的稳定性

2. 分散剂的浓度

将不同浓度的 SDBS 分散剂(0.2 g·L⁻¹、0.4 g·L⁻¹、0.6 g·L⁻¹、0.8 g·L⁻¹、1.0 g·L⁻¹)加入碳纳米管/环氧树脂混合液中,磁体表面沉积的碳纳米管/环氧树复合涂层的 SEM 形貌如图 6.26 所示。当分散剂浓度在 0~0.4 g·L⁻¹范围内时,碳纳米管团聚现象得到明显改善;当分散剂的浓度超过 0.4 g·L⁻¹时,碳纳米管的分散性逐渐变差。这说明碳纳米管的分散效果受 SDBS 分散剂浓度的影响,并且分散的浓度并不是越大越好。

采用不同浓度的 SDBS 分散剂处理后的碳纳米管/环氧树脂悬浮液的稳定性曲线如图

6.27 所示。当分散剂的浓度为 $0.4\,g\cdot L^{-1}$ 时,碳纳米管/环氧树脂悬浮液的稳定性最高。当 SDBS 分散剂的浓度大于 $0.4\,g\cdot L^{-1}$ 时,悬浮液的稳定性有所降低,这是由于分散剂的浓度较高时,会导致其表面活性基团在碳纳米管表面的吸附达到饱和状态,当继续增加分散剂的浓度时就会加重胶束,而过多的胶束会争夺已经吸附在表面的活性基团,从而降低悬浮液的稳定性。因此,将 SDBS 分散剂的浓度优选为 $0.4\,g\cdot L^{-1}$,进而探讨超声波分散时间对碳纳米管分散效果的影响。

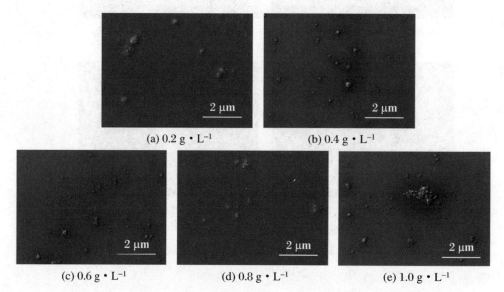

图 6.26　添加不同浓度 SDBS 所制备的碳纳米管/环氧树脂复合涂层的微观形貌

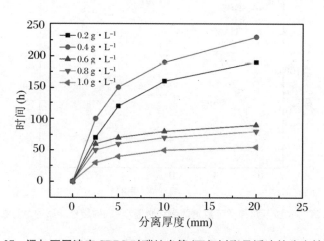

图 6.27　添加不同浓度 SDBS 时碳纳米管/环氧树脂悬浮液的稳定性曲线

3．超声分散时间

当碳纳米管/环氧树脂悬浮液中的分散剂浓度为 $0.4\ \mathrm{g\cdot L^{-1}}$ 时，超声分散时间分别为 0 min、30 min、60 min、90 min 和 120 min 时所制备的碳纳米管/环氧树脂复合涂层的 SEM 形貌如图 6.28 所示。未经超声分散处理的复合涂层中碳纳米管团聚现象最为明显，经过超声分散后，涂层中的碳纳米管团聚现象得到显著改善。因此，对悬浮液进行超声分散处理，能够有效改善碳纳米管的分散效果，从而获得碳纳米管分散良好的碳纳米管/环氧树脂复合涂层。

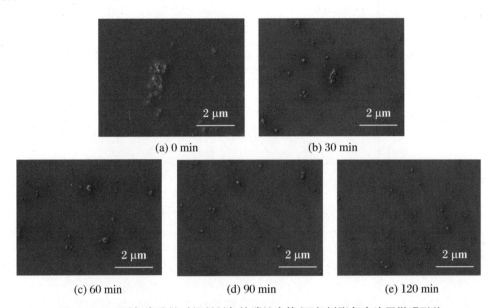

图 6.28　不同超声分散时间所制备的碳纳米管/环氧树脂复合涂层微观形貌

为了便于理论计算，将碳纳米管团聚体设想为理想的规则球体，其中构成碳纳米管团聚球体的微小粒子呈现无规则排列，此时可以采用式(6.2)计算碳纳米管团聚体内微小粒子间的内聚力。

$$F_c = \frac{9}{8}\left(\frac{1-\varepsilon}{\varepsilon d^2}\right)F \tag{6.2}$$

式(6.2)中，F_c 是碳纳米管团聚体内微小粒子间的内聚力；ε 是团聚体内空穴所占的体积分数；d 是团聚体微小粒子的平均直径；F 是团聚体内微小粒子之间的平均力。当碳纳米管为理想的规则球体时，其内部微小粒子的直径及其之间平均作用力不变。当团聚体的体积变小时，空穴所占的体积分数也随之减小，从而增加其内聚力。

由于团聚体的均匀分散需要满足团聚体所受的外力大于其自身内聚力，因此利用超声波振动产生的强大作用力对碳纳米管团聚体进行分散处理，通过超声波振动过程中产生的作用力远大于团聚体的内聚力的特点，实现对碳纳米管团聚体的分散。

将浓度为 $0.4\ \mathrm{g\cdot L^{-1}}$ 的 SDBS 分散剂加入碳纳米管/环氧树脂的混合液中，经过 0 min、30 min、60 min、90 min 和 120 min 超声分散处理后，获得的悬浮液稳定性曲线如图 6.29 所示。由图可知，通过延长超声分散时间能够显著改善悬浮液的稳定性，并且超声分散时间越长，悬浮液稳定性越高。其原因在于超声分散的时间越长，悬浮液内的碳纳米管团聚体受到的分散作用越持久,因而分散效果就会越好。如果从生产效率方面考虑,应当合理控制超声分散时间。

因此,选定碳纳米管/环氧树脂悬浮液中的分散剂浓度为 $0.4 \text{ g} \cdot \text{L}^{-1}$,并对悬浮液超声分散 90 min 后,采用优化的阴极电泳工艺在烧结钕铁硼磁体表面制备碳纳米管/环氧树脂复合涂层。

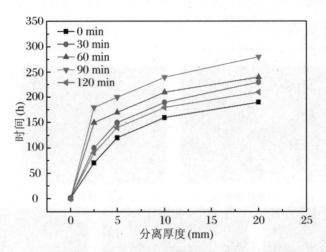

图 6.29　超声分散不同时间后碳纳米管/环氧树脂悬浮液的稳定性曲线

6.5.2　复合涂层的表征分析

由前文可知,优化的阴极电泳工艺参数是,槽液温度、电泳电压和电泳时间分别为 30 ℃、120 V 和 60 s。图 6.30 是采用优化的阴极电泳工艺在烧结钕铁硼磁体表面制备的碳纳米管/环氧树脂复合涂层的表面形貌。从图中可以看出,所制备的碳纳米管/环氧树脂复合涂层能够有效改善磁体表面的粗糙度,提升了烧结钕铁硼磁体产品的美观性,从而拓展了烧结钕铁硼磁体的应用领域和应用场景。

(a) 沉积前　　　　　　　　　　　　　　(b) 沉积后

图 6.30　阴极电泳沉积复合涂层前、后样品的表面形貌

在烧结钕铁硼磁体表面制备了不同碳纳米管添加量的碳纳米管/环氧树脂复合涂层,其表面形貌如图 6.31 所示。由于有机涂层的导电性差,所以对复合涂层进行喷金处理,然后通过 SEM 观察,发现复合涂层中分布着大量的细小白色微粒。当碳纳米管的添加量为 1 wt.% 时,复合涂层中的白色微粒含量较低,且分布稀疏。随着碳纳米管添加量的增加,所制备的复合涂层中碳纳米管(白色颗粒)的密度也在不断增加。当碳纳米管的添加量超过 3.0 wt.% 后,复合涂层中的白色颗粒分布不均匀,同时出现碳纳米管团聚严重的大颗粒。

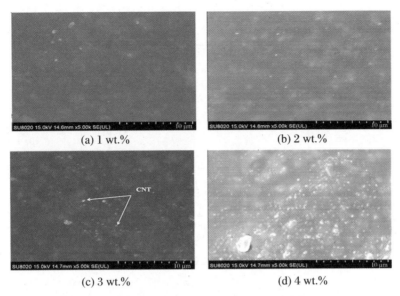

(a) 1 wt.%　　　　　　　　　　(b) 2 wt.%

(c) 3 wt.%　　　　　　　　　　(d) 4 wt.%

图 6.31　不同碳纳米管添加量时的复合涂层的表面形貌

　　通过扫描电子显微镜自带的能谱仪对复合涂层进行 EDS 能谱分析,结果如图 6.32 所示。图中,黑色区域为环氧树脂漆膜,而白色颗粒区域为碳纳米管,并且从图中可知,黑色区域中的碳含量明显低于白色区域,这是由于碳纳米管为碳的同素异构体,而环氧树脂仅为含碳的有机物。

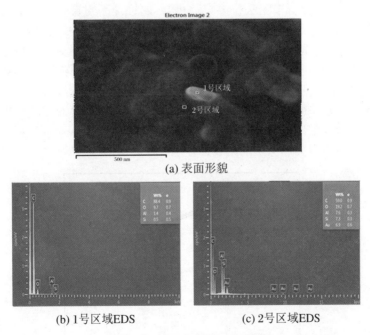

(a) 表面形貌

(b) 1号区域EDS　　　　　　　　(c) 2号区域EDS

图 6.32　样品表面的 EDS 能谱

　　烧结钕铁硼磁体表面碳纳米管/环氧树脂复合涂层试样的拉曼(Raman)光谱如图 6.33 所示。波数为 1583 cm^{-1}时的 G 峰强度最大,这代表碳材料的切向的振动模式,反映出碳材料 C == C 键切向的伸缩振动。波数为 1332 cm^{-1}时的 D 峰强度最弱,这是由于碳材料内的石墨片层存在杂化、空位等缺陷导致的缺陷模式,拉曼分析结果表明,磁体表面制备的复合涂层中含有碳纳米管。

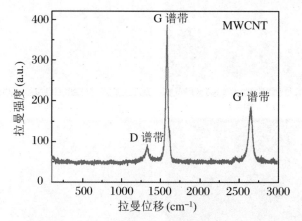

图 6.33　烧结钕铁硼磁体表面碳纳米管/环氧树脂复合涂层的拉曼光谱

6.5.3　复合涂层的耐腐蚀性能

1. 动电位极化曲线

图 6.34 是磁体表面制备的碳纳米管/环氧树脂复合涂层试样在 3.5 wt.％NaCl 溶液中的动电位极化曲线,表 6.18 是拟合得出的相应电化学参数。碳纳米管的添加能够提高传统环氧树脂涂层的耐腐蚀性能。根据法拉第定律可知,腐蚀速率与自腐蚀电流密度呈正比例关系。在相同腐蚀条件下,与传统环氧树脂涂层相比,磁体表面涂覆碳纳米管/环氧树脂复合涂层试样的自腐蚀电流密度降低了 2 个数量级,说明其腐蚀速率更小。这是由于碳纳米管表面被环氧树脂紧密地包裹着,在电流泳动过程中共同沉积在磁体表面,其中复合涂层中的碳纳米管能够在一定程度上阻碍电解液的渗透,使电解液难以透过复合涂层渗入磁体表面。与此同时,复合涂层中弥散分布的碳纳米管可以有效延长电解液在涂层中渗透的腐蚀通道,使电解液在复合涂层中的渗透时间变长。因此,采用碳纳米管对环氧树脂涂层进行改性处理,能够提高传统环氧树脂涂层的耐腐蚀性能。

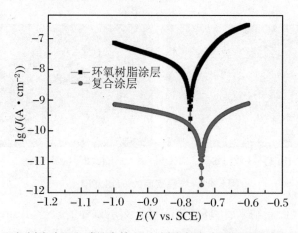

图 6.34　环氧树脂涂层和碳纳米管/环氧树脂复合涂层样品的动电位极化曲线

表 6.18　环氧树脂涂层和碳纳米管/环氧树脂复合涂层样品的自腐蚀电位和自腐蚀电流密度

样品	E_{corr}(V)	J_{corr}(A·cm^{-2})
环氧树脂涂层	-0.773	$1.163×10^{-8}$
碳纳米管/环氧树脂复合涂层	-0.739	$2.273×10^{-10}$

2. 失重实验

图 6.35 是碳纳米管/环氧树脂复合涂层试样在稀 H_2SO_4 浸泡后的腐蚀失重情况。将裸露的磁体放入浓度为 0.25 mol·L^{-1} 的 H_2SO_4 溶液中会产生大量气泡,同时在磁体表面出现很多腐蚀凹坑及孔洞。但是,将磁体表面涂覆复合涂层的试样放入相同腐蚀溶液后,浸泡过程的前 12 min 一切正常,12 min 后在磁体的边角处产生少量气泡,并且气泡的数量随浸泡时间的延长而增多。由图 6.35 可知,在相同浸泡时间下,复合涂层试样的腐蚀失重明显小于裸露磁体。当试样在腐蚀溶液中浸泡 20 min 后,复合涂层试样的腐蚀失重仅为裸露磁体的 1.1% 左右。因此,碳纳米管/环氧树脂复合涂层能够对烧结钕铁硼磁体起到表面防护作用,提高磁体表面的耐蚀性能。

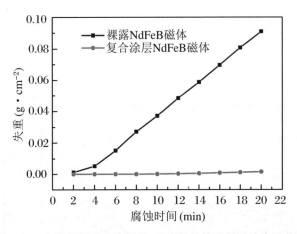

图 6.35　电泳沉积复合涂层前、后烧结钕铁硼样品的失重曲线

3. 中性盐雾实验

图 6.36 是磁体表面涂覆复合涂层后经过 720 h、800 h 耐中性盐雾腐蚀实验的外观照片。磁体表面环氧树脂涂层经过碳纳米管改性后,其耐中性盐雾腐蚀时间可以达到 720 h,复合涂层表面未发生明显腐蚀。当中性盐雾腐蚀时间达到 800 h 时,在烧结钕铁硼磁体边角处观察到少量的锈斑。以上表明,磁体表面碳纳米管/环氧树脂复合涂层试样的耐中性盐雾腐蚀时间可达 720 h。

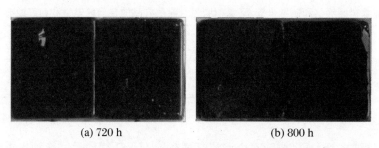

(a) 720 h　　　　　　　　　(b) 800 h

图 6.36　碳纳米管/环氧树脂复合涂层样品耐中性盐雾实验后的外观形貌

6.5.4　复合涂层的力学性能

1. 复合涂层的结合力

采用电子万能实验机测试烧结钕铁硼磁体表面复合涂层能够承受的最大拉力,膜/基结合力可用复合涂层脱落时的临界拉力来评价。样品经过拉伸测试后,力-位移曲线如图 6.37 所示。经过计算可知,磁体表面复合涂层与磁体之间的结合强度能够达到 23 MPa,相比之下,碳纳米管改性环氧树脂涂层具有比环氧树脂涂层更高的膜/基结合强度。这是由于高模量、高强度的碳纳米管改善了复合涂层的整体力学性能,提高了复合涂层与烧结钕铁硼磁体之间的结合强度。

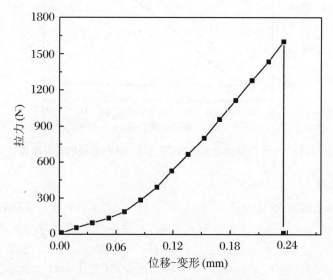

图 6.37　碳纳米管/环氧树脂复合涂层拉伸实验力-位移曲线

2. 复合涂层的硬度

下面讨论碳纳米管添加量对磁体表面复合涂层硬度的影响,其中碳纳米管的含量分别为 0 wt.%、0.5 wt.%、1.0 wt.%、2.0 wt.%、3.0 wt.%、4.0 wt.%和 5.0 wt.%。图 6.38 是复合涂层的硬度与碳纳米管含量之间的关系曲线。对不同碳纳米管含量的复合涂层硬度进行铅笔硬度测试,结果表明,复合涂层的硬度随碳纳米管含量的增加而增大。当碳纳米管的含量达到 4.0 wt.%时,其硬度值为 5H;当继续增加碳纳米管的含量时,磁体表面复合涂层的硬度反而略有降低。

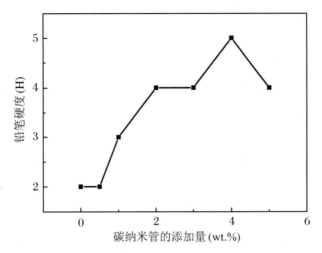

图 6.38　碳纳米管的添加量对复合涂层硬度的影响

　　由于碳纳米管具有高的比表面积,易与环氧树脂链之间产生相互作用,形成结合紧密的网络结构,从而具有涂层增强作用。另一方面,碳纳米管自身的高硬度也可以改善磁体表面环氧树脂涂层的硬度。但是,碳纳米管对复合涂层硬度的影响受悬浮液中碳纳米管的分散程度的影响,当碳纳米管均匀分散时,其添加对磁体表面环氧树脂涂层的增强效果更明显。当碳纳米管含量适中时,其能够较均匀地分散在悬浮液中,磁体表面复合涂层的硬度随碳纳米管含量的增加而增大。当碳纳米管含量过高时,因碳纳米管团聚现象严重,导致其在涂层中的分散不均匀,并且产生内应力,所以降低了烧结钕铁硼磁体表面复合涂层的硬度。

6.5.5　磁性能

　　对磁体表面涂覆碳纳米管/环氧树脂复合涂层前、后的磁性能进行测试,结果如表 6.19 所示。从表中可以看出,采用碳纳米管对磁体表面环氧树脂涂层进行改性,没有对烧结钕铁硼磁体的磁性能造成影响。

表 6.19　烧结钕铁硼磁体表面涂覆复合涂层前、后样品的磁性能

磁性能	未涂覆涂层磁体	涂覆复合涂层磁体
B_r(kGs)	12.18	12.17
H_{cj}(kOe)	19.88	19.87
$(BH)_{max}$(MGOe)	35.88	35.83

6.5.6　腐蚀机理

1. 傅里叶红外光谱

利用傅里叶红外光谱仪对环氧树脂涂层的水解过程进行解析,结果如图 6.39 所示。由图可知,由于碳纳米管/环氧树脂复合涂层在电解质溶液中的退化失效(图 6.39(a)),导致波数为 1035 cm^{-1} 处的醚键(—C—O—C—)的键强变弱,而波数为 3400～3500 cm^{-1} 处的羟基(—OH)的键强变强。与单纯环氧树脂涂层试样相比,磁体表面碳纳米管/环氧树脂复合涂层中的羟基(—OH)峰值较低,而醚键(—C—O—C—)的峰值较高。这说明碳纳米管的添加对复合涂层中环氧树脂的水解具有抑制效果,从而提高了磁体表面复合涂层的耐蚀性能。

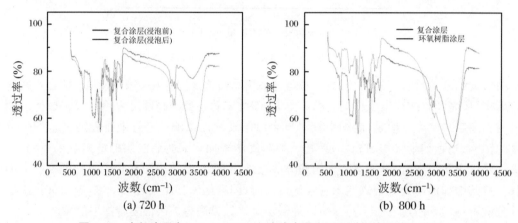

(a) 720 h　　　　　　　　　　(b) 800 h

图 6.39　有机涂层在 3.5 wt.%NaCl 溶液中浸泡不同时间的红外光谱图

2. 交流阻抗图谱

对烧结钕铁硼磁体表面涂覆有机防护层试样进行交流阻抗图谱分析,实验所用电解质为 3.5 wt.%NaCl 溶液。图 6.40 和图 6.41 分别是磁体表面涂覆环氧树脂涂层和碳纳米管/环氧树脂复合涂层试样的 Nyquist 曲线。试样浸泡的初期(1～6 d),因有机涂层完好,吸收的水分很少,此时电解质溶液部分进入涂层,但未透过涂层到达涂层与磁体的界面处,其Nyquist 曲线表明它是电容很小且电阻很大的绝缘层。图 6.42(a)是其对应的等效电路,等效电路中的 R_s 表示电解质溶液的电阻,R_c 表示涂层的电阻,C_c 表示涂层的电容。当试样浸泡时间达到 7～15 d 时,因电解质溶液已开始渗透到达涂层与磁体之间的界面处,此时烧结钕铁硼基体开始发生腐蚀,涂层的电阻变小,涂层的腐蚀防护能力降低,其 Nyquist 曲线分为两部分,分别是磁体与电解质溶液界面之间的腐蚀反应阻抗所对应的低频段部分,以及涂层本身的阻抗所对应的高频段部分。图 6.42(b)是烧结钕铁硼基体腐蚀产生的双电层电容和涂层自身电阻串联的等效电路,其中,R_{ct} 表示烧结钕铁硼基体因腐蚀产生的电荷转移电阻;C_{dl} 表示基体与电解质溶液间界面处的双电层电容。当试样在电解质溶液中的浸泡时间达到 30 d 时,磁体表面环氧树脂涂层出现明显的锈蚀现象,其 Nyquist 曲线是在低频段表现出一个新的半径不同的容抗弧,这说明烧结钕铁硼基体生成的腐蚀产物进一步发生了电化学反应,从而导致有机涂层因水解发生溶胀,使涂层的孔隙等缺陷显著增多,防护涂层已失去腐蚀防护作用。图 6.42(c)是其对应的等效电路。其中,R_{sf} 表示腐蚀产物的电阻;C_{sf} 表示腐蚀产物的电容。然而,磁体表面碳纳米管/环氧树脂复合涂层试样浸泡 50 d 时的 Nyquist 曲线才出现新的容抗弧,这说明碳纳米管改性环氧树脂涂层使其耐腐蚀性能明显增强。

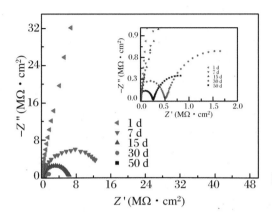

图 6.40　环氧树脂涂层样品在 3.5% 的 NaCl 溶液中浸泡不同时间的 Nyquist 图

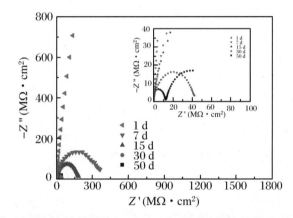

图 6.41　磁体表面涂覆复合涂层试样在 3.5 wt.% NaCl 溶液中浸泡不同时间的 Nyquist 图

表 6.20 是根据图 6.42 等效电路拟合得出的磁体表面环氧树脂和复合涂层试样的极化电阻情况。从表中可知,在相同浸泡时间条件下,磁体表面环氧树脂涂层的极化电阻 R_p 始终小于复合涂层的极化电阻,并且与环氧树脂涂层的极化电阻相比,磁体表面复合涂层的极化电阻 R_p 下降更快。这是由于添加的碳纳米管进入了环氧树脂涂层,填充了涂层中的孔隙,使涂层的致密度得到明显改善,结果是延长了电解质溶液在涂层中的腐蚀通道。因此,添加碳纳米管能够对传统环氧树脂涂层进行改性,为烧结钕铁硼磁体提供更好的耐腐蚀性能。

表 6.20　不同浸泡时间下不同样品的极化电阻值

样品	浸泡时间(d)			
	7	15	30	50
涂覆环氧树脂涂层样品的 R_p (MΩ·cm²)	15.3	6.52	0.592	0.394
涂覆复合涂层样品的 R_p (MΩ·cm²)	412	176	38.1	24.9

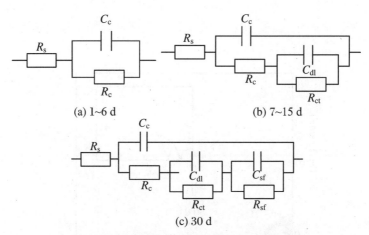

(a) 1~6 d 　　　　　 (b) 7~15 d

(c) 30 d

图 6.42　不同浸泡时间下不同样品的等效电路

6.6　本 章 小 结

通过设计正交实验,采用阴极电泳方法在烧结钕铁硼磁体表面制备了环氧树脂涂层,将环氧树脂涂层厚度、耐中性盐雾腐蚀时间和附着力测试作为涂层性能的评价标准,确定了磁体表面阴极电泳沉积环氧树脂涂层的最优工艺参数。环氧树脂涂层的微观结构、耐蚀性、附着力以及磁性能的影响规律如下:

(1) 阴极电泳环氧树脂涂层的最优工艺参数是槽液温度为 30 ℃、电泳电压为 120 V、电泳时间为 60 s,采用最优工艺参数制备的环氧树脂涂层相对较厚,具有良好的耐中性盐雾腐蚀能力,生产效率高,制造成本低。

(2) 采用最优工艺参数在烧结钕铁硼磁体表面制备的环氧树脂涂层厚度为 17.0 μm,涂层均匀致密。涂覆环氧树脂涂层的样品自腐蚀电流密度仅为 1.163×10^{-8} A·cm^{-2},具有优异的耐蚀性能。涂层与基体之间的结合强度达到 20 MPa 以上,具有较强的结合强度。

(3) 采用阴极电泳方法在磁体表面制备的环氧树脂涂层不会对烧结钕铁硼磁体的磁性能造成干扰。

采用碳纳米管对传统环氧树脂涂层进行改性,然后通过阴极电泳方法在磁体表面沉积碳纳米管/环氧树脂复合涂层,对磁体表面复合涂层的微观形貌、力学性能、耐蚀性能和涂覆前、后的磁性能的影响关系如下:

(1) 选择合适的分散剂能够促进碳纳米管在环氧树脂电泳液中的分散,其中以十二烷基苯磺酸钠分散剂的分散效果最佳,并且碳纳米管的分散效果受分散剂浓度的影响,过高的分散剂浓度会使碳纳米管的分散受到限制。十二烷基苯磺酸钠分散剂的最优浓度为 0.4 g·L^{-1}。另外,超声振荡能够有效促进碳纳米管的分散,超声分散时间越长其分散效果越好,但是过长时间的超声振荡会破坏碳纳米管自身结构,对碳纳米管的增强作用减弱,所以超声分散的时间选择为 90 min。

(2) 碳纳米管改性环氧树脂涂层后,碳纳米管能够均匀弥散分布于环氧树脂涂层中,复合涂层平整光滑,涂层与基体之间的结合强度良好,并且改善了烧结钕铁硼磁体的表面美观度。

(3) 有机涂层失去防护能力的原因在于环氧树脂水解产生溶胀,复合涂层中添加的碳纳米管能够有效延缓电解质的侵入,提高磁体表面环氧树脂涂层的耐腐蚀性能。添加的碳纳米管能有效地改善传统环氧树脂涂层的力学性能(膜/基结合强度和硬度),并且碳纳米管/环氧树脂复合涂层不会对磁体的磁性能造成干扰。

第 7 章　烧结钕铁硼磁体表面硅烷化处理与腐蚀防护

与传统的磷化处理工艺相比,硅烷化处理是一种简单、易操作、成本较低且绿色环保的磁体表面暂时性防护方法。因此,本章将采用浸涂方法在磁体表面涂覆硅烷转化膜;利用正交实验分析硅烷偶联剂水解和成膜的影响因素,确定磁体表面浸涂硅烷转化膜的最佳工艺参数;进一步,利用纳米 CeO_2 对硅烷转化膜进行改性,在磁体表面制备 CeO_2/硅烷复合薄膜,并系统分析纳米 CeO_2 的添加对硅烷转化膜性能的影响规律。

7.1　烧结钕铁硼磁体表面硅烷化处理

7.1.1　烧结钕铁硼磁体的预处理

将商用烧结钕铁硼磁体(状态为未充磁;牌号为 45H)加工成尺寸为 10 mm×10 mm×2 mm 的片状样品(厚度 2 mm 为磁体的取向方向)。首先对片状样品进行倒角处理,倒角时间为 3 h。然后,采用 2 wt.%NaOH 溶液对倒角后的片状样品进行碱洗除油,除油时间为 12 min。随后,采用 5 wt.%HNO₃ 溶液对除油后的片状样品进行酸洗除锈,除锈时间为 30 s。最后,采用超声波清洗的方法将除锈后的片状样品清洗 30 s,并用冷风吹干,待用。

7.1.2　磁体表面硅烷转化膜的制备

采用 KH-550 的硅烷偶联剂(化学名称为 3-APTS 或 γ-氨丙基三乙氧基硅烷)对烧结钕铁硼磁体进行硅烷化处理,其分子式是 $NH_2(CH_2)_3Si(OC_2H_5)_3$,图 7.1 是其化学结构式。

配制硅烷溶液:首先,将去离子水与无水乙醇按照一定比例配成醇水溶液;然后,将适量 KH-550 加入配制好的醇水溶液中,并用冰醋酸调节硅烷溶液的 pH 值为 11;最后,采用磁力搅拌器对硅烷溶液进行搅拌水解。

硅烷转化膜的制备:将预处理后的烧结钕铁硼磁体浸入硅烷溶液进行涂覆,浸涂完成后,取出磁体,使用高压气枪吹去样品表面多余的液体,然后放入干燥箱内预烘烤,随后进行高温固化处理。

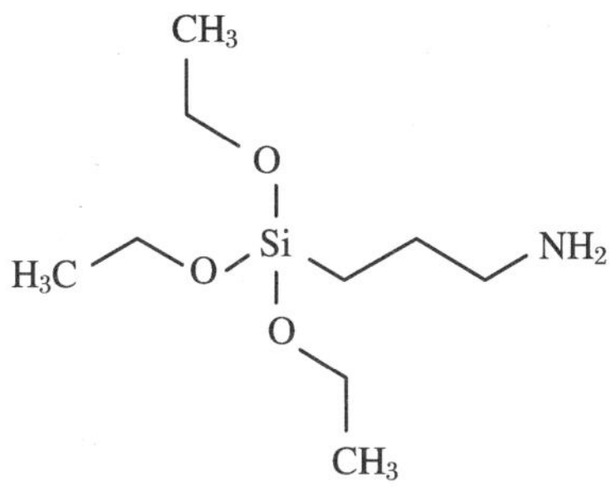

图 7.1　γ-氨丙基三乙氧基硅烷的分子结构

7.1.3　磁体表面 CeO_2/硅烷复合薄膜的制备与测试

采用前述硅烷偶联剂的最佳水解工艺参数配制硅烷溶液,将经过一定时间超声分散的纳米 CeO_2 分散液加入硅烷溶液中,采用恒温磁力搅拌器进行充分的搅拌处理。将预处理后的烧结钕铁硼磁体置于挂具上,采用浸涂方法在样品表面涂覆 CeO_2/硅烷复合薄膜,浸涂时间为 3 min。采用高压气枪吹去样品表面多余的液体,置于干燥箱内于 90 ℃下烘烤 12 min,然后将其放入 180 ℃烘箱中高温固化 1.5 h。

采用型号为 SU8020 型的冷场发射扫描电子显微镜(SEM)观察待测磁体表面硅烷转化膜的表面和截面形貌。采用典型三电极体系对样品进行动电位极化曲线测试,其中参比电极、辅助电极和工作电极分别是饱和甘汞电极、10 mm×10 mm 的铂电极以及待测样品,以 3.5 wt.%NaCl 溶液作为腐蚀介质,实验温度为(26±3) ℃。采用中性盐雾实验箱对待测样品进行中性盐雾腐蚀测试,其中腐蚀介质为 5 wt.%NaCl 溶液,沉降率为 1~2 mL/80 cm²·h,实验温度为(35±2) ℃。

7.2　烧结钕铁硼磁体表面硅烷转化膜

7.2.1　正交实验设计

因为磁体表面硅烷转化膜的耐腐蚀性能受到多种因素的影响,所以从硅烷转化膜的制备工艺可知,主要包含两个关键步骤:首先是配制硅烷溶液,硅烷溶液配制过程中的影响因素主要包括醇水比、硅烷偶联剂浓度、pH 值、水解温度和时间等,以上被称为硅烷的水解工艺参数;其次是磁体表面硅烷成膜的工艺参数,主要包括浸涂时间、固化温度和时间等。

针对硅烷水解工艺参数和成膜工艺参数设计正交实验,然后对各影响因素设置四水平进行分析。首先固定硅烷成膜参数,在此基础上采用正交实验对硅烷水解的工艺参数进行优化,将硅烷水解的工艺参数设置成“五因素四水平”,由正交实验结果确定水解的最优工艺参数。表 7.1 是绘制的 $L_{16}(4^5)$ 的正交实验表。

表 7.1　硅烷水解正交实验的因素水平表

序号	因素	水平 1	水平 2	水平 3	水平 4
A	硅烷浓度 V_1(mL)	9	12	15	18
B	醇水比($V_2 : V_3$)	95 : 5	90 : 10	85 : 15	80 : 20
C	水解时间 t_1(h)	12	24	36	48
D	水解温度 T_1(℃)	25	30	35	40
E	pH 值	9	10	11	12

确定最佳的水解工艺参数后,再采用正交实验优化硅烷成膜的工艺参数,选取三个主要影响因素,并将每个因素设置成四水平,表 7.2 是绘制的 $L_{16}(4^3)$ 的正交实验表。

表 7.2　硅烷成膜正交实验的因素水平表

序号	因素	水平 1	水平 2	水平 3	水平 4
A	浸涂时间 t_2(min)	2	5	8	11
B	固化温度 T_2(℃)	120	150	180	210
C	固化时间 t_3(h)	0.5	1	1.5	2

因此,所获得的硅烷水解和硅烷成膜的优化工艺参数组合,即为烧结钕铁硼磁体表面涂覆硅烷转化膜的最优制备工艺。

7.2.2　硅烷水解的工艺优化

采用中性盐雾实验对不同硅烷水解工艺条件下所制备的硅烷转化膜进行测试分析,将待测样品表面出现第一个腐蚀锈点作为判断标准。表 7.3 是硅烷水解正交实验及所制备的硅烷转化膜耐中性盐雾实验的测试结果,通过极差分析法处理实验数据。首先采用均值分析方法处理数据,对同一个因素下的每个水平值取平均值(实验值依次为 $X_1, X_2, X_3, \cdots, X_{16}$),以因素 A 为例,其在四个水平下的平均值为

$$K_{A1} = (X_1 + X_2 + X_3 + X_4)/4 \tag{7.1}$$

$$K_{A2} = (X_5 + X_6 + X_7 + X_8)/4 \tag{7.2}$$

$$K_{A3} = (X_9 + X_{10} + X_{11} + X_{12})/4 \tag{7.3}$$

$$K_{A4} = (X_{13} + X_{14} + X_{15} + X_{16})/4 \tag{7.4}$$

以此类推,可得出其余所有 K 值。K 值能够很好地反映各影响因素对实验结果的影响规律。K 值越大,说明在此影响因素下其对应的水平工艺参数所制备的样品的耐中性盐雾腐蚀时间就越长。

通过极差处理方法对正交实验结果进行分析发现,以影响因素 A 为例,使 K_{A1}、K_{A2}、K_{A3} 和 K_{A4} 中的大数减去小数,即为因素 A 的极差。极差 R 的大小能够很好地反映出各影响因素对实验结果的作用大小,可将其分为主要和次要影响因素。当极差 R 值越大时,说明该影响因素对硅烷转化膜的耐中性盐雾腐蚀能力的影响程度越大,则将其称为主要影响因素。

表 7.3　硅烷水解正交实验及所制备的硅烷转化膜耐中性盐雾实验的测试结果

样品序号	因素					耐中性盐雾时间 t(h)
	V_1(mL)	$V_2 : V_3$	t_1(h)	T_1(℃)	pH 值	
1	9	95 : 5	12	25	9	2.0
2	9	90 : 10	24	30	10	8.0
3	9	85 : 15	36	35	11	3.0
4	9	80 : 20	48	40	12	2.0
5	12	95 : 5	24	35	12	4.0
6	12	90 : 10	12	40	11	2.0
7	12	85 : 15	48	25	10	3.0
8	12	80 : 20	36	30	9	4.0
9	15	95 : 5	36	40	10	3.0
10	15	90 : 10	48	35	9	4.0
11	15	85 : 15	12	30	12	3.0
12	15	80 : 20	24	25	11	10.0
13	18	95 : 5	48	30	11	6.0
14	18	90 : 10	36	25	12	5.0
15	18	85 : 15	24	40	9	3.0
16	18	80 : 20	12	35	10	5.0
均值 K_1	3.75	3.75	3.00	5.00	3.25	—
均值 K_2	3.25	4.75	6.25	5.25	4.75	—
均值 K_3	5.00	3.00	3.75	3.50	5.25	—
均值 K_4	4.50	5.25	3.75	2.50	3.50	—
极差 R	1.75	2.25	3.25	2.75	2.00	

对表 7.3 进行分析发现,对硅烷水解的工艺参数影响程度由大到小依次为水解时间、水解温度、醇水比、pH 值、硅烷浓度。硅烷水解受水解时间的影响程度最大,这是由于硅烷溶液中的硅醇基团数量直接受水解时间长短的影响,同时也会影响硅烷转化膜的形成。相关文献报道[178],硅烷转化膜的厚度受硅烷浓度的影响较大,硅烷浓度需要适中,也不宜过大。因此,应该严格控制影响硅烷水解的 5 个重要工艺参数,使硅烷偶联剂得到充分水解。

由表 7.3 可知,采用不同工艺参数在磁体表面制备的硅烷转化膜的耐中性盐雾腐蚀能力相差较大。图 7.2 对比了不同工艺参数下所制备的硅烷转化膜的耐腐蚀性能,可以看出硅烷水解的工艺参数对硅烷转化膜的耐中性盐雾腐蚀能力均有不同程度的影响。

硅烷水解的同时也伴随着缩合反应,硅烷偶联剂的水解越彻底,生成的硅醇基团数量就会越多,在磁体表面形成的硅烷转化膜的性能会更高,其腐蚀防护能力就会更强。所以,要严格控制硅烷偶联剂发生缩合反应。通过对影响硅烷水解的 5 个因素进行系统分析,获得硅烷水解的最佳工艺参数如下:硅烷浓度为 150 mL · L^{-1},醇水比为 80 : 20,水解温度为

25 ℃，水解时间为 24 h，硅烷溶液的 pH 值为 11。

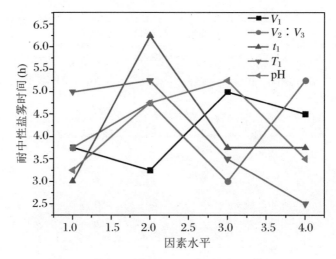

图 7.2 不同水解因素水平对涂层耐蚀性的影响

7.2.3 硅烷成膜的工艺优化

确定硅烷水解的最佳工艺参数后，进而采用正交实验优化磁体表面硅烷成膜的工艺参数。表 7.2 是所设计的硅烷成膜正交实验的因素水平表。通过中性盐雾腐蚀实验测试磁体表面硅烷转化膜的耐腐蚀性能。不同工艺参数下所制备的硅烷转化膜的耐中性盐雾腐蚀结果如表 7.4 所示，采用分析表 7.3 的正交实验结果的方法来分析表 7.4 中的数据。

表 7.4 硅烷成膜正交实验及所制备的硅烷转化膜的耐中性盐雾实验测试结果

样品序号	因素			耐中性盐雾时间 t (h)
	t_2 (min)	T_2 (℃)	t_3 (h)	
1	2	120	0.5	2.0
2	2	150	1.0	4.0
3	2	180	1.5	10.0
4	2	210	2.0	5.0
5	5	120	1.0	2.5
6	5	150	0.5	3.0
7	5	180	2.0	8.0
8	5	210	1.5	6.0
9	8	120	1.5	2.5
10	8	150	2.0	3.5
11	8	180	0.5	6.0
12	8	210	1.0	6.0

续表

样品序号	因素			耐中性盐雾时间 t (h)
	t_2 (min)	T_2 (℃)	t_3 (h)	
13	11	120	2.0	3.0
14	11	150	1.5	3.5
15	11	180	1.0	7.0
16	11	210	0.5	5.5
均值 K_1	4.750	2.500	4.125	—
均值 K_2	4.875	3.500	4.875	—
均值 K_3	4.500	7.750	5.500	—
均值 K_4	4.750	5.625	4.875	—
极差 R	0.375	5.25	1.375	—

从表 7.4 可以看出,所考察的工艺参数对磁体表面硅烷转化膜耐腐蚀性能的影响程度,由大到小依次为固化温度、固化时间和浸涂时间。其中,硅醇基团之间的交联耦合主要受固化温度的影响,合适的固化温度可以促进更多的硅醇基团之间的交联耦合,显著降低磁体表面硅烷转化膜的孔隙率,获得耐腐蚀性能更好的硅烷转化膜。因为硅烷偶联剂在磁体表面的吸附是一个快速反应过程,所以浸涂时间并不是越长越好,从大量实验和产业化角度考虑,浸涂时间以 2 min 为宜。

根据表 7.4 的正交实验结果,将不同浸涂时间、固化温度和固化时间条件下所制备的硅烷转化膜的耐中性盐雾腐蚀结果列于图 7.3。由图可以看出,不同工艺参数对硅烷成膜效果的具体影响。其中,硅烷成膜的最佳工艺参数为浸涂时间为 2 min、固化温度为 180 ℃ 和固化时间为 90 min。

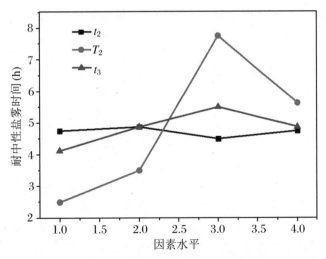

图 7.3　不同成膜因素水平对硅烷转化膜耐蚀性的影响

7.2.4 硅烷转化膜的性能

在确定硅烷水解和硅烷成膜的最佳工艺参数的情况下,对预处理后的磁体进行硅烷化处理。通过 SEM 观察硅烷转化膜的微观形貌,利用拉伸实验机对磁体表面硅烷转化膜的结合强度进行测试,通过中性盐雾实验和电化学测试评价硅烷转化膜的耐腐蚀性能。

1. 微观形貌

磁体表面硅烷转化膜的表面和截面 SEM 形貌如图 7.4 所示。烧结钕铁硼磁体表面涂覆的硅烷转化膜无孔隙、裂纹等缺陷,膜层的致密度高,透过硅烷转化膜能够观察到膜层下烧结钕铁硼基体的晶粒结构(图 7.4(a))。从图 7.4(b)可以看出,硅烷转化膜与烧结钕铁硼磁体之间的结合较为紧密,膜层厚度达到了 3.87 μm,并且硅烷转化膜的平整度较高。这说明硅烷转化膜可以改善烧结钕铁硼磁体由预处理导致的表面凹凸不平的缺陷问题,磁体表面硅烷转化膜的光洁度和尺寸一致性较好。

(a) 表面   (b) 截面

图 7.4 烧结钕铁硼基体涂覆硅烷转化膜试样的 SEM 形貌

2. 膜层结合力

通过拉伸实验机测试磁体表面硅烷转化膜与基体之间的结合强度,图 7.5 是其力-位移曲线。从图中可以看出,随机的 3 个试样的最大拉力分别为 1373 N、1393 N 和 1476 N。根据膜/基结合强度的计算公式可知,磁体表面硅烷转化膜与基体之间的平均结合强度是 14.14 MPa。因此,烧结钕铁硼磁体表面硅烷转化膜与基体结合良好。

3. 耐蚀性

将磁体表面涂覆硅烷转化膜的试样在 3.5 wt.%NaCl 溶液中浸泡一定时间后,测试其动电位极化曲线,如图 7.6 所示。与烧结钕铁硼基体浸泡 0.5 h 后的自腐蚀电位相比,磁体表面涂覆硅烷转化膜的试样在浸泡 9 h 后的自腐蚀电位更正。当硅烷转化膜试样在浸泡 12 h 后,其自腐蚀电位才接近烧结钕铁硼基体浸泡 0.5 h 的自腐蚀电位。表 7.5 是对应图 7.6 硅烷转化膜试样的动电位极化曲线的拟合结果。从表中可以看出,烧结钕铁硼基体在浸泡 0.5 h 的自腐蚀电位和自腐蚀电流密度,分别为 -0.821 V 和 7.059×10^{-5} A·cm^{-2}。相比之下,涂覆硅烷转化膜的试样在浸泡 9 h 后的自腐蚀电位和自腐蚀电流密度,分别为

-0.754 V 和 9.507×10^{-6} A·cm^{-2}；浸泡 12 h 后的自腐蚀电位和自腐蚀电流密度，分别为 -0.814 V 和 5.263×10^{-5} A·cm^{-2}。这说明磁体表面涂覆硅烷转化膜的试样在浸泡 12 h 后开始发生腐蚀反应。

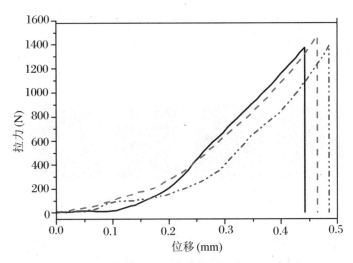

图 7.5　烧结钕铁硼基体表面硅烷转化膜的应力-应变曲线

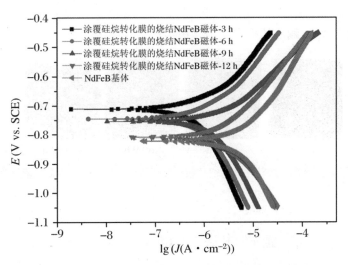

图 7.6　涂覆硅烷转化膜的烧结钕铁硼磁体的极化曲线

表 7.5　图 7.6 中极化曲线的拟合结果

样品	浸泡时间(h)	E_{corr}(V)	J_{corr}(A·cm^{-2})
硅烷薄膜/钕铁硼	3	-0.711	1.826×10^{-6}
	6	-0.745	5.219×10^{-6}
	9	-0.754	9.507×10^{-6}
	12	-0.814	5.263×10^{-5}
钕铁硼基体	0.5	-0.821	7.059×10^{-5}

4. 中性盐雾实验

对磁体表面涂覆硅烷转化膜的试样进行中性盐雾腐蚀实验测试。在不同温度条件下，磁体表面硅烷转化膜试样经 8 h 中性盐雾腐蚀后的表面形貌如图 7.7 所示。当固化温度为 120 ℃时，硅烷转化膜试样的腐蚀最严重。相比之下，固化温度分别为 180 ℃和 210 ℃时，所制备的硅烷转化膜试样未发生腐蚀，具有更高的耐蚀性。在其他工艺参数不变的条件下，磁体表面硅烷转化膜的耐腐蚀性能主要受固化温度的影响，所以硅烷成膜过程中要严格控制其固化温度。

（a）120℃　　　（b）150℃　　　（c）180℃　　　（d）210℃

图 7.7　表面涂覆硅烷转化膜的烧结钕铁硼磁体耐中性盐雾腐蚀后的表面形貌

图 7.8 是采用优化工艺参数制备的硅烷转化膜试样的耐中性盐雾腐蚀情况。从图中可知，当中性盐雾腐蚀时间分别为 3 h、6 h 和 9 h 时，硅烷转化膜试样在腐蚀前、后的表面形貌未有明显变化，说明硅烷转化膜试样未发生明显腐蚀。硅烷转化膜试样在经过 12 h 中性盐雾腐蚀实验后，其表面出现较为严重的腐蚀锈斑，说明此时烧结钕铁硼基体已开始腐蚀，硅烷转化膜无法为烧结钕铁硼磁体提供腐蚀防护作用。

（a）3 h　　　（b）6 h　　　（c）9 h　　　（d）12 h

图 7.8　表面涂覆硅烷转化膜的烧结钕铁硼磁体耐中性盐雾腐蚀后的表面形貌

7.3　烧结钕铁硼磁体表面 CeO_2/硅烷有机复合薄膜

磁体表面硅烷转化膜的耐磨性差，硬度较低，耐蚀性不够理想，在后期的包装运输以及服役过程中容易受到破坏。相关研究表明，采用纳米 SiO_2 对镁合金表面沉积的 BTSPA 硅烷转化膜进行改性处理，可以显著改善硅烷转化膜的力学性能和耐腐蚀性能。目前，有关纳米 CeO_2 颗粒改性硅烷转化膜的研究仍然很少。纳米 CeO_2 颗粒具有良好的稳定性、与硅烷基体良好的亲和性以及特殊的电子结构，并且纳米 CeO_2 价格低，不会明显增加膜层的制备成本。为了改善磁体表面硅烷转化膜较差的力学性能和耐蚀性，本节将采用纳米 CeO_2 对硅烷转化膜进行改性处理，以期达到提高烧结钕铁硼磁体表面硅烷转化膜的力学性能和耐蚀性能的目的。

7.3.1　超声分散时间对 CeO_2/硅烷复合薄膜结构及性能的影响

1. SEM 分析

在不同超声分散时间条件下,磁体表面 CeO_2/硅烷复合薄膜的 SEM 形貌如图 7.9 所示。纳米 CeO_2 颗粒经过超声分散 6 h 后,磁体表面所制备的复合涂层中纳米 CeO_2 具有明显的团聚现象。随着超声分散时间的延长,磁体表面复合涂层中的纳米 CeO_2 颗粒团聚现象得到改善,纳米 CeO_2 能够均匀地分散在硅烷转化膜中,提高了硅烷转化膜的致密度,也明显提升了硅烷转化膜的耐磨性和显微硬度。

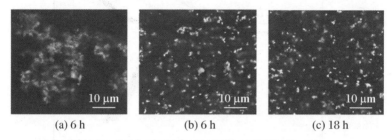

(a) 6 h　　　　　　(b) 6 h　　　　　　(c) 18 h

图 7.9　不同超声分散时间下所制备的 CeO_2/硅烷复合薄膜试样的表面 SEM 形貌

2. EDS 分析

纳米 CeO_2 在超声分散 18 h 条件下,在磁体表面涂覆的 CeO_2/硅烷复合薄膜试样的 EDS 面扫描结果如图 7.10 所示。由图可以看出,复合涂层含有 Ce、O、Si 和 C 元素,并且复合涂层中元素分布均匀。这表明纳米 CeO_2 经过 18 h 超声分散处理,能够均匀分散在硅烷转化膜中。

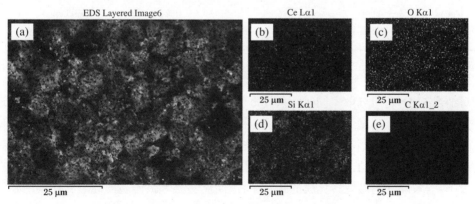

图 7.10　超声分散 18 h 条件下的 CeO_2/硅烷复合薄膜试样的 EDS 分析(a),以及
对应的 Ce(b)、O(c)、Si(d)、C(e)元素分布

3. 极化曲线

纳米 CeO_2 经过不同时间超声分散处理后,所制备的磁体表面涂覆 CeO_2/硅烷复合薄膜的试样在 3.5 wt.% NaCl 溶液中浸泡不同时间的动电位极化曲线如图 7.11 所示。随着纳米 CeO_2 超声分散时间的延长,磁体表面 CeO_2/硅烷复合薄膜试样的自腐蚀电位向正方向移动,说明纳米 CeO_2 经超声分散处理后再添加到硅烷转化膜中,可以提高复合涂层试样的自

腐蚀电位。图 7.11 所对应的极化曲线的拟合结果如表 7.6 所示。超声分散时间为 6 h、12 h 和 18 h 时的自腐蚀电流密度，分别为 3.355×10^{-6} A·cm^{-2}、1.603×10^{-6} A·cm^{-2} 和 5.139×10^{-7} A·cm^{-2}。随着超声分散时间的延长，纳米 CeO_2 分散越均匀，所制备的复合涂层越致密，此时复合涂层样品的自腐蚀电流密度就会越小，自腐蚀电位越正，涂层的耐蚀性能就越高。所以，纳米 CeO_2 超声分散处理时间以 18 h 为最好，此时在磁体表面涂覆的 CeO_2/硅烷复合薄膜的耐蚀性能最好。

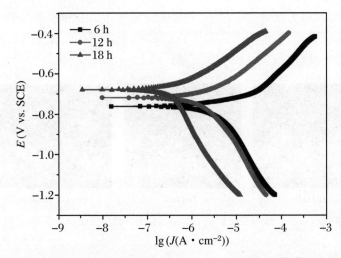

图 7.11　不同超声分散时间条件下所制备的纳米 CeO_2/硅烷复合薄膜的动电位极化曲线

表 7.6　图 7.11 中极化曲线的拟合结果

样品	超声分散时间(h)	E_{corr}(V)	J_{corr}(A·cm^{-2})
	6	−0.762	3.355×10^{-6}
CeO_2/硅烷复合薄膜	12	−0.718	1.603×10^{-6}
	18	−0.679	5.139×10^{-7}

4. 中性盐雾试验

针对纳米 CeO_2 超声分散不同时间条件下所制备的磁体表面涂覆的复合涂层试样，进行耐中性盐雾腐蚀实验，测试结果见表 7.7。纳米 CeO_2 颗粒超声分散的时间越长，磁体表面涂覆 CeO_2/硅烷复合薄膜试样的耐中性盐雾腐蚀时间越长。其原因在于纳米 CeO_2 颗粒超声分散的时间越长，其分散均匀程度越高，不易出现团聚现象，从而能够较好地均匀分散在硅烷转化膜中，有效降低了硅烷转化膜的孔隙率，进而能够改善磁体表面硅烷转化膜的耐腐蚀性能。因此，后续将纳米 CeO_2 超声分散的时间优选为 18 h。

表 7.7　CeO_2/硅烷复合薄膜的中性盐雾实验结果

超声分散时间(h)	薄膜表面出现红锈时间(h)
6	12
12	19
18	22

7.3.2　纳米 CeO_2 的添加量对复合薄膜力学性能及耐蚀性能的影响

1. CeO_2/硅烷复合薄膜的形貌与结构

磁体表面涂覆不同 CeO_2 含量的复合涂层试样的表面及截面 SEM 形貌如图 7.12 所示。由图可以看出,纳米 CeO_2 含量较低(5 $g \cdot L^{-1}$)时,CeO_2/硅烷复合薄膜的表面一致性相对较差。随着硅烷转化膜中纳米 CeO_2 含量的增加,磁体表面复合涂层的均匀一致性逐渐变好,同时也提高了磁体表面复合涂层的平整度。然而,当纳米 CeO_2 颗粒的含量达到 35 $g \cdot L^{-1}$ 时,磁体表面复合涂层中的纳米 CeO_2 颗粒出现明显团聚。因此,磁体表面复合涂层中纳米 CeO_2 的含量应该在 $0 \sim 25$ $g \cdot L^{-1}$,磁体表面制备的 CeO_2/硅烷复合薄膜具有良好的分散性和均匀一致性。

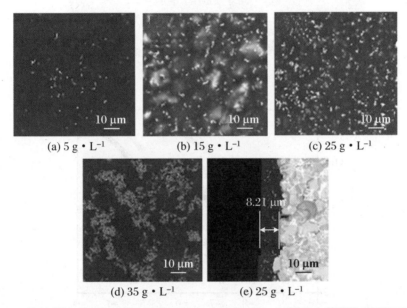

(a) 5 $g \cdot L^{-1}$　　(b) 15 $g \cdot L^{-1}$　　(c) 25 $g \cdot L^{-1}$

(d) 35 $g \cdot L^{-1}$　　(e) 25 $g \cdot L^{-1}$

图 7.12　烧结钕铁硼磁体表面涂覆不同 CeO_2 含量的 CeO_2/硅烷复合薄膜的表面 SEM 形貌及 25 $g \cdot L^{-1} CeO_2$(e)时试样截面形貌

2. EDS 分析

对纳米 CeO_2 含量为 25 $g \cdot L^{-1}$ 的复合薄膜试样进行 EDS 分析,结果如图 7.13 所示。由图可知,磁体表面复合涂层中 Ce 元素的含量为 32.8 wt.%,O、Si 元素的含量分别为 13.3 wt.% 和 10.6 wt.%,其中,Au 元素是测试样品在制备过程中喷金所引入的。

3. 极化曲线

磁体表面涂覆不同纳米 CeO_2 含量的 CeO_2/硅烷复合薄膜的试样,在 3.5 wt.%NaCl 溶液中浸泡不同时间后的动电位极化曲线如图 7.14 所示。由图可知,磁体表面涂覆复合涂层试样的自腐蚀电位,随纳米 CeO_2 含量的增加而逐渐正移,当纳米 CeO_2 的含量为 25 $g \cdot L^{-1}$ 时,其自腐蚀电位达到最大值。根据腐蚀热力学可知,当纳米 CeO_2 的含量为 25 $g \cdot L^{-1}$ 时,磁体表面涂覆复合涂层的试样具有最小的腐蚀倾向。因此,从试样的自腐蚀电位角度考虑,纳米 CeO_2 颗粒的最佳含量为 25 $g \cdot L^{-1}$。极化曲线对应的拟合结果如表7.8 所示。由表可以看出,当 CeO_2 的含量在一定范围内时,磁体表面涂覆 CeO_2/硅烷复合薄膜的试样的自腐蚀电流密度,随纳米 CeO_2 含量的增加而逐渐减小,当纳米 CeO_2 含量为 25 g·L^{-1} 时,自腐蚀电流密度达到最小值。因此,从自腐蚀电流密度角度考虑,纳米 CeO_2 的含量也应选择 25 g·L^{-1},这是因为纳米 CeO_2 含量过高时会出现团聚现象,导致磁体表面复合涂层凹凸不平,反而会降低烧结钕铁硼磁体表面 CeO_2/硅烷复合薄膜的腐蚀防护性能。

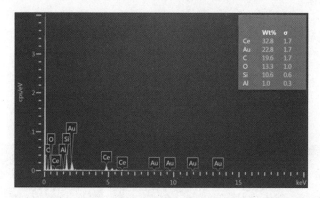

图 7.13　图 7.12(c)中 CeO_2/硅烷复合薄膜的 EDS 能谱分析

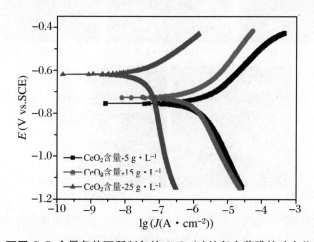

图 7.14　不同 CeO_2 含量条件下所制备的 CeO_2/硅烷复合薄膜的动电位极化曲线

表 7.8　图 7.14 极化曲线的拟合结果

样品	CeO_2 含量 $(g·L^{-1})$	$E_{corr}(V)$	$J_{corr}(A·cm^{-2})$
	5	-0.754	$1.507×10^{-6}$
CeO_2/硅烷复合薄膜	15	-0.726	$8.612×10^{-7}$
	25	-0.619	$3.636×10^{-7}$

4. 中性盐雾实验

针对烧结钕铁硼磁体表面涂覆不同纳米 CeO_2 含量的 CeO_2/硅烷复合涂层的试样进行中性盐雾实验,其腐蚀结果列于表 7.9。可以看出,表面涂覆硅烷转化膜的磁体在腐蚀 10 h 时出现红锈。相比之下,纳米 CeO_2 含量为 25 g·L^{-1} 的复合涂层试样出现红锈的腐蚀时间长达 22 h。从涂层试样的耐中性盐雾腐蚀时间的长短可以看出,复合涂层中纳米 CeO_2 的含量以 25 g·L^{-1}为最优。

表 7.9　CeO$_2$/硅烷复合薄膜的中性盐雾实验结果

CeO$_2$添加量(g·L^{-1})	薄膜表面出红锈时间(h)
0	10
5	15
15	18
25	22

5. 磁性能检测

优选纳米 CeO$_2$含量为 25 g·L^{-1}条件下,在磁体表面涂覆 CeO$_2$/硅烷复合薄膜,测试磁体表面涂覆复合薄膜前、后的磁性能变化情况,结果见表 7.10。由表可以看出,与烧结钕铁硼基体相比,磁体表面涂覆复合涂层试样的磁性能变化微小,说明磁体表面涂覆 CeO$_2$/硅烷复合薄膜对钕铁硼基体的磁性能基本无影响。

表 7.10　涂覆 CeO$_2$/硅烷复合薄膜前、后磁体的磁性能

磁性能	B_r(kGs)	H_{cj}(kOe)	$(BH)_{max}$(MGOe)
钕铁硼	13.48	16.87	44.68
CeO$_2$/硅烷复合薄膜/钕铁硼	13.42	16.83	44.56
变化率	0.45%	0.24%	0.27%

7.4　烧结钕铁硼磁体表面硅烷转化膜腐蚀机理

前文对磁体表面涂覆的单一硅烷转化膜和 CeO$_2$/硅烷复合薄膜的工艺与性能进行了研究,接下来,对磁体表面硅烷化处理以及纳米 CeO$_2$改性硅烷转化膜的腐蚀防护机理进行探讨,并建立相应的磁体表面硅烷化处理的腐蚀模型。

磁体表面防护涂层主要有阴极防护涂层和阳极防护涂层两种。二者区别在于,当外界腐蚀介质渗入涂层与基体之间的界面时,因磁体本身的电极电位较低,此时阴极防护涂层会加快磁体的腐蚀,而阳极防护涂层因牺牲自身能够起到保护磁体的作用。因此,应该依据磁体的具体使用环境选择不同的烧结钕铁硼磁体表面防护涂/镀层。烧结钕铁硼磁体表面硅烷转化膜属于阴极防护层,当该防护层遭到破坏时,磁体会被快速腐蚀。

硅烷偶联剂含有无机和有机官能团等特殊的结构,能与烧结钕铁硼磁体之间牢固结合。此外,硅烷水解形成的 Si—OH 基团能够在成膜时由于交联作用而形成稳定的 Si—O—Si 三维网状结构,因此硅烷转化膜自身也具有较高的机械强度。本节将对比分析钕铁硼磁体表面硅烷转化膜及纳米 CeO$_2$/硅烷复合薄膜的微观形貌和耐蚀性能,进一步研究纳米 CeO$_2$的添加对磁体表面复合涂层腐蚀机制的影响,并建立烧结钕铁硼磁体表面硅烷化处理的腐蚀模型。

7.4.1　膜层形貌分析

1. 硅烷转化膜的形貌分析

利用 SEM 观察磁体表面硅烷转化膜在 3.5 wt.% NaCl 溶液中浸泡不同时间的表面腐蚀形貌,如图 7.15 所示。烧结钕铁硼磁体表面硅烷转化膜的致密性良好,膜层无孔隙和裂纹等。当硅烷转化膜试样在 NaCl 溶液中浸泡 3 h 后,磁体表面的硅烷转化膜出现明显的深色区域,与正常的膜层区域相比,该深色区域略显透明。当硅烷转化膜试样分别浸泡 6 h 和 9 h 后,硅烷转化膜表面的深色区域开始出现裂纹,裂纹的数量随浸泡时间的延长而逐渐增多,并且膜层表面甚至会发生碎裂现象。当磁体表面涂覆硅烷转化膜的试样浸泡时间达到 12 h 后,其硅烷转化膜彻底破碎,致使烧结钕铁硼基体暴露出来,硅烷转化膜沉底而失去腐蚀防护能力。

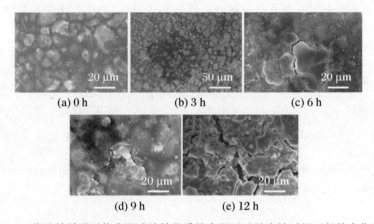

(a) 0 h　　　　(b) 3 h　　　　(c) 6 h

(d) 9 h　　　　(e) 12 h

图 7.15　烧结钕铁硼磁体表面硅烷转化膜的表面形貌随腐蚀时间延长的变化过程

2. CeO₂/硅烷复合薄膜的形貌分析

利用 SEM 观察磁体表面 CeO_2/硅烷复合薄膜在腐蚀实验中的腐蚀过程,复合薄膜中纳米 CeO_2 的含量为 25 g·L^{-1},如图 7.16 所示。磁体表面 CeO_2/硅烷复合薄膜中白色相是纳米 CeO_2,其均匀分布于复合涂层中。当磁体表面涂覆复合涂层的试样浸泡 13 h 后,复合涂层表面出现了与单一硅烷转化膜试样表面相似的深色区域。随着试样在 NaCl 溶液中浸泡时间的延长,可以清晰观察到复合涂层中所添加的纳米 CeO_2 颗粒,腐蚀裂纹也同样出现在深色区域。进一步,随着浸泡时间的延长,腐蚀介质则透过腐蚀裂纹进入烧结钕铁硼磁体表面,从而致使复合涂层的裂纹快速扩展(图 7.16(d))。当磁体表面复合涂层试样浸泡时间达到 22 h 后,复合涂层表面同样出现了碎裂,使外界腐蚀介质与基体直接接触,导致复合涂层无法为烧结钕铁硼磁体提供腐蚀防护作用。

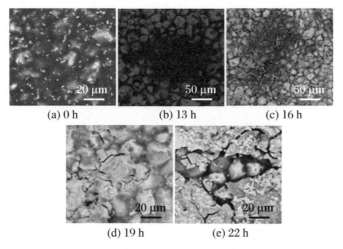

图 7.16　烧结钕铁硼磁体表面 CeO₂/硅烷复合薄膜表面形貌随腐蚀时间
延长的变化过程

7.4.2　动电位极化曲线分析

1. 硅烷转化膜的动电位极化曲线分析

　　磁体表面涂覆硅烷转化膜的试样腐蚀过程的动电位极化曲线如图 7.17 所示,结合硅烷转化膜的腐蚀过程中的形貌演变,分析其腐蚀机理。由图可知,与烧结钕铁硼基体在 3.5 wt.%NaCl 溶液中浸泡 0.5 h 的自腐蚀电位相比,硅烷转化膜试样分别浸泡 3 h、6 h 和 9 h 后的自腐蚀电位始终偏正。根据腐蚀热力学可知,自腐蚀电位越正,表明其耐蚀性越高。随着浸泡时间的延长,硅烷转化膜试样的自腐蚀电位逐渐负移。表 7.11 是图 7.17 极化曲线对应的拟合结果。由表可知,烧结钕铁硼基体浸泡 0.5 h 后,其自腐蚀电流密度为7.059×10^{-5} A·cm^{-2},相比之下,硅烷转化膜试样浸泡 3 h 后的自腐蚀电流密度仅为 1.816×10^{-6} A·cm^{-2},比基体自身的自腐蚀电流密度下降了 1 个数量级。当浸泡时间为 9 h

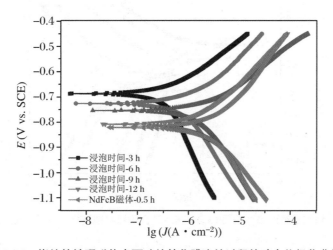

图 7.17　烧结钕铁硼磁体表面硅烷转化膜腐蚀过程的动电位极化曲线

后,硅烷转化膜试样的自腐蚀电流密度为 $9.508 \times 10^{-6} A \cdot cm^{-2}$,仍然能够为烧结钕铁硼磁体提供有效防护作用。但是,当硅烷转化膜试样浸泡时间为 12 h 时,其自腐蚀电流密度达到了 $5.342 \times 10^{-5} A \cdot cm^{-2}$,与磁体本身的自腐蚀电流密度接近。因此,在浸泡时间达到12 h 后,硅烷转化膜因腐蚀碎裂而不能为磁体提供腐蚀防护作用。

表 7.11　图 7.17 极化曲线对应的拟合结果

样品	浸泡时间(h)	$E_{corr}(V)$	$J_{corr}(A \cdot cm^{-2})$
硅烷薄膜/钕铁硼	3	0.691	1.816×10^{-6}
	6	0.726	4.362×10^{-6}
	9	0.754	9.508×10^{-6}
	12	0.812	5.342×10^{-5}
钕铁硼基体	0.5	0.821	7.059×10^{-5}

2. CeO_2/硅烷复合薄膜的动电位极化曲线分析

利用动电位极化曲线分析烧结钕铁硼磁体表面 CeO_2/硅烷复合薄膜在 3.5 wt.%NaCl 溶液中浸泡的腐蚀过程,如图 7.18 所示。由图可知,磁体表面涂覆复合涂层的试样在浸泡 13 h、16 h 和 19 h 后的自腐蚀电位始终比烧结钕铁硼磁体偏正。随着浸泡时间的进一步延长,其自腐蚀电位逐渐负移,表明复合涂层的耐蚀性逐渐变差。图 7.18 中极化曲线对应的拟合结果如表 7.12 所示。由表可知,磁体本身的自腐蚀电流密度为 $7.059 \times 10^{-5} A \cdot cm^{-2}$,表面涂覆复合涂层试样在浸泡 13 h 后的自腐蚀电流密度仅为 $3.363 \times 10^{-7} A \cdot cm^{-2}$,比磁体的自腐蚀电流密度下降了 2 个数量级。当表面涂覆复合涂层试样的浸泡时间达到 19 h 后,其自腐蚀电流密度为 $2.472 \times 10^{-6} A \cdot cm^{-2}$,依然低于磁体本身。这说明复合涂层试样在浸泡 19 h 后仍可为磁体提供有效防护作用。然而,当磁体表面涂覆复合涂层试样的浸泡时间为 22 h 时,其自腐蚀电流密度已接近磁体本身的自腐蚀电流密度,这表明浸泡 22 h 后复合涂层已无法为烧结钕铁硼磁体提供腐蚀防护作用。

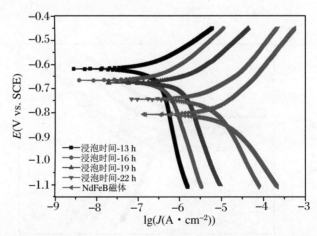

图 7.18　烧结钕铁硼磁体表面 CeO_2/硅烷复合薄膜腐蚀过程的动电位极化曲线

表 7.12　图 7.18 极化曲线对应的拟合结果

样品	浸泡时间(h)	E_{corr}(V)	J_{corr}(A·cm^{-2})
CeO₂/硅烷复合薄膜	13	0.610	$3.363×10^{-7}$
	16	0.667	$9.814×10^{-7}$
	19	0.690	$2.472×10^{-6}$
	22	0.731	$8.319×10^{-6}$
钕铁硼基体	0.5	0.821	$7.059×10^{-5}$

7.4.3　烧结钕铁硼磁体表面硅烷转化膜的腐蚀过程

　　图 7.19 是烧结钕铁硼磁体表面硅烷化处理及纳米 CeO₂ 改性硅烷转化膜在 3.5 wt.%NaCl 溶液中的腐蚀过程示意图。由图可知,因为磁体表面硅烷偶联剂在成膜过程中醇基之间发生脱水缩合反应,所以膜层表面会形成交联密度不均的区域。当磁体表面硅烷转化膜吸附溶液中的 Na⁺ 和 Cl⁻ 时,磁体表面的硅烷转化膜发生水解溶解,腐蚀凹坑首先出现在交联密度较低的区域。随着磁体表面硅烷转化膜试样浸泡时间的延长,硅烷转化膜中的氢键遭到破坏,导致磁体表面的硅烷转化膜破损。随着浸泡时间的进一步延长,硅烷转化膜表面的腐蚀凹坑逐渐演变为腐蚀孔洞,外界腐蚀介质将通过膜层中的腐蚀孔洞渗入磁体表面。当孤立的腐蚀孔洞互联时,将导致整个硅烷转化膜的完全破损,最终致使磁体表面硅烷转化膜失去腐蚀防护作用。

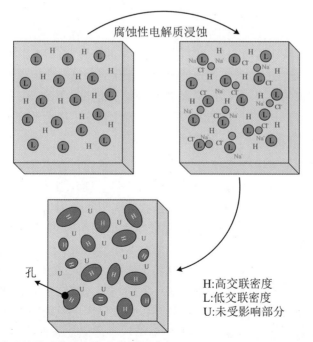

图 7.19　烧结钕铁硼磁体表面硅烷转化膜在 3.5 wt.%NaCl 溶液中的腐蚀过程示意图

7.5　烧结钕铁硼磁体表面硅烷转化膜的应用

磁体表面涂覆的防护层是通过阻碍外界腐蚀介质与基体直接接触来达到腐蚀防护的目的。传统湿法镀膜技术易带来工业"三废"问题,造成环境污染,增加产品制造成本。同时,在汽车电机等应用环境下,因磁体在后期服役过程中需要进行装配、密封,所以只需对磁体进行暂时性表面防护。当前,磁体表面暂时性表面防护方法主要是磷化处理,因磷化处理会排放大量的含磷废水,造成水体的富营养化,对环境造成严重污染,其后期处理成本也较高。因此,亟需开发替代性绿色环保的烧结钕铁硼磁体的暂时性表面防护技术。

通过对烧结钕铁硼磁体表面进行硅烷化处理,在磁体表面涂覆了绿色环保的暂时性防护层硅烷转化膜,系统研究了磁体表面硅烷转化膜的微观结构、力学性能、耐蚀性及其腐蚀机理,结果表明,硅烷化处理是一种取代烧结钕铁硼磁体表面磷化处理的暂时性表面防护技术。将硅烷化处理技术应用于产业化生产需要解决相关的一系列问题。

7.5.1　硅烷转化膜产业化过程中的关键问题

当前,将硅烷化处理技术应用在烧结钕铁硼磁体的产业化当中,需要解决如下难题:① 磁体表面硅烷转化膜在固化时如何保证其所有面的涂层厚度的均匀一致性;② 从生产效率角度考虑,需要研发专门适用于磁体表面硅烷化处理的涂覆设备;③ 从生产成本角度考虑,需要降低产业化应用中硅烷化处理技术的成本问题,提高产品在市场中的核心竞争力;④ 根据烧结钕铁硼磁体应用领域的不同,研发与之相应的表面防护硅化烷处理工艺;⑤ 企业的支持和参与。烧结钕铁硼磁体表面硅烷化处理技术的开发与应用需要生产企业的大力参与,企业的资金和技术支撑对顺利实现该技术的产业化应用具有决定性作用。

磁体表面硅烷化处理的可操控性强,且制备的硅烷转化膜性能较好,工艺简单易操作,适用于批量化、规模化生产。经过与烧结钕铁硼行业的代表性生产企业充分沟通,结合上述产业化过程中存在的问题,提出以下解决措施。

1. 磁体表面硅烷转化膜的均一性

采用浸涂方法在磁体表面制备的硅烷转化膜需要固化处理,当试样在浸涂后,需要将其放入烘箱内进行固化处理,由于磁体表面硅烷溶液很难实现完全均匀分布,从而导致硅烷转化膜的厚度不一致(图 7.20)。由图可以看出,在磁体六个表面的硅烷转化膜厚度中,上、下面的厚度比侧面厚度大了 2.85 μm,其不同表面的厚度相差较大,导致厚度较薄的侧面最先发生腐蚀,从而使磁体表面硅烷转化膜失去腐蚀防护作用。因此,烧结钕铁硼磁体表面在浸涂硅烷溶液后,在随后固化处理过程中保证膜层厚度的均匀一致性是要解决的产业化问题。

根据环氧树脂有机涂层的固化工艺,结合烧结钕铁硼磁体的组织结构以及腐蚀机制,对有机涂层的固化过程进行系统分析,找到了解决烧结钕铁硼磁体表面硅烷溶液的固化过程的均匀一致性问题。通过在硅烷溶液中添加分散剂,使硅烷溶液较均匀地覆盖在磁体表面,然后采用高压气体吹去浸涂后的试样表面多余的液体,再将其放入烘箱内进行预烘烤,预烘烤过程可以很好地实现磁体表面硅烷溶液的流平,最后在高温下进行固化处理。

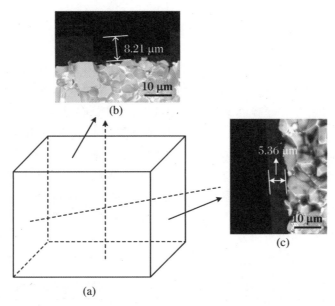

图 7.20　六面体试样示意图(a)及其上下表面硅烷转化膜(b),侧面硅烷转化膜(c)的
横截面 SEM 形貌

2. 产业化设备的研发

在前期调研及分析的基础上,图 7.21 是所研发的用于烧结钕铁硼磁体表面硅烷化处理的设备。目前,该设备已经完成中试调试,可有序进行小批量生产。待硅烷化处理的各项工艺优化稳定,可进行量化生产。

图 7.21　烧结钕铁硼磁体表面硅烷化防护技术产业化中试设备

7.5.2　硅烷转化膜产业化生产的防护性能

利用所研发的硅烷化处理设备在磁体表面制备了硅烷转化膜,通过中性盐雾腐蚀实验、耐湿热实验,以及高温高压老化加速腐蚀实验对硅烷转化膜的性能进行测试,结果见表7.13。图7.22是涂覆硅烷转化膜的烧结钕铁硼试样,以及其经过中性盐雾腐蚀实验、耐湿热实验和高温高压老化加速腐蚀实验后的表面腐蚀形貌。由图7.22(b)可以看到,试样经过14 h中性盐雾实验后,磁体表面涂覆硅烷转化膜的试样未发生明显腐蚀,表面形貌变化不大。当湿热实验达到96 h后,磁体表面涂覆硅烷转化膜的试样同样未发生明显腐蚀,膜层形貌变化不大(图7.22(c))。当高温高压老化加速腐蚀时间达到18 h后,磁体表面涂覆硅烷转化膜的试样出现红锈,说明烧结钕铁硼磁体已开始腐蚀(图7.22(d))。综上,通过调控硅烷化处理工艺参数,利用所研发的硅烷化处理设备所制备的硅烷转化膜具有良好的暂时性防护能力,可以基本达到预期防护目标。

表7.13　烧结钕铁硼磁体表面硅烷转化膜的耐腐蚀性能测试结果

测试方法	测试时间(h)	测试结果
中性盐雾实验	22	试样表面基本无变化
耐湿热实验	96	试样表面基本无变化
高温高压老化加速实验	19	试样表面基本无变化

(a)　　　　(b)　　　　(c)　　　　(d)

图7.22　涂覆硅烷转化膜的烧结钕铁硼试样(a),经过22 h中性盐雾实验(b), 96 h耐湿热实验(c),19 h高温高压老化加速实验(d)后试样的表面形貌

7.5.3　产业化的实现

在烧结钕铁硼磁体表面硅烷化处理的产业化过程中,需要考虑到产品批量化生产会遇到的相关问题,主要包括技术、设备、成本、操作人员等多种因素。因此,需要投入大量的人力和财力,对影响产业化过程的每个环节进行有效管控,从而逐步实现磁体表面硅烷化处理的产业化。

7.6　本　章　小　结

通过正交实验方法对硅烷水解和硅烷成膜的工艺参数进行优化,采用浸涂方法在磁体表面涂覆硅烷转化膜,进一步选用纳米 CeO_2 对磁体表面硅烷转化膜进行改性,总结纳米 CeO_2/硅烷复合薄膜的微观形貌、膜/基结合力、耐腐蚀性能以及腐蚀机理等如下:

(1) 硅烷水解的优选的工艺参数是硅烷偶联剂的浓度为 150 mL · L^{-1},醇水比为 80:20,水解温度和时间分别为 30 ℃ 和 24 h,水解 pH 值为 11。硅烷成膜的最佳工艺参数为磁体浸涂时间 2 min,固化温度和时间分别为 180 ℃ 和 1.5 h。采用浸涂方法在磁体表面涂覆的硅烷转化膜的平整度高,膜/基结合强度良好,可以有效防止外界腐蚀介质通过膜层渗入基体,显著提高了烧结钕铁硼磁体的腐蚀防护能力。

(2) 利用纳米 CeO_2 改性磁体表面硅烷转化膜,采用浸涂方法在磁体表面涂覆了 CeO_2/硅烷复合涂层,讨论了纳米 CeO_2 含量和纳米 CeO_2 超声分散时间对磁体表面复合涂层的微观结构及性能的影响,结果如下:① 当超声分散时间为 6~18 h 时,超声分散时间越长,纳米 CeO_2 的分散均匀程度越高,则磁体表面 CeO_2/硅烷复合涂层的均匀一致性越高,致密度越高;② 当纳米 CeO_2 的添加量为 0~25 g · L^{-1} 时,磁体表面复合涂层的力学性能和耐腐蚀性能随纳米 CeO_2 含量的增加而不断得到提升,然而,当纳米 CeO_2 的含量为 30 g · L^{-1} 时,磁体表面复合涂层中的纳米 CeO_2 出现明显团聚现象;③ 与磁体表面单一硅烷转化膜相比,通过优化纳米 CeO_2 的含量和超声分散时间,磁体表面涂覆 CeO_2/硅烷复合涂层试样的力学性能和耐蚀性能得到进一步提升,耐中性盐雾腐蚀时间最长可达到 22 h,并且表面涂覆复合涂层后不会对磁体的磁性能造成影响。

(3) 解析了烧结钕铁硼磁体表面硅烷化处理的腐蚀过程和腐蚀机制。磁体表面硅烷转化膜和 CeO_2/硅烷复合涂层的腐蚀过程,均是先在膜层表面交联密度较低的区域出现深色的腐蚀凹坑,随着试样在 Nacl 溶液中浸泡时间的延长,磁体表面的膜层发生水解溶解,深色凹坑区域出现裂纹,并向外扩展使膜层出现破裂,从而导致磁体表面硅烷转化膜失去防护作用。

第 8 章 烧结钕铁硼磁体表面无铬 Zn-Al 涂层的制备与性能

达克罗技术是一种替代污染严重的电镀锌、热浸镀锌、磷化等传统工艺的新型绿色表面处理技术。达克罗涂层(即 Zn-Al-Cr 涂层)具有优异的耐腐蚀性能、高耐温性、无氢脆、生产成本低等众多优点,广泛应用于金属腐蚀防护领域。然而,由于达克罗涂层所用的黏结剂/钝化剂主要为铬酐、铬酸盐、重铬酸盐或其混合物,导致涂层中残留一定量的强致癌的 Cr^{6+}。因此,从安全环保角度考虑,达克罗涂层的应用受到限制。针对达克罗涂层存在的含有 Cr(VI)问题,本章主要介绍烧结钕铁硼磁体表面的新型无铬 Zn-Al 涂层技术及 Zn-Al 涂层的性能。进而,采用喷涂方法在磁体表面制备了不同纳米 CeO_2 含量的 CeO_2/Zn-Al 复合涂层,分析了 CeO_2 含量对磁体表面 Zn-Al 涂层的微观形貌、力学性能、耐蚀性和磁性能的影响。

8.1 烧结钕铁硼磁体表面 Zn-Al 涂层的制备

8.1.1 烧结钕铁硼磁体表面预处理

选用的烧结钕铁硼磁体尺寸为 34 mm×2 mm×7 mm 和 10 mm×10 mm×2 mm 的片状样品(状态为未充磁,牌号为 45M),其中厚 7 mm 和 2 mm 为磁体的取向方向。对片状样品依次进行以下预处理:倒角、碱洗除油、酸洗除锈。其中,酸洗处理是将片状样品置于 5 wt.% HNO_3 溶液中清洗 20 s,去除磁体表面氧化物,然后采用超声振荡清洗 1 min,获得表面干净无污染的片状样品。随后,采用酒精对超声清洗后的样品进行除水,再将样品放入烘箱内,在 60~100 ℃ 下烘烤 10~15 min,取出后冷至室温,待用。

8.1.2 烧结钕铁硼磁体表面无铬 Zn-Al 涂层的制备

黏结剂选用不含六价铬的硅烷偶联剂,将适量的硅烷偶联剂倒入等体积乙醇中,充分搅拌并加入适量蒸馏水,其中,乙醇、硅烷偶联剂与蒸馏水的体积比是 1:1:2.5。将保留锌/铝粉末加入配制好的硅烷溶液中,同时再加入适量的流平剂、消泡剂和乙二醇等相关助剂,继续充分搅拌,制备出混合均匀的待涂液。硅烷溶液中添加助剂能够消除涂层中的气泡,有助于在磁体表面形成平整度较高的无铬 Zn-Al 涂层。

接着,在预处理后的片状样品表面涂覆无铬 Zn-Al 涂层。首先,将预处理后的样品放置于涂液中;然后,取出样品进行甩液处理,去除样品表面多余的涂液,从而磁体表面获得厚度均一的无铬 Zn-Al 涂层。图 8.1 是无铬 Zn-Al 涂层的涂覆工艺流程。

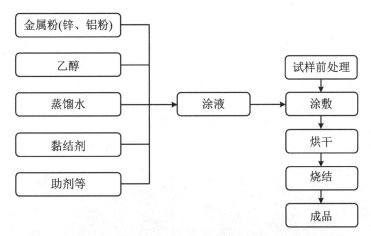

图 8.1　无铬 Zn-Al 涂层制备工艺流程

8.1.3　烧结钕铁硼磁体表面 CeO_2/Zn-Al 复合涂层的制备

采用喷涂法将含锌铝粉的底涂液喷涂在烧结钕铁硼磁体表面,在 120 ℃下预固化 10 min 进行流平,然后在 230 ℃下固化 30 min。将一定量的经过超声分散的纳米 CeO_2 颗粒(0 g、5 g、15 g、25 g 和 35 g)分别加入到体积为 1 L 的含有锌铝粉的涂液中,搅拌均匀,制得纳米 CeO_2 颗粒改性的涂液。然后,采用喷涂的方式将上述改性后的涂液喷涂在已涂覆底涂液的磁体表面,120 ℃下预固化 10 min 进行流平。最后,200 ℃下固化 50 min。将不同 CeO_2 含量的样品分别记为 $CeO_2(x)$/Zn-Al($x = 0 \text{ g} \cdot \text{L}^{-1}$、$5 \text{ g} \cdot \text{L}^{-1}$、$15 \text{ g} \cdot \text{L}^{-1}$、$25 \text{ g} \cdot \text{L}^{-1}$ 和 $35 \text{ g} \cdot \text{L}^{-1}$)。

8.1.4　涂层表征与性能测试

采用 SEM 观察磁体表面无铬 Zn-Al 涂层的表面及截面形貌,并利用 EDS 能谱仪对涂层进行成分分析。采用 XRD 分析无铬 Zn-Al 涂层的物相结构。采用电化学工作站测试磁体表面涂覆无铬 Zn-Al 涂层试样的动电位极化曲线,电解质为 3.5 wt.%NaCl 溶液,三电极体系中的参比电极、辅助电极和工作电极分别是饱和甘汞电极、铂片和待测样品。通过盐雾实验箱测试样品的耐中性盐雾腐蚀能力,其中,NaCl 溶液的浓度为 5 wt.%,沉降率为 $1 \sim 2 \text{ mL}/80 \text{ cm}^2 \cdot \text{h}$,温度为(36 ± 2) ℃。采用电子万能实验机测试磁体表面无铬 Zn-Al 涂层与基体之间的结合力,其加载速度为 $1 \text{ mm} \cdot \text{min}^{-1}$。采用显微硬度计测试无铬 Zn-Al 涂层的显微硬度。采用型号为 NIM-15000H 的磁滞回线测量仪测试样品的磁性能。

8.2　烧结钕铁硼磁体表面无铬 Zn-Al 涂层的性能

8.2.1　不同 Zn/Al 粉配比涂层的制备与形貌

将 Zn-Al 涂液中 Zn/Al 粉的质量比分别设置为 1∶1、2∶1、3∶1、4∶1,其他助剂的添加量不变。首先,将喷涂处理后的样品放在离心机内甩去磁体表面多余的涂液;然后,在 70 ℃ 的烘箱中预烘烤 10 min;最后,在 250 ℃ 下烘烤固化 35 min,获得无铬 Zn-Al 涂层试样。磁体表面不同 Zn/Al 粉配比条件下制备的 Zn-Al 涂层的 SEM 形貌如图 8.2 所示。

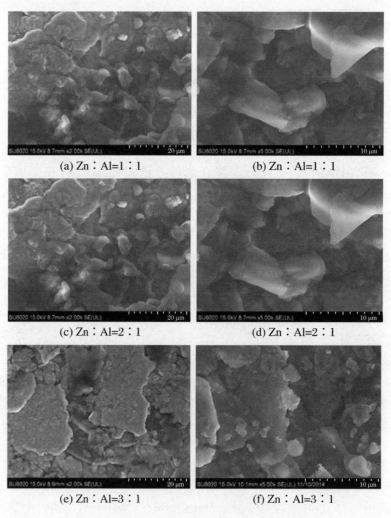

(a) Zn∶Al=1∶1   (b) Zn∶Al=1∶1

(c) Zn∶Al=2∶1   (d) Zn∶Al=2∶1

(e) Zn∶Al=3∶1   (f) Zn∶Al=3∶1

图 8.2　不同 Zn/Al 粉配比的涂层表面 SEM 形貌

(g) Zn∶Al=4∶1　　　　　　　　　　(h) Zn∶Al=4∶1

图 8.2(续)　不同 Zn/Al 粉配比的涂层表面 SEM 形貌

由图看出,不同 Zn/Al 粉配比条件下所制备的无铬 Zn-Al 涂层均有明显的片状结构,锌、铝薄片之间紧密交替堆叠。薄片状的锌铝粉较均匀地涂覆于烧结钕铁硼磁体表面,且涂层的均一性较好。

磁体表面涂覆无铬 Zn-Al 涂层试样的截面形貌如图 8.3 所示。由图看出,无铬 Zn-Al 涂层中的锌铝粉呈现明显的层片堆叠结构。磁体表面的无铬 Zn-Al 涂层与基体之间的结合较为紧密,涂层的厚度均匀一致性好。磁体表面层片状堆叠结构的无铬 Zn-Al 涂层可以有效地阻碍外界腐蚀介质的渗入,显著地提高了磁体表面防护层的耐蚀性能。

图 8.3　烧结钕铁硼磁体表面无铬 Zn-Al 涂层截面 SEM 形貌

8.2.2　不同 Zn/Al 粉配比涂层的成分与物相分析

采用 EDS 对不同 Zn/Al 粉配比的无铬 Zn-Al 涂层进行成分分析,测试结果如图 8.4 所示。由图可以看出,涂层的主要成分是 Zn 和 Al 元素,其余是添加的黏结剂和其他助剂的成分。图 8.4(a)、(c)、(e) 和 (g) 中选取的成分分析结果显示,锌铝成分比分别为 $18.8∶19.1=0.98≈1∶1$,$56.6∶28.0=2.02≈2∶1$,$46.7∶14.2=3.23≈3∶1$,$59.6∶15.0=3.97≈4∶1$。这表明 EDS 测试结果与实验设计配比非常接近。由此可见,配制的无铬 Zn-Al 涂层所用的锌铝涂液中的锌、铝粉的分散效果良好,且涂液的成分均匀。

图 8.5 为烧结钕铁硼磁体表面无铬 Zn-Al 涂层的截面 SEM 和 EDS 测试结果。由图可知,磁体表面无铬 Zn-Al 涂层与基体之间结合紧密并且无孔隙,涂层光滑平整、厚度一致性好。图 8.6 是烧结钕铁硼磁体表面涂覆不同锌铝粉配比的无铬 Zn-Al 涂层的 XRD 曲线。由图可以看出,当磁体表面涂覆无铬 Zn-Al 涂层后,不含锌铝粉配比的涂层衍射峰位置基本一致,只有衍射峰强度略有区别,$2\theta=43.22°$ 和 $2\theta=44.72°$ 处的衍射峰分别对应金属 Zn 和 Al 的最强衍射峰,并且峰形尖锐,表明涂层中的 Zn 和 Al 具有较为一致的取向排布。此外,

未在无铬 Zn-Al 涂层中发现 Zn 和 Al 的氧化物衍射峰，说明涂层中的 Zn 和 Al 是以单质的形式存在的。

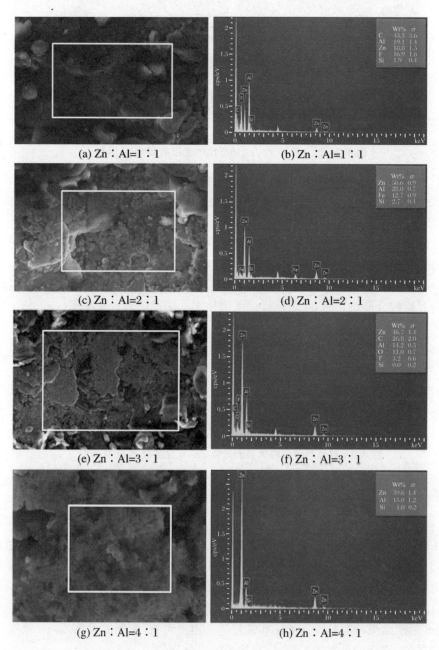

图 8.4　不同锌铝粉配比条件下无铬 Zn-Al 涂层的表面 SEM 和选区 EDS 分析

8.2.3　不同 Zn/Al 粉配比涂层的耐蚀性能

图 8.7 为烧结钕铁硼磁体表面涂覆不同 Zn/Al 粉配比的无铬 Zn-Al 涂层后的动电位极化曲线。由图可知，与烧结钕铁硼基体相比，磁体表面涂覆无铬 Zn-Al 涂层试样的自腐蚀电位均发生了负移，并且 Zn-Al 涂层试样的自腐蚀电位的负移程度与涂层中 Zn/Al 粉的配

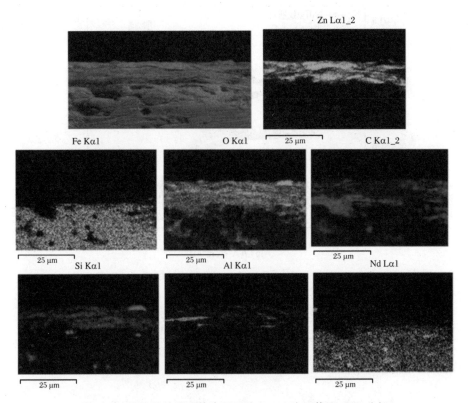

图 8.5　烧结钕铁硼磁体表面无铬 Zn-Al 涂层截面 EDS 分析

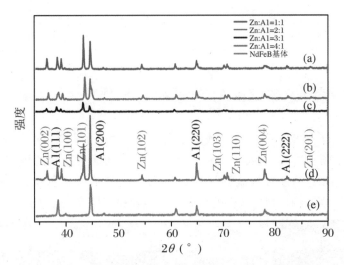

图 8.6　烧结钕铁硼磁体表面 Zn-Al 涂层的 XRD 曲线

比有关。图 8.7 中极化曲线的相应拟合结果如表 8.1 所示。由表可知,磁体表面 Zn-Al 涂层试样的自腐蚀电流密度,随涂层中 Zn/Al 粉的配比增大呈现先减小后趋于稳定的变化趋势,并且所有涂覆 Zn-Al 涂层试样的自腐蚀电流密度均比烧结钕铁硼基体下降了 3 个数量级。这说明表面涂覆无铬 Zn-Al 涂层显著提高了烧结钕铁硼磁体的耐腐蚀性能。无铬 Zn-Al 涂层中优选的 Zn/Al 粉配比为 3∶1,此时试样的自腐蚀电流密度是 1.829×10^{-8} A·cm^{-2}。

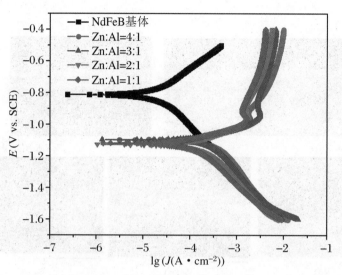

图 8.7　烧结钕铁硼磁体表面涂覆不同 Zn/Al 粉配比的 Zn-Al 涂层试样与
NdFeB 基体试样的极化曲线对比

表 8.1　图 8.7 中极化曲线的拟合结果

样品	$E_{corr}(V)$	$J_{corr}(A \cdot cm^{-2})$
NdFeB 基体	-0.810	2.110×10^{-5}
1♯:Zn:Al＝1:1	-1.190	3.582×10^{-8}
2♯:Zn:Al＝2:1	-1.127	2.471×10^{-8}
3♯:Zn:Al＝3:1	-1.098	1.829×10^{-8}
4♯:Zn:Al＝4:1	-1.097	1.920×10^{-8}

8.2.4　不同厚度的无铬 Zn-Al 涂层的耐蚀性能

　　磁体表面分别经过一次涂覆、二次涂覆和三次涂覆后制备了无铬 Zn-Al 涂层,其截面形貌如图 8.8 所示。由图看出,磁体表面 Zn-Al 涂层的厚度随涂覆次数的增加逐渐增加。对不同厚度的 Zn-Al 涂层进行耐中性盐雾腐蚀实验测试,腐蚀结果如表 8.2 所示。由表可以看出,当涂层厚度在一定范围内时,试样的耐腐蚀性能随涂层厚度的增加而逐渐提高。

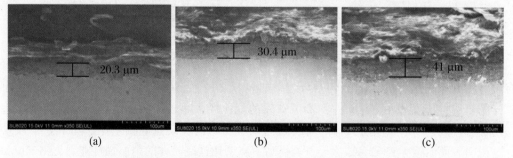

图 8.8　磁体表面涂覆不同次数无铬 Zn-Al 涂层后涂层的 SEM 形貌

表 8.2   不同厚度的无铬 Zn-Al 涂层的耐中性盐雾腐蚀实验结果

厚度(μm)	时间(h)		
	650	900	1200
20	锈蚀	腐蚀	腐蚀
30	—	锈蚀	锈蚀
40	—	—	锈蚀

8.2.5   无铬 Zn-Al 涂层的酸碱浸泡失重对比

采用 3.0 wt.% HNO$_3$ 和 3.0 wt.% NaOH 溶液,分别对烧结钕铁硼基体和涂覆无铬 Zn-Al 涂层试样进行酸/碱浸泡实验,评价磁体表面涂覆无铬 Zn-Al 涂层试样的耐酸/碱腐蚀能力,结果分别如表 8.3 和 8.4 所示。

由表 8.3 可以看出,磁体表面涂覆 Zn-Al 涂层试样在 3.0 wt.% HNO$_3$ 溶液中浸泡 10 min 之内,试样表面涂层基本没有变化。当浸泡时间超过 10 min 后,试样边角处产生少量气泡,说明磁体表面 Zn-Al 涂层已发生腐蚀。相比之下,对裸露的磁体来说,当其刚被放入 HNO$_3$ 溶液时就有大量气泡产生,说明磁体本身的耐蚀性能很差。当浸泡时间约 30 min 后,钕铁硼基体和涂覆无铬 Zn-Al 涂层的烧结钕铁硼试样的质量损失分别是 0.1518 g 和 0.0035 g,表明表面 Zn-Al 涂层能够为磁体提供良好的腐蚀防护作用。图 8.9 为钕铁硼基体和涂覆无铬 Zn-Al 涂层的钕铁硼试样在 3.0 wt.% HNO$_3$ 溶液中浸泡不同时间的腐蚀失重对比情况。由图可以看出,磁体表面涂覆无铬 Zn-Al 涂层试样的质量在 30 min 内没有明显变化,而烧结钕铁硼基体的腐蚀失重持续上升,腐蚀较为严重。这同样说明磁体表面涂覆无铬 Zn-Al 涂层可以显著提高磁体的耐腐蚀性能。

表 8.3   钕铁硼基体和涂覆无铬 Zn-Al 涂层的钕铁硼试样在 3.0 wt.% HNO$_3$ 溶液中的腐蚀失重情况

时间(min)	0	4	8	12	16	20	24	28	失重(g)
NdFeB 基体	3.7582	3.7416	3.7186	3.6870	3.6742	3.6552	3.6279	3.6064	0.1518
涂覆无铬 Zn-Al 涂层试样	3.8008	3.7986	3.7977	3.7976	3.7984	3.7981	3.7979	3.7973	0.0035

表 8.4 为烧结钕铁硼基体和涂覆无铬 Zn-Al 涂层的烧结钕铁硼试样在 3.0 wt.% NaOH 溶液中的腐蚀失重情况。当两种试样在 NaOH 溶液中浸泡 30 min 时,其表面均未发生明显变化,没有腐蚀气泡产生。当浸泡时间超过 30 min 后,烧结钕铁硼基体本身的质量损失为 0.0005 g,而磁体表面涂覆 Zn-Al 涂层试样的质量损失为 0.0014 g,这是由涂层中的 Al 与 NaOH 发生反应引起的,但质量损失很小。因此,磁体表面无铬 Zn-Al 涂层对碱性 NaOH 溶液也具有良好的耐腐蚀性能。图 8.10 为烧结钕铁硼基体和表面涂覆无铬 Zn-Al 涂层的烧结钕铁硼试样在 3.0 wt.% NaOH 溶液中浸泡不同时间的腐蚀失重情况。由图可以看出,在 NaOH 溶液中浸泡 30 min,二者的质量损失均很小。

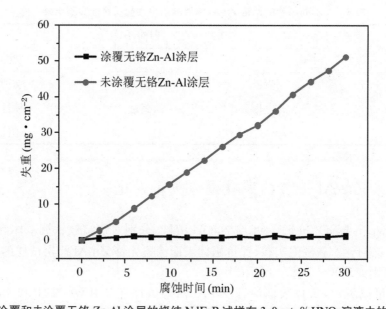

图 8.9　涂覆和未涂覆无铬 Zn-Al 涂层的烧结 NdFeB 试样在 3.0 wt.%HNO₃ 溶液中的失重曲线

表 8.4　烧结 NdFeB 基体和表面涂覆无铬 Zn-Al 涂层的烧结钕铁硼试样在 3.0 wt.%NaOH 溶液中的失重情况

时间（min）	0	4	8	12	16	20	24	28	失重(g)
NdFeB 基体	3.7487	3.7484	3.7481	3.7483	3.7484	3.7483	3.7484	3.7482	0.0005
涂覆无铬 Zn-Al 涂层试样	3.7822	3.7813	3.7808	3.7811	3.7810	3.7809	3.7806	3.7808	0.0014

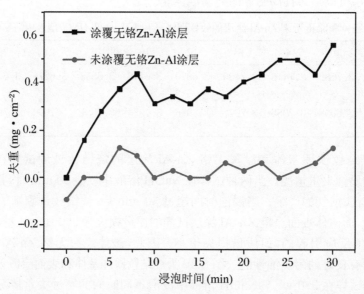

图 8.10　涂覆和未涂覆无铬 Zn-Al 涂层的烧结 NdFeB 试样在 3.0 wt.%NaOH 溶液中浸泡后的失重曲线

8.2.6　无铬 Zn-Al 涂层与电镀 Zn 层的耐腐蚀性能的对比

采用电化学工作站分别测试烧结钕铁硼基体、无铬 Zn-Al 涂层试样和电镀 Zn 层试样在 3.5 wt.%NaCl 溶液中的动电位极化曲线,对比三者的耐蚀性能,如图 8.11 和表 8.5 所示。进一步通过中性盐雾腐蚀实验评价不同试样的耐腐蚀性能。烧结钕铁硼基体、无铬 Zn-Al 涂层试样和电镀 Zn 层试样的自腐蚀电位,分别是 -0.82 V、-1.01 V、-0.96 V。与钕铁硼基体相比,无铬 Zn-Al 涂层试样和电镀 Zn 层试样的自腐蚀电位都发生了负移,其中,无铬 Zn-Al 涂层试样的自腐蚀电位负移最大(0.19 V)。结合腐蚀热力学可知,腐蚀电位越正,其腐蚀倾向越大,因此,无铬 Zn-Al 涂层试样具有更高的耐腐蚀性能。从表 8.5 可知,烧结钕铁硼基体、无铬 Zn-Al 涂层试样和电镀 Zn 层试样的自腐蚀电流密度,分别是 2.110×10^{-5} A·cm^{-2}、7.624×10^{-8} A·cm^{-2} 和 5.397×10^{-6} A·cm^{-2},磁体表面涂覆无铬 Zn-Al 涂层试样具有更低的自腐蚀电流密度。由腐蚀动力学可知,自腐蚀电流密度的大小反映了试样腐蚀速率的快慢,磁体表面涂覆无铬 Zn-Al 涂层试样的腐蚀速率最小,表明磁体表面涂覆无铬 Zn-Al 涂层试样的耐腐蚀性能更好。

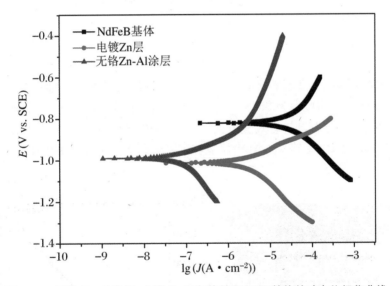

图 8.11　无铬 Zn-Al 涂层、电镀 Zn 层与烧结 NdFeB 基体的动电位极化曲线

表 8.5　图 8.11 中极化曲线的拟合结果

样品	E_{corr}(V)	J_{corr}(A·cm^{-2})
烧结 NdFeB 基体	-0.81	2.110×10^{-5}
电镀 Zn 层	-0.96	5.397×10^{-6}
无铬 Zn-Al 涂层	-1.01	7.624×10^{-8}

图 8.12 是磁体表面分别涂覆无铬 Zn-Al 涂层试样和电镀 Zn 层试样的耐中性盐雾腐蚀结果。当中性盐雾腐蚀时间为 48 h 时,磁体表面电镀 Zn 层试样的腐蚀较为严重,表面出现大量的白色腐蚀产物,说明电镀 Zn 层已失去表面防护作用。当中性盐雾腐蚀时间达到 650 h 时,磁体表面无铬 Zn-Al 涂层试样出现腐蚀红锈,说明此时烧结钕铁硼磁体表面的无

铬 Zn-Al 涂层已失去表面防护能力,不能为磁体提供腐蚀防护作用。通过对比看出,与电镀 Zn 层相比,磁体表面无铬 Zn-Al 涂层的耐中性盐雾腐蚀能力更强,可以为磁体提供更加有效的表面防护作用。

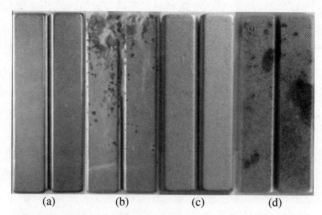

图 8.12　中性盐雾腐蚀实验结果:电镀 Zn 层(a) 0 h,(b) 48 h;无铬 Zn-Al 涂层
(c) 0 h、(d) 650 h

8.2.7　无铬 Zn-Al 涂层镀层结合力

利用电子万能实验机测试表面 Zn-Al 涂层与烧结钕铁硼基体之间的结合力,其拉力-位移曲线如图 8.13 所示。当拉力为 2606 N 时,磁体表面无铬 Zn-Al 涂层与基体之间发生脱离。根据涂层脱离时的拉力与其有效受力面积估计可知,Zn-Al 涂层与基体之间的结合强度达到 10.95 MPa。因此,无铬 Zn-Al 涂层能够牢固附着于烧结钕铁硼磁体表面,具有良好的结合强度。

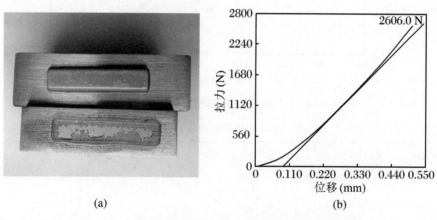

图 8.13　无铬 Zn-Al 涂层试样(a)及其拉力-位移曲线(b)

8.3　烧结钕铁硼磁体表面 CeO_2/Zn-Al 复合涂层的性能

8.3.1　CeO_2/Zn-Al 复合涂层的微观形貌

CeO_2 纳米颗粒及磁体表面不同 CeO_2 含量的 CeO_2/Zn-Al 复合涂层的 SEM 形貌,如图 8.14 所示。其中,CeO_2(25)/Zn-Al 样品的 EDS 测试结果如图 8.15 所示。由图 8.14(a)可知,CeO_2 纳米颗粒尺寸均匀,约 50~80 nm。随着 CeO_2 含量的不断增加(图 8.14(b)~(f)),涂层中白色点状物越来越多,结合 CeO_2(25)/Zn-Al 复合涂层试样的 EDS 测试结果(图 8.15),可以确定白色点状物即为纳米 CeO_2,灰色区域为锌铝薄片。在不含 CeO_2 的 Zn-Al 涂层中,锌铝薄片的分布较为杂乱(图 8.14(b))。当 CeO_2 的含量为 5 g·L^{-1} (图 8.14(c))时,少量纳米 CeO_2 分散在 Zn-Al 涂层中,改善了锌铝薄片在涂层中的分布杂乱情况。然而,当 CeO_2 的含量为 35 g·L^{-1} 时,复合涂层中的纳米 CeO_2 出现了严重的团聚,反而不利于复合涂层中锌/铝薄片的均匀分布。因此,Zn-Al 涂层中 CeO_2 的添加量应控制在 0~25 g·L^{-1}。

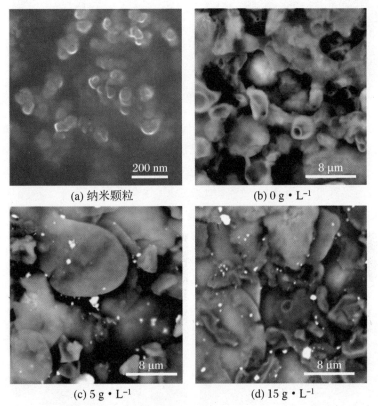

(a) 纳米颗粒　　　　　　(b) 0 g·L^{-1}

(c) 5 g·L^{-1}　　　　　　(d) 15 g·L^{-1}

图 8.14　CeO_2 纳米颗粒(a)及烧结钕铁硼磁体表面不同 CeO_2 含量的 CeO_2/Zn-Al
复合涂层的表面形貌

(e) 25 g · L⁻¹   (f) 35 g · L⁻¹

图 8.14(续)　CeO₂纳米颗粒(a)及烧结钕铁硼磁体表面不同 CeO₂ 含量的 CeO₂/Zn-Al 复合涂层的表面形貌

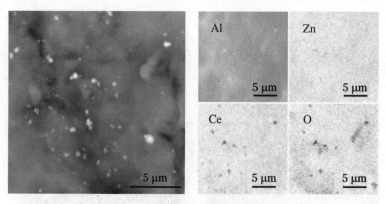

图 8.15　CeO₂(25)/Zn-Al 复合涂层的 EDS 测试

　　Zn-Al 涂层及 CeO₂(25)/Zn-Al 复合涂层试样的截面形貌,如图 8.16 所示。由图看出,两种涂层均能很好地附着在基体表面,并且涂层与基体之间没有孔隙,涂层厚度基本相当。相比之下,不含纳米 CeO₂ 的 Zn-Al 涂层较为疏松,明显有孔隙存在;CeO₂(25)/Zn-Al 复合涂层的孔隙明显降低,更加均匀致密,纳米 CeO₂ 均匀弥散分布于 Zn-Al 涂层中。这表明添加的纳米 CeO₂ 可以有效降低涂层的孔隙率,显著提高其致密度。

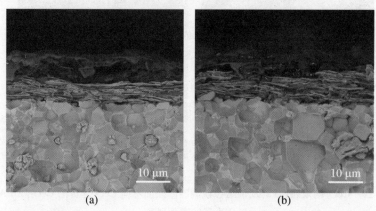

(a)   (b)

图 8.16　钕铁硼磁体表面 Zn-Al 涂层及 CeO₂(25)/Zn-Al 复合涂层的 SEM 截面形貌

8.3.2　CeO_2/Zn-Al 复合涂层的力学性能

对 Zn-Al 涂层及 $CeO_2(25)$/Zn-Al 复合涂层试样进行拉伸实验的载荷-位移曲线,如图 8.17 所示。由图可知,两种试样涂层脱落时的平均载荷分别为 1021 N 和 1053 N,对应的结合强度分别为 10.21 MPa 和 10.53 MPa。观察涂层脱落后的磁体形貌,可以看到主相晶粒,说明两种涂层在受到拉力作用时均是底涂与基体之间的脱离,没有发生涂层内部或者底涂与面涂之间的脱层。结果表明,添加纳米 CeO_2 没有影响整个涂层与基体之间的结合强度。

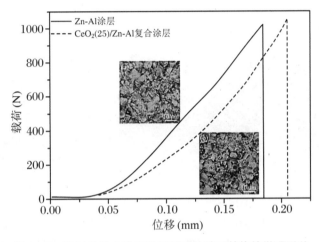

图 8.17　涂层的结合强度及脱层后钕铁硼基体的微观形貌

磁体表面 Zn-Al 涂层及不同 CeO_2 含量的 CeO_2/Zn-Al 复合涂层试样的平均显微硬度值,如图 8.18 所示。由图可知,随着纳米 CeO_2 含量的增加,涂层的显微硬度也在不断增大。CeO_2 的含量分别为 $0\ \mathrm{g \cdot L^{-1}}$、$5\ \mathrm{g \cdot L^{-1}}$、$15\ \mathrm{g \cdot L^{-1}}$、$25\ \mathrm{g \cdot L^{-1}}$ 和 $35\ \mathrm{g \cdot L^{-1}}$ 时,其对应平均的显微硬度值分别为 319.32 HV、373.70 HV、428.04 HV、481.62 HV 和 516.42 HV。与 Zn-Al 涂层相比,$CeO_2(25)$/Zn-Al 和 $CeO_2(35)$/Zn-Al 复合涂层试样的显微硬度值分别增加了 50.83% 和 61.72%。这说明添加的纳米 CeO_2 可以显著提高磁体表面 Zn-Al 涂层的硬度。

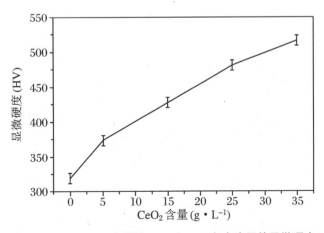

图 8.18　不同 CeO_2 含量的 CeO_2/Zn-Al 复合涂层的显微硬度

8.3.3   CeO₂/Zn-Al 复合涂层的耐腐蚀性能

将烧结钕铁硼磁体表面涂覆不同 CeO_2 含量的 CeO_2/Zn-Al 复合涂层的试样,置于中性盐雾实验箱内,观察其腐蚀情况。Zn-Al 涂层和 CeO_2(5)/Zn-Al、CeO_2(15)/Zn-Al 复合涂层试样开始出现红锈的盐雾腐蚀时间分别为 600 h、672 h 和 696 h。当中性盐雾腐蚀时间达到 720 h 时,CeO_2(25)/Zn-Al 复合涂层试样仍未有明显变化。图 8.19 为不同试样经 720 h 中性盐雾腐蚀后的表面形貌。由图可以看出,经过 720 h 中性盐雾腐蚀后,不含纳米 CeO_2 的 Zn-Al 涂层表面腐蚀最严重,已布满红锈,随着纳米 CeO_2 含量的增加,复合涂层表面的锈斑不断减少。

(a) 0 g · L⁻¹   (b) 5 g · L⁻¹   (c) 15 g · L⁻¹   (d) 25 g · L⁻¹

图 8.19   720 h 中性盐雾实验后 Zn-Al 涂层及不同 CeO_2 含量的 CeO_2/Zn-Al 复合涂层的表面形貌

图 8.20 是磁体表面涂覆 CeO_2(25)/Zn-Al 复合涂层试样经不同时间中性盐雾腐蚀后的腐蚀形貌。当中性盐雾腐蚀时间为 720 h 时,复合涂层的表面开始出现深色区域;当中性盐雾腐蚀时间达到 744 h 时,磁体表面的复合涂层已出现腐蚀微裂纹;经过 768 h 中性盐雾腐蚀后,裂纹逐步扩展;当中性盐雾腐蚀时间达到 792 h 时,复合涂层彻底破裂,外界腐蚀介质可直接与基体接触,复合涂层已彻底失去腐蚀防护作用。磁体表面涂覆 CeO_2(25)/Zn-Al 复合涂层的试样经过中性盐雾腐蚀后,进行动电位极化曲线测试,结果如图 8.21 所示,其对应的拟合结果见表 8.6。与裸露的烧结钕铁硼基体相比,磁体表面涂覆复合涂层的试样的自腐蚀电位向负电位方向移动。由表 8.6 可知,当中性盐雾腐蚀时间达到 720 h 后,复合涂层试样的自腐蚀电位以及自腐蚀电流密度分别为 -1.156 V 和 $2.457×10^{-8}$ A · cm⁻²。相比之下,烧结钕铁硼基体在浸泡 0.5 h 后的自腐蚀电位以及自腐蚀电流密度,分别为 -0.918 V 和 $2.891×10^{-5}$ A · cm⁻²。根据法拉第定律可以看出,涂层的自腐蚀电流密度与其腐蚀速率呈正比例关系,当中性盐雾腐蚀时间为 720 h 时,复合涂层的腐蚀速率显著低于烧结钕铁硼基体。因此,复合涂层能够为磁体提供良好的腐蚀防护作用。

随着中性盐雾腐蚀时间的延长,磁体表面涂覆复合涂层试样的自腐蚀电位和自腐蚀电流密度,逐渐向烧结钕铁硼基体靠近。当中性盐雾腐蚀时间达到 792 h 时,磁体表面涂覆复合涂层试样的自腐蚀电位及其自腐蚀电流密度分别为 -0.939 V 和 $1.672×10^{-5}$ A · cm⁻²,此时钕铁硼基体已开始发生明显的腐蚀,CeO_2/Zn-Al 复合涂层不能为烧结钕铁硼磁体提供有效腐蚀防护作用。

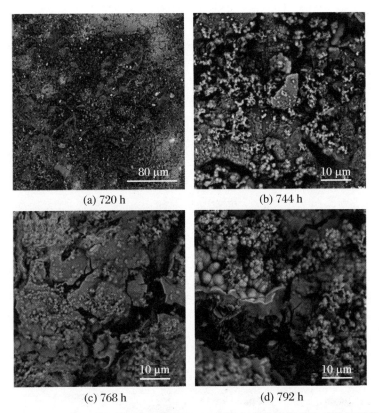

(a) 720 h　　　　　　　(b) 744 h

(c) 768 h　　　　　　　(d) 792 h

图 8.20　CeO₂(25)/Zn-Al 复合涂层试样经不同时间中性盐雾腐蚀后的微观形貌

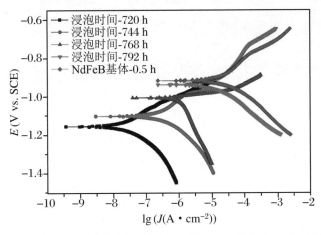

图 8.21　烧结钕铁硼磁体表面涂覆 CeO₂(25)/Zn-Al 复合涂层的试样在
3.5 wt.%NaCl 溶液中腐蚀不同时间的极化曲线

表8.6　图8.21 极化曲线对应的拟合结果

样品	浸泡时间(h)	E_{corr}(V)	J_{corr}(A·cm^{-2})
涂覆 CeO$_2$(25)/Zn-Al 复合涂层的烧结 NdFeB 磁体	720	-1.156	2.457×10^{-8}
	744	-1.103	3.427×10^{-7}
	768	-1.007	3.570×10^{-6}
	792	-0.939	1.672×10^{-5}
烧结 NdFeB 基体	0.5	-0.918	2.891×10^{-5}

8.3.4　CeO$_2$/Zn-Al 复合涂层的腐蚀机理

本小节将对 CeO$_2$/Zn-Al 复合涂层的微观结构、耐中性盐雾腐蚀实验、腐蚀形貌和动电位极化曲线进行综合分析,并结合如图 8.22 所示的涂层结构示意图,初步探讨 CeO$_2$/Zn-Al 复合涂层的腐蚀机理。磁体表面 CeO$_2$/Zn-Al 复合涂层主要具有传统无铬 Zn-Al 涂层的物理屏蔽作用、牺牲阳极的阴极保护作用和钝化作用,通过掺杂 CeO$_2$ 又弥补了 Zn-Al 涂层因摒弃铬酸盐而失去的缓释和自修复功能。

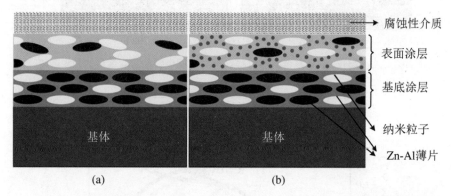

图 8.22　磁体表面 Zn-Al 涂层(a)和 CeO$_2$/Zn-Al 复合涂层(b)的结构示意图

　　Zn-Al 涂层中少量的孔隙会成为腐蚀介质的快速腐蚀通道,且锌铝薄片呈鱼鳞状层叠在 Zn-Al 涂层中,导致锌铝薄片之间的直接接触,在电化学环境中,紧邻的锌铝薄片相当于微电池中的阳极处于导通状态,会加速锌铝薄片的消耗。纳米 CeO$_2$ 具有良好的化学稳定性、比表面积大和电阻率高等优点,通过添加纳米 CeO$_2$ 可以解决 Zn-Al 涂层存在的上述问题。首先,通过在 Zn-Al 涂层中掺杂 CeO$_2$,使其弥散分布于锌铝薄片之间,不仅能够提高涂层的致密度,还可以改善涂层的物理屏蔽作用,能够有效阻碍腐蚀介质的渗入。其次,分布在锌铝薄片表面的纳米 CeO$_2$ 可避免锌铝薄片之间的直接接触,起到绝缘作用,在 NaCl 电解液中可以阻碍 Cl$^-$ 的去极化,减缓 CeO$_2$/Zn-Al 复合涂层中锌铝薄片的腐蚀,提高复合涂层的腐蚀防护能力。因此,CeO$_2$/Zn-Al 复合涂层可为烧结钕铁硼磁体提供更持久的腐蚀防护作用。

8.3.5　磁性能

　　表面涂覆 Zn-Al 涂层及 CeO$_2$(25)/Zn-Al 复合涂层的烧结钕铁硼磁体的磁性能测试结果如表 8.7 所示。由表可知,与磁体表面涂覆无铬 Zn-Al 涂层的试样相比,磁体表面涂覆 CeO$_2$(25)/Zn-Al 复合涂层的试样的剩磁、矫顽力和磁能积变化均十分微小,几乎可以忽略不计。这说明纳米 CeO$_2$ 改性 Zn-Al 涂层能在保证磁体的磁性能不变的基础上,显著提高 Zn-Al 涂层对烧结钕铁硼磁体的腐蚀防护作用。

表 8.7　烧结钕铁硼磁体表面涂覆 Zn-Al 涂层及 CeO$_2$(25)/Zn-Al 复合涂层后的磁性能

样品	B_r(kGs)	H_{cj}(kOe)	$(BH)_{max}$(MGOe)
烧结 NdFeB 磁体	13.79	15.42	45.28
涂覆 Zn-Al 涂层 的烧结 NdFeB 磁体	13.76	15.39	45.23
涂覆 CeO$_2$(25)/Zn-Al 复合涂层的烧结 NdFeB 磁体	13.75	15.33	45.19

8.4　本 章 小 结

　　本章选用硅烷偶联剂作为黏结剂,在烧结钕铁硼磁体表面制备了无铬 Zn-Al 涂层,优化了主要影响涂层性能的锌铝粉配比;采用纳米 CeO$_2$ 对磁体表面无铬 Zn-Al 涂层进行改性,纳米 CeO$_2$ 的添加对无铬 Zn-Al 涂层微观结构及其性能的影响规律和无铬 Zn-Al 涂层和 CeO$_2$/Zn-Al 复合涂层的腐蚀防护机理如下:

　　(1) Zn-Al 涂层中的锌铝粉呈薄片状,较均匀地涂覆在磁体表面,且与基体之间结合紧密,结合强度可达 10.95 MPa,具有良好的防腐蚀能力。

　　(2) 磁体表面无铬 Zn-Al 涂层和电镀 Zn 层的试样均有良好的阳极防护能力。相比而言,无铬 Zn-Al 涂层的腐蚀防护能力更强,可以为烧结钕铁硼提供更长效的防护。磁体表面无铬 Zn-Al 涂层试样的耐中性盐雾腐蚀时间达到了 600 h。

　　(3) 当纳米 CeO$_2$ 的含量在 0～25 g·L^{-1} 时,纳米 CeO$_2$ 较均匀弥散分布于 Zn-Al 涂层中。纳米 CeO$_2$ 的添加不仅可以增加 Zn-Al 涂层的硬度,而且可以提高 Zn-Al 涂层的致密度以及 Zn-Al 涂层的显微硬度和腐蚀防护能力。CeO$_2$(25)/Zn-Al 复合涂层的显微硬度和耐中性盐雾时间分别由 Zn-Al 涂层的 319.32 HV、600 h 提高到了 481.62 HV、720 h。

　　(4) 纳米 CeO$_2$ 的掺杂避免了 Zn-Al 涂层中锌铝薄片之间的直接接触,增加了 Zn-Al 薄片之间的接触电阻,能够阻碍外界腐蚀介质的渗入,显著降低磁体表面复合涂层试样的腐蚀倾向和腐蚀速率。因此,CeO$_2$/Zn-Al 涂层能够为烧结钕铁硼磁体提供长效的腐蚀防护作用。

第9章 烧结钕铁硼磁体表面真空镀铝及其耐蚀性

基材表面薄膜的腐蚀防护能力是由薄膜的结构紧密程度和薄膜厚度等共同决定的。采用真空蒸镀方法沉积的铝(Al)薄膜中易出现微孔,这些微孔的存在利于腐蚀介质在铝膜中浸渗和流动,导致基体提前接触腐蚀介质,进而使得防护薄膜失效。本章将对蒸镀时真空室内的高纯氩气通入量、蒸发舟的电流/电压比、真空室内的温度等工艺参数进行优化调控,减少甚至消除烧结钕铁硼磁体表面铝薄膜出现微孔或裂纹,达到提高铝薄膜致密度的目的,最终在烧结钕铁硼磁体表面制备出高耐蚀性的铝膜防护镀层。

9.1 烧结钕铁硼磁体表面真空镀铝

9.1.1 烧结钕铁硼磁体表面预处理

所用烧结钕铁硼磁体的牌号为 N35,状态为未充磁,采用线切割方法将磁体加工成 9 mm×7 mm×2 mm 的片状样品。采用磨削方法对片状样品进行表面平整,紧接着将片状样品置于倒角机中进行倒角处理,倒角时间为 5 h,主要目的是去除片状样品尖锐的棱角,防止后续蒸镀过程中的边缘效应影响铝镀层的防护能力。对倒角后的片状样品依次进行碱洗除油和酸洗除锈,再对酸洗后的片状样品进行超声清洗。烧结钕铁硼磁体的具体酸洗过程如下:

(1) 常温下,将钕铁硼磁体置于 5 wt.% 的稀 HNO_3 溶液中清洗 10~30 s,以磁体表面无锈迹和污染物为酸洗是否干净的判断依据,且表面出现金属光泽。

(2) 对酸洗后的磁体依次进行一级水洗和二级水洗,水洗时间均为 0.5~1 min,之后在去离子水中超声清洗 2~4 min。

(3) 将超声清洗后的磁体置于酒精溶液中清洗 20~40 s,脱去烧结钕铁硼磁体表面残留的水分。

9.1.2 烧结钕铁硼磁体表面真空镀铝

采用真空蒸镀方法在预处理后的烧结钕铁硼磁体表面沉积铝膜层,制备工艺流程如下:

（1）将待用片状样品放置烘箱干燥，去除样品表面所残留的水分及酒精，将干燥的片状样品装入网笼内。

（2）将装有片状样品的网笼放置于真空室内的转架上，关闭炉门，对真空室进行抽真空，当真空室内的压强小于 1.0×10^{-1} Pa 后，使用扩散泵继续对真空室进行抽真空，最终使真空室内的压强达到 1.0×10^{-3} Pa 以下。

（3）对真空室内的烧结钕铁硼片状样品进行加热处理，当真空室内的温度达到 250 ℃时，关闭加热系统。随后对真空室进行抽真空处理，使片状样品表面残留的水分蒸发。

（4）采用高能氩离子对片状样品表面进行清洗，去除片状样品表面、棱边以及网笼上的毛刺、杂质等，提高真空蒸镀过程的稳定性，改善真空蒸镀铝膜的防护效果。氩离子清洗工艺参数如下：转架的转速为 0.5 r·min^{-1}，氩气流量为 120 sccm，偏压为 600 V，节流阀 TVP 为 60。

（5）片状样品经过氩离子清洗后，将真空室内的真空度抽至 1.0×10^{-3} Pa 以下，冷却至50 ℃以下。

（6）打开蒸发镀膜机电源开关，真空蒸镀的工艺参数如下：节流阀 TVP 调为 120，蒸发镀膜的初始电流为 500 A，逐渐增加到 2100～2300 A。根据蒸镀情况，随时调整金属铝丝的送丝速度，对真空蒸镀过程进行控制。

（7）真空蒸镀完成后，对真空室进行抽真空，当真空室内的温度降到 50 ℃以下，取出产品。

9.1.3　不同预处理方法对铝镀膜结构的影响

采用真空蒸镀方法在磁体表面制备的铝薄膜，易出现针孔、开孔及闭孔的缺陷，这是致使磁体表面铝镀膜防护性能较低的重要原因。通过调节蒸镀工艺参数来控制铝粒子的沉积速率和沉积方式，最终实现对铝镀膜结构的调控。其他工艺及参数不变的情况下，分别采用酸洗和喷砂的方法对片状样品进行表面预处理，然后对磁体表面铝镀膜的微观结构和性能进行表征与分析。磁体表面真空蒸镀铝膜的工艺参数如表 9.1 所示。

表 9.1　不同表面预处理后磁体表面真空蒸镀铝膜的工艺参数

前处理	TVP	转速 (r·min^{-1})	氩气流量 (sccm)	偏压 (V)	t_1 (min)	TVP	蒸发电流 (A)	t_2 (min)
酸洗	60	0.5	120	600	15	120	2100	30
喷砂	60	0.5	120	600	15	120	2100	30

图 9.1 和图 9.2 是磁体分别经过酸洗和喷砂预处理后铝镀膜的 SEM 形貌。由图可知，磁体表面均匀沉积一层铝膜，二者微观结构相似，且组成铝膜的晶粒尺寸基本一致。铝膜的致密度较高，但是部分区域出现了颗粒团簇及堆叠的现象。此外，两种预处理方法后制备的铝镀膜均存在少量的微孔。

9.1.4　蒸镀电流对铝镀膜结构的影响

因为酸洗预处理的效率高于喷砂，所以适用于清洗大批量的烧结钕铁硼磁体，并且能够

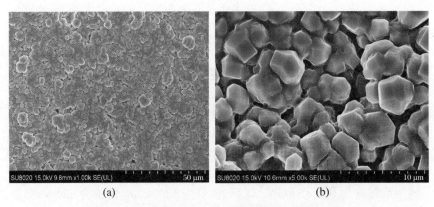

(a)   (b)

图9.1   酸洗预处理工艺后铝镀膜表面 SEM 形貌

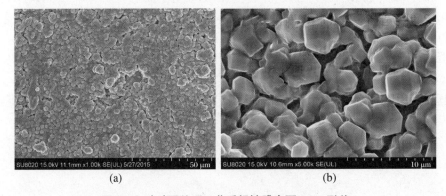

(a)   (b)

图9.2   喷砂预处理工艺后铝镀膜表面 SEM 形貌

保证预处理效果的均一性。因此,后续讨论均采用酸洗方法进行预处理。调节真空蒸镀电流大小分别为 2100 A、2200 A 和 2300 A,根据蒸发舟内铝丝熔化情况调整送丝速度,从而制备出厚度大体一致的磁体表面铝镀膜样品。具体的磁体表面真空蒸镀铝膜的工艺参数如表9.2 所示。

表9.2   不同蒸镀电流条件下磁体表面真空蒸镀铝膜的工艺参数

表面清洗	TVP	转速 (r·min)	氩气流量 (sccm)	偏压 (V)	t_1 (min)	真空蒸镀	TVP	蒸发电流 (A)	t_2 (min)
	60	0.5	120	600	15		120	2100	30
	60	0.5	120	600	15		120	2200	30
	60	0.5	120	600	15		120	2300	30

采用不同蒸发电流所制备的铝镀膜的 SEM 形貌如图9.3~图9.5 所示。由图看出,磁体表面铝镀膜随蒸发电流的增大而逐渐变得粗糙。当蒸发电流为 2100 A 时,铝镀膜平整致密,且铝镀膜的颗粒之间未见团簇和堆叠现象。当蒸发电流增加至 2200 A 时,铝镀膜的晶粒尺寸变大,表面变得相对粗糙。进一步增大蒸发电流至 2300 A,磁体表面铝镀膜出现凹凸不平、团聚及堆叠现象。这主要是由于蒸发电流较低时,蒸发舟的功率较低,真空室内的温度也相对较低,升温较慢,此时磁体表面的过冷度大,有利于铝粒子在磁体表面的形核,所

以磁体表面铝膜相对较为平整致密。随蒸发电流的不断增大,蒸发舟的功率不断增加,真空室内铝粒子的浓度上升,部分铝粒子沉积在磁体表面,另一部分则沉积在真空室腔体内部,因此,沉积的铝膜变得相对粗糙与凹凸不平。

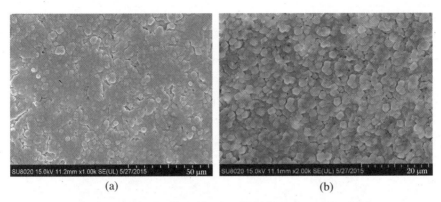

图 9.3　2100 A 蒸发电流下磁体表面铝镀膜的 SEM 形貌

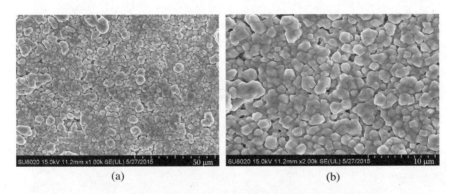

图 9.4　2200 A 蒸发电流下磁体表面铝镀膜的 SEM 形貌

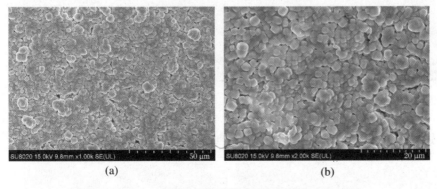

图 9.5　2300 A 蒸发电流下磁体表面铝镀膜的 SEM 形貌

9.1.5　真空室温度对铝镀膜结构的影响

当真空室内的温度分别为 50 ℃、100 ℃ 和 200 ℃ 时,磁体表面真空蒸镀铝膜的工艺参数如表 9.3 所示。

表 9.3   不同真空室温度下磁体表面真空蒸镀铝膜的工艺参数

表面清洗	TVP	转速 (r·min)	氩气流量 (sccm)	偏压 (V)	t_1 (min)	真空蒸镀	TVP	蒸发电流 (A)	t_2 (min)	室内温度 (℃)
	60	0.5	120	600	15		120	2100	30	50
	60	0.5	120	600	15		120	2100	30	100
	60	0.5	120	600	15		120	2100	30	200

图 9.6～图 9.8 是不同真空室温度下磁体表面铝镀膜的 SEM 形貌。由图可知,真空室温度对磁体表面铝镀膜的微观形貌无明显影响。不同真空室温度下,在磁体表面制备的铝镀膜均较为均匀致密。后续将采用中性盐雾实验和动电位极化曲线测试,评价磁体表面铝镀膜的耐腐蚀性能,分析真空室温度对磁体表面铝镀膜耐腐蚀性能的影响。

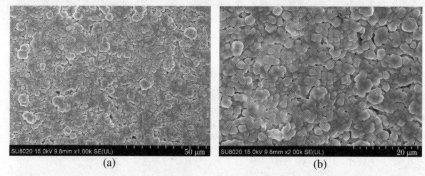

图 9.6   真空室温度为 50 ℃时铝镀膜表面形貌

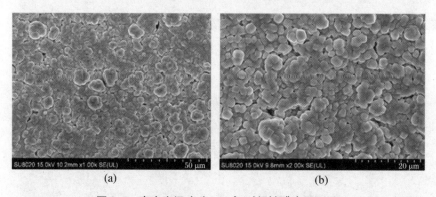

图 9.7   真空室温度为 100 ℃时铝镀膜表面形貌

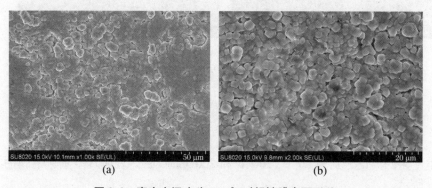

图 9.8   真空室温度为 200 ℃时铝镀膜表面形貌

9.2　烧结钕铁硼磁体表面铝镀膜的耐蚀性

烧结钕铁硼磁体凭借其优异的综合磁性能和较高的性价比在生产、生活中获得广泛应用。烧结钕铁硼磁体具有多相结构，主要包括主相 $Nd_2Fe_{14}B$、富稀土相和富硼相，且各相之间的电位差相差较大，在活泼的富稀土相和主相之间极易发生电化学腐蚀，其极差的耐腐蚀性能限制了磁体的应用领域。改善烧结钕铁硼磁体的耐腐蚀性能的方法主要包括合金化法和表面防护法。由于合金化法会在一定程度上损害磁体的磁性能，所以工业生产上通常采用表面防护技术来提高磁体的耐蚀性能。传统的表面防护技术包括电镀、化学镀和阴极电泳等湿法镀膜方法，但是镀膜过程会产生工业"三废"，造成环境污染。然而，真空蒸镀及磁控溅射等物理气相沉积技术能够有效避免工业"三废"的产生，成为今后磁体表面防护的主要方向之一。磁体表面沉积的铝膜层耐腐蚀性能好，且成本较低，适合用于磁体表面防护。但是，真空蒸镀沉积铝粒子过程中携带的能量较小，且沉积的铝膜呈柱状晶结构生长，晶间存在间隙，还夹杂部分微孔，易成为外界腐蚀介质渗入基体表面的快速腐蚀通道，铝镀膜存在的上述问题会导致其防腐作用有限。然而，离子束辅助沉积可以增加蒸气原子沉积时的动能，同时起到夯实铝膜的目的，能够打断铝膜的柱状晶生长，提高其致密度，延长腐蚀防护时间。

当前，有关磁体表面物理气相沉积技术的研究表明，磁体表面沉积铝膜可以有效提高磁体的耐腐蚀性能。所制备的防护膜层逐渐由单一铝膜向多层膜交替沉积方向发展，能够有效提高单层膜的致密度，打断单一薄膜柱状晶生长，达到延长磁体耐腐蚀性的效果。常见的多层膜有 Al_2O_3/Al、AlN/Al、Ti/Al 等。目前，关于磁体表面真空蒸镀铝的研究仍然较少，特别是真空蒸镀工艺参数对铝薄膜的微观结构及相关性能的影响缺少数据支撑。因此，优化烧结钕铁硼磁体表面真空蒸镀铝的工艺参数，掌握工艺参数对薄膜结构及性能的影响规律具有重要意义。接下来，本章将重点讨论真空蒸镀过程中磁体预处理、蒸发电流/电压、真空室温度等工艺参数对铝镀膜耐蚀性能的影响。

9.2.1　铝镀膜防护能力的评定

本章节采用中性盐雾实验（NSS）测试铝镀膜样品的耐蚀性能。实验条件为：盐雾箱温度为 35 ℃，采用 (50 ± 5) g·L^{-1} 的 NaCl 溶液作为腐蚀介质，根据样品表面铝镀膜出现锈点或锈斑的时间来判定其耐蚀性能的优劣。

磁体表面的防护膜层与烧结钕铁硼基体之间的结合强度会影响其耐腐蚀性能。当薄膜与基体之间的结合强度较差时，在后期的服役过程中会导致薄膜从基体上脱落，导致薄膜失去腐蚀防护能力，所以薄膜与基体之间良好的结合强度是保证薄膜经久耐用的重要条件。关于薄膜与基体之间的结合强度的测试方法主要有以下几种：划痕法、摩擦法、拉脱法、冷热循环法和摩擦法等有关镀层结合情况的检测方法。本实验采用电子万能实验机测试薄膜与基体之间的结合情况，拉伸实验过程示意图如图 9.9 所示。采用黏胶剂将铝镀膜样品粘在测试用铜棒上，固化后采用微机控制式电子万能实验机进行拉脱实验。其中，薄膜与基体之

间的结合强度为 $p = F_{max}/A$,式中 p 为结合强度,F_{max} 为铝薄膜拉脱时的最大载荷,A 为铝薄膜拉脱时的实际受力面积。薄膜与基体之间的结合强度越高,说明薄膜与基体之间的结合越牢固。最后,采用冷热循环法对铝镀膜样品进行冷热冲击实验,观察磁体表面镀膜的微观形貌变化,评价铝镀膜耐冷热冲击的能力。

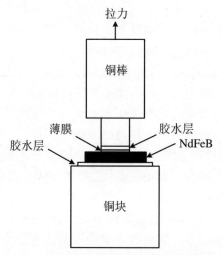

图 9.9　铝镀膜样品的拉伸实验示意图

9.2.2　预处理方法对铝镀膜耐腐蚀性能及膜基结合强度的影响

测试铝镀膜样品和烧结钕铁硼磁体在 3.5 wt.%NaCl 溶液中的动电位极化曲线,如图 9.10 所示。同时采用 NSS 实验测试铝镀膜样品的耐中性盐雾腐蚀时间,综合评价其耐蚀性能。烧结钕铁硼磁体以及不同预处理的铝镀膜样品的动电位极化曲线的拟合结果如表 9.4～表 9.6 所示。从表 9.4～表 9.6 中选取测试结果的平均值列于表 9.7。比较可知,与烧结钕铁硼磁体相比,不同预处理的铝镀膜样品的自腐蚀电流密度均降低 1 个数量级,说明铝镀膜具有良好的腐蚀防护能力,其中酸洗和喷砂预处理后制备的铝镀膜样品,其自腐蚀电位分别负移了 0.058 V 和 0.118 V,说明酸洗预处理后制备的铝镀膜样品腐蚀倾向更小。

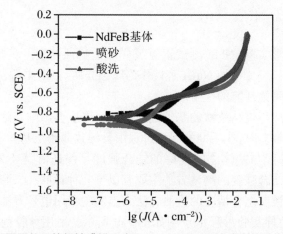

图 9.10　不同预处理的铝镀膜样品在 3.5 wt.%NaCl 溶液中的动电位极化曲线

表 9.4　烧结钕铁硼基体的自腐蚀电位与自腐蚀电流密度

烧结 NdFeB 基体	$E_{corr}(V)$	$J_{corr}(A \cdot cm^{-2})$
1	-0.823	3.341×10^{-5}
2	-0.820	3.332×10^{-5}
3	-0.821	3.330×10^{-5}
4	-0.824	3.329×10^{-5}
5	-0.819	3.342×10^{-5}

表 9.5　酸洗预处理的铝镀膜样品的自腐蚀电位与自腐蚀电流密度

铝镀膜(酸洗预处理)	$E_{corr}(V)$	$J_{corr}(A \cdot cm^{-2})$
1	-0.866	1.582×10^{-6}
2	-0.868	1.586×10^{-6}
3	-0.869	1.574×10^{-6}
4	-0.868	1.584×10^{-6}
5	-0.864	1.561×10^{-6}

表 9.6　喷砂预处理的铝镀膜样品的自腐蚀电位与自腐蚀电流密度

铝镀膜(喷砂预处理)	$E_{corr}(V)$	$J_{corr}(A \cdot cm^{-2})$
1	-0.925	4.018×10^{-6}
2	-0.923	4.024×10^{-6}
3	-0.928	4.008×10^{-6}
4	-0.931	4.021×10^{-6}
5	-0.927	4.003×10^{-6}

表 9.7　不同预处理的铝镀膜样品的自腐蚀电位与自腐蚀电流密度

样品	$E_{corr}(V)$	$J_{corr}(A \cdot cm^{-2})$
NdFeB 基体	-0.810	2.110×10^{-5}
铝镀膜(酸洗)	-0.868	1.584×10^{-6}
铝镀膜(喷砂)	-0.928	4.008×10^{-6}

图 9.11 是不同预处理工艺制备的铝镀膜样品的耐中性盐雾腐蚀实验结果。由图可以看出,当中性盐雾实验时间达到 96 h 后,酸洗预处理和喷砂预处理后所制备的铝镀膜样品均出现不同程度的腐蚀,其中,酸洗预处理的样品(图 9.11(a))的腐蚀程度相对较轻,两者的边角处腐蚀最为严重,这是由边角效应所致,边角是最薄弱的地方,易发生腐蚀。

测试铝镀膜与烧结钕铁硼基体之间的结合强度,测试时位移速度控制在 1 mm · min^{-1},其拉力-位移曲线如图 9.12 所示。待测样品的有效受力面积为 69.56 mm^2,经酸洗预处理后所制备的铝镀膜与基体之间的最大拉力 $F_m = 746.0$ N,明显大于相同条件下采用喷砂预处理所制备的铝镀膜样品。计算可知,酸洗和喷砂预处理所制备的铝镀膜与烧结钕铁硼基体之间的结合强度,分别为 10.725 MPa 和 9.891 MPa。所以,酸洗预处理所制备的铝镀膜

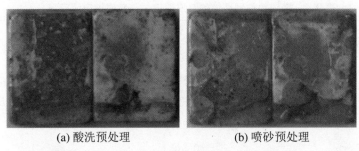

(a) 酸洗预处理　　　　　　　　(b) 喷砂预处理

图9.11　不同预处理工艺所制备的铝镀膜样品的耐中性盐雾实验96 h的腐蚀情况

与基体之间的结合强度优于喷砂预处理。因此,就提高镀层与基体之间的结合强度而言,酸洗更适用于烧结钕铁硼磁体的表面预处理。

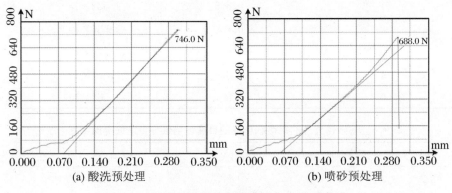

(a) 酸洗预处理　　　　　　　　(b) 喷砂预处理

图9.12　不同预处理的铝镀膜样品力-位移曲线

9.2.3　蒸发电流对铝镀膜耐腐蚀性能及膜基结合强度的影响

不同蒸发电流条件下所制备的铝镀膜样品的动电位极化曲线拟合结果,如表9.8～表9.10所示,并将表9.8～表9.10测试结果的平均值列于表9.11。比较可知,与烧结钕铁硼磁体相比,不同蒸发电流条件下所制备的铝镀膜样品的自腐蚀电流密度均降低了1个数量级,其自腐蚀电位分别负移了 0.058 V(2100 A)、0.095 V(2200 A)和0.193 V(2300 A)。这说明不同蒸发电流条件下所制备的铝镀膜样品均具有较好的防腐蚀能力。另外,铝镀膜的腐蚀倾向随蒸发电流的增大而增加(图9.13),出现这种现象的原因在于蒸发电流增大会导致铝薄膜变得疏松多孔且粗糙。

表9.8　2100 A蒸发电流条件下制备的铝镀膜样品的自腐蚀电位与自腐蚀电流密度

铝镀膜(2100 A)	$E_{corr}(V)$	$J_{corr}(A \cdot cm^{-2})$
1	-0.866	1.582×10^{-6}
2	-0.868	1.586×10^{-6}
3	-0.869	1.574×10^{-6}
4	-0.868	1.584×10^{-6}
5	-0.864	1.561×10^{-6}

表 9.9　2200 A 蒸发电流条件下制备的铝镀膜样品的自腐蚀电位与自腐蚀电流密度

铝镀膜（2200 A）	E_{corr}（V）	J_{corr}（A·cm^{-2}）
1	-0.902	2.647×10^{-6}
2	-0.904	2.649×10^{-6}
3	-0.905	2.650×10^{-6}
4	-0.903	2.648×10^{-6}
5	-0.907	2.654×10^{-6}

表 9.10　2300 A 蒸发电流条件下制备的铝镀膜样品的自腐蚀电位与自腐蚀电流密度

铝镀膜（2300 A）	E_{corr}（V）	J_{corr}（A·cm^{-2}）
1	-1.001	6.267×10^{-6}
2	-1.003	6.269×10^{-6}
3	-1.005	6.273×10^{-6}
4	-1.004	6.271×10^{-6}
5	-1.003	6.264×10^{-6}

表 9.11　不同蒸发电流条件下制备的铝镀膜样品的自腐蚀电位与自腐蚀电流密度

样品	E_{corr}（V）	J_{corr}（A·cm^{-2}）
NdFeB 基体	-0.810	2.110×10^{-5}
2100 A	-0.868	1.584×10^{-6}
2200 A	-0.905	2.650×10^{-6}
2300 A	-1.003	6.269×10^{-6}

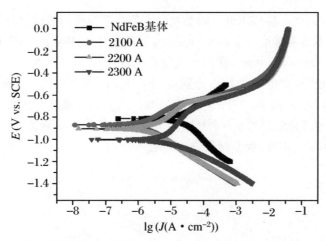

图 9.13　不同蒸发电流条件下制备的铝镀膜样品与基体的动电位极化曲线

图 9.14 是不同蒸发电流条件下制备的铝镀膜样品中性盐雾腐蚀实验结果。表 9.12 是不同蒸发电流条件下制备的铝镀膜样品的耐中性盐雾腐蚀时间情况。由图看出，当 NSS 实验时间达到 82 h 后，蒸发电流为 2100 A 的样品表面出现腐蚀斑点，蒸发电流分别为 2200 A 和 2300 A 的样品，表面出现腐蚀斑点的时间为 78 h 和 72 h。因此，样品的耐中性盐雾腐蚀情况与动电位极化曲线的测试结果一致，铝镀膜的耐腐蚀能力随蒸发电流的增大而降低。

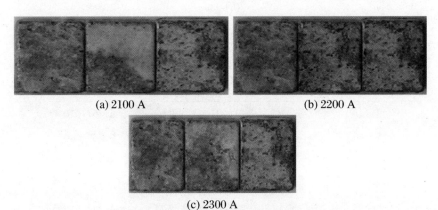

(a) 2100 A (b) 2200 A

(c) 2300 A

图 9.14　不同蒸发电流条件下制备的铝镀膜样品耐中性盐雾腐蚀情况

表 9.12　不同蒸发电流条件下制备的铝镀膜耐中性盐雾腐蚀时间

工艺	时间（h）			
	48	72	78	82
2100 A	—	—	—	锈蚀
2200 A	—	—	锈蚀	
2300 A	—	锈蚀	—	—

采用微机控制式万能实验机测试不同蒸发电流条件下制备的铝镀层与钕铁硼基体之间的结合强度，测试时的位移速度为 1 mm·min^{-1}，其典型力-位移曲线如图 9.15 所示。待测样品的有效受力面积为 69.56 mm^2，在不同蒸发电流（2100 A、2200 A、2300 A）条件下制备的铝镀膜与基体之间可承受的最大拉力分别为 754 N、743 N、733 N。计算可知，三者的结合强度分别为 10.84 MPa、10.68 MPa、10.54 MPa。三者结合强度大致相当。随着蒸发电流的增大，膜基结合强度随之减小，主要是因为蒸发电流增大导致铝镀膜致密度降低，且膜层变得粗糙与凹凸不平。因此，膜基结合强度随之降低。

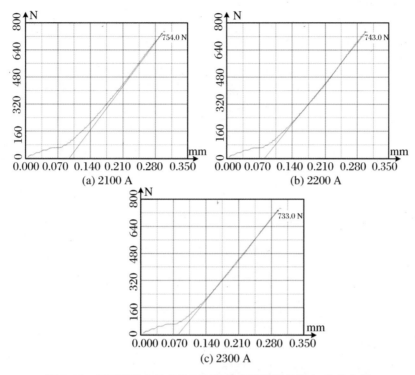

图 9.15　不同蒸发电流条件下制备的铝镀膜样品的力-位移曲线

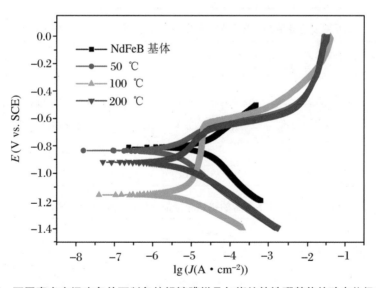

图 9.16　不同真空室温度条件下制备的铝镀膜样品与烧结钕铁硼基体的动电位极化曲线

9.2.4　真空室温度对铝镀膜耐腐蚀性能及膜基结合强度的影响

　　不同真空室温度条件下制备的铝镀膜样品的动电位极化曲线测试结果,如图 9.16 所示,其对应的拟合结果如表 9.13～表 9.15 所示。将表 9.13～表 9.15 测试结果的平均值列于表 9.16。比较可知,与烧结钕铁硼基体相比,不同真空室温度条件下制备的铝镀膜样品的自腐蚀电流密度均降低了 1 个数量级,其自腐蚀电位分别负移了 0.026 V、0.347 V、0.110 V。这说明铝镀膜能为烧结钕铁硼磁体提供有效的腐蚀防护作用,并且真空室温度对铝镀膜的耐腐蚀性能影响较小。

表 9.13　50 ℃真空室温度下制备的铝镀膜样品的自腐蚀电位与自腐蚀电流密度

铝镀膜(50 ℃)	E_{corr}(V)	J_{corr}(A · cm^{-2})
1	−0.834	3.283×10^{-6}
2	−0.833	3.285×10^{-6}
3	−0.836	3.286×10^{-6}
4	−0.835	3.289×10^{-6}
5	−0.834	3.288×10^{-6}

表 9.14　100 ℃真空室温度下制备的铝镀膜样品的自腐蚀电位与自腐蚀电流密度

铝镀膜(100 ℃)	E_{corr}(V)	J_{corr}(A · cm^{-2})
1	−1.154	5.510×10^{-6}
2	−1.153	5.515×10^{-6}
3	−1.157	5.513×10^{-6}
4	−1.159	5.520×10^{-6}
5	−1.156	5.519×10^{-6}

表 9.15　200 ℃真空室温度下制备的铝镀膜样品的自腐蚀电位与自腐蚀电流密度

铝镀膜(200 ℃)	E_{corr}(V)	J_{corr}(A · cm^{-2})
1	−0.918	4.283×10^{-6}
2	−0.921	4.287×10^{-6}
3	−0.920	4.285×10^{-6}
4	−0.917	4.289×10^{-6}
5	−0.922	4.279×10^{-6}

表 9.16　不同真空室温度条件下制备的铝镀膜样品的自腐蚀电位与自腐蚀电流密度对比

样品	E_{corr}(V)	J_{corr}(A · cm^{-2})
NdFeB 基体	−0.810	2.110×10^{-5}
50 ℃	−0.836	3.286×10^{-6}
100 ℃	−1.157	5.513×10^{-6}
200 ℃	−0.920	4.285×10^{-6}

图 9.17 是不同真空室温度条件下制备的铝镀膜样品的耐中性盐雾腐蚀实验结果。由图看出,当中性盐雾腐蚀时间达到 68 h 时,真空室温度为 100 ℃条件下制备的铝镀膜样品表面出现了腐蚀锈点;当中性盐雾腐蚀时间达到 72 h 时,真空室温度为 50 ℃和 200 ℃条件下制备的样品发生了腐蚀。耐中性盐雾腐蚀实验结果与其动电位极化曲线的测试结果保持

一致,说明真空室温度对铝镀膜的耐蚀性没有显著影响。

　　采用微机控制万能实验机测试不同真空室温度条件下所制备的铝镀膜与烧结钕铁硼基体之间的结合强度,测试时的位移速度为 1 mm·min^{-1},典型拉力-位移曲线如图 9.18 所示。待测样品的有效受力面积为 69.56 mm^2,三种真空室温度下制备的样品可承受的最大拉力值分别为 746 N、740 N 和 743 N。经计算可得,真空室温度分别为 50 ℃、100 ℃ 和 200 ℃ 条件下所制备的样品的膜基结合强度,分别为 10.72 MPa、10.64 MPa 和 10.68 MPa。三种样品的结合强度基本相近,无明显变化,说明真空室温度对铝镀膜与烧结钕铁硼基体之间的结合强度没有明显影响。

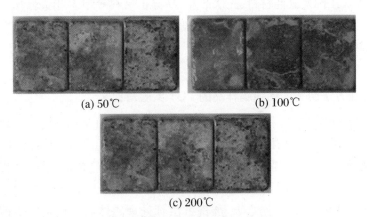

(a) 50℃　　　　　(b) 100℃

(c) 200℃

图 9.17　不同真空室温度下所制备的铝镀膜样品的中性盐雾实验后的表面形貌

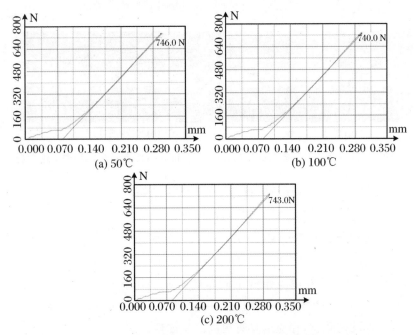

(a) 50℃　　　　　(b) 100℃

(c) 200℃

图 9.18　不同真空室温度条件下制备的铝镀膜样品的力-位移曲线

9.2.5　不同工艺条件下制备的铝镀膜 PCT 实验

1. PCT 实验

采用高速寿命实验箱（简称为 PCT 实验箱）测试样品的耐蚀性能，测试过程中要严格控制压力、温度和湿度。实验结果判定标准为样品表面出现脱层、起泡、氧化物等。PCT 实验被广泛用于工业生产，主要包括汽车工业、制药行业、化工、电力电子、航空航天、国防军工，以及 IC、LCD、EVA、LED、磁性材料、光伏产业、高分子材料等诸多相关领域。主要应用于产品实验开发阶段，能够较好地反映产品的服役特性，大幅度缩短了研发周期，帮助快速找出所开发产品的缺陷及薄弱之处。实验时设置的参数条件为：蒸汽压力为 2 atm，温度为 (120 ± 2) ℃，相对湿度为 100% RH。

2. 不同预处理方法制备的铝镀膜样品的 PCT 实验对比

采用不同预处理方法（酸洗和喷砂）对烧结钕铁硼磁体进行除油、除锈等，最终制备的铝镀膜样品的耐 PCT 测试结果如图 9.19 所示。由图可以看出，当 PCT 实验时间达到 48 h 后，采用喷砂方法处理磁体后所制备的 Al 镀膜样品腐蚀更加严重，样品表面出现黑色氧化物粉末，说明经过 48 h 的 PCT 实验后磁体表面的铝镀膜已经破坏，从而使烧结钕铁硼基体出现氧化现象（图 9.19(b)）。相比之下，酸洗方法预处理磁体后所制备的铝镀膜样品腐蚀程度较轻，烧结钕铁硼基体开始发生氧化（图 9.19(a)）。因此，在其他实验条件相同的情况下，酸洗预处理工艺所制备的铝镀膜样品具有更高的耐 PCT 实验能力。

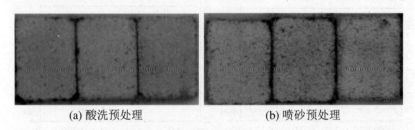

(a) 酸洗预处理　　　　　　　　　　(b) 喷砂预处理

图 9.19　不同预处理方法制备的铝镀膜样品经 48 h PCT 实验后的表面腐蚀情况

3. 不同蒸发电流条件下制备的铝镀膜样品的 PCT 实验对比

真空蒸镀铝过程中保持其他工艺参数一致，仅仅调节蒸发电流的大小，不同蒸发电流条件下所制备的铝镀层样品的 PCT 实验结果，如图 9.20 所示。由图可知，当 PCT 实验时间达到 48 h 后，蒸发电流分别为 2200 A 和 2300 A 时所制备的样品出现粉化现象，铝镀膜已被腐蚀破坏，并且 2300 A 蒸发电流条件下制备的样品腐蚀程度更为严重（图 9.20(b)和(c)）。蒸发电流为 2100 A 时所制备的铝镀膜相对完好。这是由于蒸发电流为 2100 A 条件下沉积的铝膜层更加均匀致密，相应地具有更高的耐蚀性。

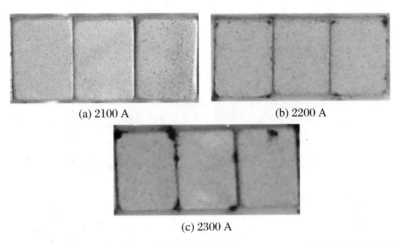

(a) 2100 A　　　　　　　(b) 2200 A

(c) 2300 A

图 9.20　不同蒸发电流条件下制备的铝镀膜样品经 48 h PCT 实验后的表面腐蚀形貌

4．不同真空室温度下制备的铝镀膜样品的 PCT 实验对比

真空蒸镀铝过程中保持其他工艺参数一致，通过调整真空室温度制备了不同的铝镀层样品，比较了真空室温度对铝镀膜的 PCT 测试结果，如图 9.21 所示。由图可知，当 PCT 实验达到 48 h 后，不同真空室温度条件下制备的铝镀膜样品的腐蚀程度接近，其中样品的边角处腐蚀最为严重。

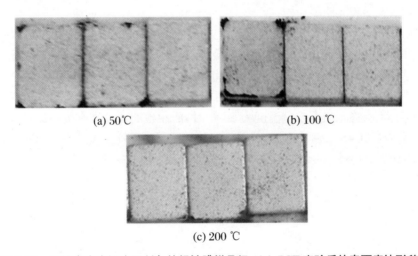

(a) 50℃　　　　　　　(b) 100 ℃

(c) 200 ℃

图 9.21　不同真空室温度下制备的铝镀膜样品经 48 h PCT 实验后的表面腐蚀形貌

5．不同工艺条件下制备的铝镀膜的冷热冲击实验

为了验证铝镀膜样品对外界环境急剧变化的反应情况，采用冷热冲击实验测试样品抵抗高低温冲击的能力。冷热冲击实验可以显著缩短样品的设计开发周期，被应用于实验鉴定和工业化生产过程中，能够很好地评价涂层的防护效果。本书采用冷热冲击实验测试烧结钕铁硼磁体表面铝镀膜耐高低温冲击能力，从而判断铝镀膜对烧结钕铁硼磁体的防护效果。冷热冲击实验条件为：低温槽的温降速率和高温槽的温升速率均为 5 ℃ · min^{-1}，实验温度为 −40～150 ℃，实验时间为 168 h。

　　图 9.22 是铝镀膜样品的冷热冲击实验结果。当冷热冲击实验时间达到 168 h 后,所有铝镀膜样品表面均未出现明显变化,无起皮、起泡和脱落等现象。因此,铝镀膜能够为磁体提供良好的腐蚀防护作用,保证了产品在使用过程中的可靠性及稳定性。

(a)　　　　　　　　　(b)

图 9.22　冷热冲击实验前(a)、后(b)铝镀膜样品表面形貌对比

9.3　本　章　小　结

　　(1) 采用不同预处理方法在磁体表面制备的铝镀膜具有大致相同的微观形貌,且铝镀膜的致密度较高。当蒸发电流为 2100 A 时,所制备的铝镀膜更加均一致密,随蒸发电流的增加,磁体表面铝镀膜变得相对粗糙,平整度下降,出现疏松多孔现象。真空室温度对磁体表面铝镀膜的微观形貌无明显影响。

　　(2) 铝镀膜样品的自腐蚀电流密度随蒸发电流的增大而增大,其耐蚀性能也随之降低。当蒸发电流为 2100 A 时,其自腐蚀电流密度最小,仅为 1.584×10^{-6} A·cm^{-2},铝镀膜的耐蚀性能最高,其耐中性盐雾腐蚀结果与动电位极化曲线测试结果一致。

　　(3) 真空室温度在 50～200 ℃范围内,所制备的铝镀膜样品的自腐蚀电流密度呈现先增大后降低的变化趋势。当真空室温度为 50 ℃时,所制备的样品具有最小的自腐蚀电流密度。当 PCT 实验达到 48 h 后,不同真空室温度条件下制备的样品腐蚀程度接近。烧结钕铁硼磁体表面的铝镀膜能够承受 168 h 的冷热冲击,能够为磁体提供良好的腐蚀防护作用。

参 考 文 献

［1］ 钟文定. 铁磁学［M］. 北京：科学出版社，1992.

［2］ 严密，彭晓领. 磁学基础与磁性材料［M］. 杭州：浙江大学出版社，2006.

［3］ 周寿增，董清飞，高学绪. 烧结钕铁硼稀土永磁材料与技术［M］. 北京：冶金工业出版社，2011.

［4］ Matsuura Y. Recent development of Nd-Fe-B sintered magnets and their applications［J］. Journal of Magnetism and Magnetic Materials，2006，303（2）：344-347.

［5］ Constantinides S. Novel permanent magnets and their uses［J］. In Materials Research Society Symposium-Proceedings，San Francisco，1999，577：255-263.

［6］ Strnat K Hoffer G，Olson J，et al. A family of new cobalt-base permanent magnet materials［J］. Journal of Applied Physics，1967，38（3）：1001-1002.

［7］ Ojima T，Tomizawa S，Yoneyama T，et al. Magnetic properties of a new type of rare-earth cobalt magnets Sm_2（Co，Cu，Fe，M）$_{17}$［J］. IEEE Transactions on Magnetcs. 1977，13（5）：1317-1319.

［8］ Sagawa M，Fujimura S，Togawa N，et al. New material for permanent magnets on a base of Nd and Fe（invited）［J］. Journal of Applied Physics，1984，55（6）：2083-2087.

［9］ 丁霞. 烧结钕铁硼永磁合金的微观组织、性能和耐蚀工艺研究［D］. 济南：山东大学，2016.

［10］ Herbst J F，Croat J J，Pinkerton F E，et al. Relationships between crystal structure and magnetic properties in $Nd_2Fe_{14}B$［J］. Physical Review B，1984，29（7）：1-4.

［11］ Hono K，Sepehri-Amin H. Strategy for high-coercivity Nd-Fe-B magnets［J］. Scripta Materialia，2012，67（6）：530-535.

［12］ Plusa D. Mechanism of magnetization reversal in $Nd_{15.1}Fe_{76.9}B_8$ Permanent-Magnets［J］. IEEE Transactions on Magnetics，1994，30（2）：872-874.

［13］ 高汝伟，李华，姜寿亭，等. 烧结 Nd-Fe-B 永磁合金矫顽力机制的理论与实验研究［J］. 物理学报，1994，43（1）：145-153.

［14］ Hadjipanayis G C，Kim A. Domain wall pinning versus nucleation of reversed domains in R-Fe-B magnets［J］. Journal of Applied Physics，1988，63（8）：3310-3315.

［15］ Fidler J，Schrefl T，Hoefinger S，et al. Recent developments in hard magnetic bulk materials［J］. Cheminform，2004，16（27）：455-470.

［16］ Perigo E A，Takiishi H，Motta C C，et al. On the squareness factor behavior of RE-FeB（RE＝Nd or Pr）magnets above room temperature［J］. IEEE Transactions on Magnetics，2009，45（10）：4431-4434.

［17］ 周头军，胡贤君，潘为茂，等. 工业应用中钕铁硼磁体不可逆磁通损失的影响因素研究［J］. 中国稀土学报，2019，37（3）：339-343.

［18］ Nan H Y，Zhu L Q，Liu H C，et al. Effect of cathodic hydrogen evolution on the coercivity and thermal stability of sintered NdFeB magnets［J］. Rare Metal Materials and Engineering，2017，46（12）：3658-3662.

[19] Peng B X, Ma T Y, Zhang Y J, et al. Improved thermal stability of Nd-Ce-Fe-B sintered magnets by Y substitution[J]. Scripta Materialia, 2017, 131: 11-14.

[20] Ding G F, Guo S, Chen L, et al. Effects of the grain size on domain structure and thermal stability of sintered Nd-Fe-B magnets[J]. Journal of Alloys and Compounds, 2018, 735(25): 1176-1180.

[21] Liu X B, Altounian Z. The partitioning of Dy and Tb in NdFeB magnets: A first-principles study [J]. Journal of Applied Physics, 2012, 111(7): 07A701.

[22] Hu Z H, Lian F Z, Zhu M G, et al. Effect of Tb on the intrinsic coercivity and impact toughness of sintered Nd-Dy-Fe-B magnets[J]. Journal of Magnetism & Magnetic Materials, 2008, 320(11): 1735-1738.

[23] Sepehri-Amin H, Une Y, Ohkubo T, et al. Microstructure of fine-grained Nd-Fe-B sintered magnets with high coercivity[J]. Scripta Materialia, 2011, 65(5): 396-399.

[24] Bittner F, Woodcock T G, Schultz L, et al. Normal and abnormal grain gromassh in fine-grained Nd-Fe-B sintered magnets prepared from He jet milled powders[J]. Journal of Magnetism and Magnetic Materials, 2017, 426: 698-707.

[25] Nakamura M, Matsuura M, Tezuka N, et al. Preparation of ultrafine jet-milled powders for NdFeB sintered magnets using hydrogenation-disproportionation-desorption-recombination and hydrogen decrepitation processes[J]. Applied Physics Letters, 2013, 103(2): 022404.

[26] Popov A G, Gaviko V S, Shchegoleva N N, et al. Effect of addition of esters of fatty acids on the microstructure and properties of sintered Nd-Fe-B magnets produced by PLP[J]. Journal of Magnetism and Magnetic Materials, 2016, 386: 134-140.

[27] Li D, Suzuki S, Kawasaki T, et al. Grain interface modification and magnetic properties of Nd-Fe-B sintered magnets[J]. Japanese Journal of Applied Physics, 2008, 47(10): 7876-7878.

[28] Nakamura H, Hirota K, Shimao M, et al. Magnetic properties of extremely small Nd-Fe-B sintered magnets[J]. IEEE Transactions on Magnetics, 2005, 41(10): 3844-3846.

[29] Sepehri-Amin H, Ohkubo T, Hono K. Grain boundary structure and chemistry of Dy-diffusion processed Nd-Fe-B sintered magnets[J]. Journal of Applied Physics, 2010, 107(9): 09A745.

[30] Popov A G, Vasilenko D Y, Puzanova T Z, et al. Effect of diffusion annealing on the hysteretic properties of sintered Nd-Fe-B magnets[J]. Physics of Metals and Metallography, 2011, 111(5): 471-478.

[31] 李家节, 周头军, 郭诚君, 等. 烧结钕铁硼磁体晶界扩散 DyZn 合金磁性能与抗蚀性能研究[J]. 中国稀土学报, 2017, 35(6): 723-727.

[32] Liu L H, Sepehri-Amin H, Ohkubo T, et al. Coercivity enhancement of hot-deformed Nd-Fe-B magnets by the eutectic grain boundary diffusion process using $Nd_{62}Dy_{20}Al_{18}$ alloy[J]. Scripta Materialia, 2017, 129: 44-47.

[33] Wang Y L, Luo Y, et al. Coercivity enhancement in NdFeB magnetic powders by Nd-Cu-Al grain boundary diffusion[J]. Journal of Magnetism and Magnetic Materials, 2018, 458: 85-89.

[34] Chen G X, Bao X Q, Lu K C, et al. Microstructure and magnetic properties of Nd-Fe-B sintered magnet by diffusing Pr-Cu-Al and Pr-Tb-Cu-Al alloys[J]. Journal of Magnetism and Magnetic Materials, 2019, 477: 17-21.

[35] Zeng H X, Liu Z W, Li W, et al. Significantly enhancing the coercivity of NdFeB magnets by ternary Pr-Al-Cu alloys diffusion and understanding the elements diffusion behavior[J]. Journal of Magnetism and Magnetic Materials, 2018, 471: 97-104.

[36] Kim T H, Sasaki T T, Koyama T, et al. Formation mechanism of Tb-rich shell in grain boundary diffusion processed Nd-Fe-B sintered magnets[J]. Scripta Materialia, 2020, 178: 433-437.

[37] Ding G F, Guo S, Chen L. Coercivity enhancement in Dy-free sintered Nd-Fe-B magnets by effective structure optimization of grain boundaries[J]. Journal of Alloys and Compounds, 2017, 735: 795-801.

[38] Di J H, Ding G F, Tang X, et al. Highly efficient Tb-utilization in sintered Nd-Fe-B magnets by Al aided TbH_2 grain boundary diffusion[J]. Scripta Materialia, 2018, 155: 50-53.

[39] Hirota K, Nakamura H, Minowa T, et al. Coercivity enhancement by grain boundary diffusion process to Nd-Fe-B sintered magnets[J]. IEEE Transactions on Magnetics, 2006, 42: 2909-2911.

[40] Komuro M, Satsu Y, Suzuki H. Increase of coercivity and composition distribution in fluoride-diffused NdFeB sintered magnets treated by fluoride solutions[J]. IEEE Transactions on Magnetics, 2010, 46(11): 3831-3833.

[41] Nakamura H, Hirota K, Ohashi T, et al. Coercivity distributions in Nd-Fe-B sintered magnets produced by the grain boundary diffusion process[J]. Journal of Physics D: Applied Physics, 2011, 44(6): 064003.

[42] Soderžnik M, Korent M, Soderžnik K Z, et al. High-coercivity Nd-Fe-B magnets obtained with the electrophoretic deposition of submicron TbF_3 followed by the grain-boundary diffusion process [J]. Acta Materialia, 2016, 115: 278-284.

[43] Loewe K, Benke D, Kübel C, et al. Grain boundary diffusion of different rare earth elements in Nd-Fe-B sintered magnets by experiment and FEM simulation[J]. Acta Materialia, 2017, 124: 421-429.

[44] Liang L P, Ma T Y, Zhang P, et al. Coercivity enhancement of Nd-Fe-B sintered magnets by low melting point $Dy_{32.5}Fe_{62}Cu_{5.5}$ alloy modification[J]. Journal of Magnetism & Magnetic Materials, 2014, 355: 131-135.

[45] Ma T Y, Wang X J, Liu X L, et al. Coercivity enhancements of Nd-Fe-B sintered magnets by diffusing DyH_x along different axes[J]. Journal of Physics D: Applied Physics, 2015, 48: 215001.

[46] Tang M H, Bao X Q, Lu K C, et al. Boundary structure modification and magnetic properties enhancement of Nd-Fe-B sintered magnets by diffusing (PrDy)-Cu alloy[J]. Scripta Materialia, 2016, 117: 60-63.

[47] Sagawa M, Hirosawa S, Tokuhara K, et al. Dependence of coercivity on the anisotropy field in the $Nd_2Fe_{14}B$-type sintered magnets[J]. Journal of Applied Physics, 1987, 61(8): 3559-3561.

[48] Kim A S, Camp F E. High performance Nd-Fe-B magnets (invited)[J]. Journal of Applied Physics, 1996, 79(8): 5035-5039.

[49] 成问好, 李卫, 李传健, 等. 混合合金法添加 Ga 对 Nd-Dy-Fe-Co-B 烧结磁体的磁性和微观结构的影响[J]. 金属学报, 2001, 37(12): 1271-1275.

[50] 成问好, 李卫, 李传健. Nb 含量对烧结 NdFeB 永磁体磁性能及显微结构的影响[J]. 物理学报, 2001(01): 139-143.

[51] Yu L Q, Zhang J, Hu S Q, et al. Production for high thermal stability NdFeB magnets[J]. Journal of Magnetism and Magnetic Materials, 2008, 320(8): 1427-1430.

[52] Ding G F, Guo S, Cai L W, et al. Enhanced thermal stability of Nd-Fe-B sintered magnets by intergranular doping $Y_{72}Co_{28}$ alloys[J]. IEEE Transactions on Magnetics, 2015, 51(8): 2100504.

[53] Zhou B B, Li X B, Liang X L, et al. Improvement of the magnetic property, thermalstability and corrosion resistance of the sintered Nd-Fe-B magnets with $Dy_{80}Al_{20}$ addition[J]. Journal of Magnetism and Magnetic Materials, 2017, 429: 257-262.

[54] Pan M X, Zhang P Y, Li X J, et al. Effect of Terbium addition on the coercivity of the sintered NdFeB magnets[J]. Journal of Rare Earths, 2010, 28: 399-402.

[55]　Hu Z H, Qu H J, Ma D W, et al. Influence of dysprosium substitution on magnetic and mechanical properties of high intrinsic coercivity Nd-Fe-B magnets prepared by double-alloy powder mixed method[J]. Journal of Rare Earths, 2016, 34(7): 689-694.

[56]　Li W D, Zhang Q K, Zhu Q H, et al. Formation of anti-shell/core structure of heavy rare earth elements (Tb, Dy) in sintered Nd-Fe-B magnet after grain boundary diffusion process[J]. Scripta Materialia, 2019, 163: 40-43.

[57]　Karmaker P C, Rahman M O, Dan N H, et al. Thermal behavior and magnetic properties of NdFeB based exchange spring nanocomposites $Nd_{4-x}Tb_xFe_{83.5}$-$Co_5Cu_{0.5}Nb_1B_6$ ($x = 0, 0.2, 0.4, 0.6, 0.8, 1$) melt-spun ribbons[J]. Advances in Materials Physics and Chemistry, 2017, 7(6): 223-241.

[58]　Zeng H X, Wang Q X, Zhang J S, et al. Grain boundary diffusion treatment of sintered NdFeB magnets by low cost La-Al-Cu alloys with various Al/Cu ratios[J]. Journal of Magnetism and Magnetic Materials, 2019, 490: 165498.

[59]　Derewnicka-Krawczynska D, Ferrari S, Bilovol V, et al. Influence of Nb, Mo, and Ti as doping metals on structure and magnetic response in NdFeB based melt spun ribbons[J]. Journal of Magnetism and Magnetic Materials, 2018, 462: 83-95.

[60]　Zhang R, Liu Y, Ye J W, et al. Effect of Nb substitution on the temperature characteristics and microstructures of rapid-quenched Nd-Fe-B alloy[J]. Journal of Alloys and Compounds, 2007, 427: 78-81.

[61]　Xu X L, Cheng G, Du Y S, et al. The effects of substitution of Nd by Gd on the magnetic properties of melt-spun Nd-Fe-B[J]. Advanced Materials Research, 2017, 1142: 53-56.

[62]　Tang M H, Bao X Q, Zhou Y S, et al. Microstructure and annealing effects of NdFeB sintered magnets with Pr-Cu boundary addition-ScienceDirect[J]. Journal of Magnetism and Magnetic Materials, 2020, 505: 166749.

[63]　Harland C L, Davies H A. Magnetic properties of melt-spun Nd-rich NdFeB alloys with Dy and Ga substitutions[J]. Journal of Alloys and Compounds, 1998, 281(1): 37-40.

[64]　曾振鹏. 烧结 NdFeB 永磁材料的断裂研究[J]. 稀有金属材料与工程, 1996, 25(3): 18-21.

[65]　李安华, 董生智, 李卫. 烧结 NdFeB 永磁材料的力学性能及断裂行为的各向异性[J]. 稀有金属材料与工程, 2003, 32(8): 631-634.

[66]　Hosseini H R M, Kianvash A. The effects of $MM_{38.2}Co_{46.4}Ni_{15.4}$ alloy additions on the mechanical properties of a $Nd_{12.8}Fe_{79.8}B_{7.4}$-type sintered magnet[J]. Materials Letters, 2006, 60(4): 555-558.

[67]　Wang G P, Liu W Q, Huang Y L, et al. Effects of sintering temperature on the mechanical properties of sintered NdFeB permanent magnets prepared by spark plasma sintering[J]. Journal of Magnetism and Magnetic Materials, 2014, 349: 1-4.

[68]　Zheng X F, Li M, Jin C X, et al. Effect of WC addition on mechanical properties of hot-deformed Nd-Fe-B magnets[J]. Journal of Alloys and Compounds, 2017: 607-611.

[69]　雷国华, 王焕然, 万印, 等. 基于 DIC 方法的烧结钕铁硼弯曲实验研究[J]. 宁波大学学报(理工版), 2018, 31(3): 45-49.

[70]　Wang H R, Wan Y, Chen D N, et al. Dynamic fracture of sintered Nd-Fe-B magnet under uniaxial compression[J]. Journal of Magnetism and Magnetic Materials, 2018, 456: 358-367.

[71]　万印, 王焕然, 初广香, 等. 烧结钕铁硼的层裂强度及断裂机理[J]. 高压物理学报, 2019, 33(5): 109-113.

[72]　刘祚时, 钟尚江, 袁大伟, 等. 添加镝对钕铁硼磁体力学性能与晶界改性研究[J]. 中国稀土学报, 2019, 37(6): 667-672.

[73] Chen H，Yang X，Sun L，et al. Effects of Ag on the magnetic and mechanical properties of sintered NdFeB permanent magnets[J]. Journal of Magnetism and Magnetic Materials，2019，485：49-53.

[74] Tang M H，Bao X Q，Zhang X J，et al. Tailoring the mechanical anisotropy of sintered NdFeB magnets by Pr-Cu grain boundary reconstruction[J]. Journal of Rare Earths，2019，37（4）：393-397.

[75] Song Y W，Zhang H，Yang H X，et al. A comparative study on the corrosion behavior of NdFeB magnets in different electrolyte solutions[J]. Materials and Corrosion，2008，59（10）：794-801.

[76] Zhang H，Song Z L，Mao S D，et al. Study on the corrosion behavior of NdFeB permanent magnets in nitric acid and oxalic acid solutions with electrochemical techniques[J]. Materials and Corrosion，2011，62（4）：346-351.

[77] Li X T，Liu W Q，Yue M，et al. Corrosion evaluation for recycled Nd-Fe-B sintered magnets[J]. Journal of Alloys and Compounds，2017，699：713-717.

[78] Wang S C，Li Y. In situ TEM study of Nd-rich phase in Nd-Fe-B magnet[J]. Journal of Magnetism and Magnetic Materials，2005，285（1）：177-182.

[79] Scott D W，Ma B M，Liang Y L，et al. Microstructural control of NdFeB cast ingots for achieving 50 MGOe sintered magnets[J]. Journal of Applied Physics，1996，79（8）：4830.

[80] Kim A S. Effect of oxygen on magnetic properties of Nd-Fe-B magnets[J]. Journal of Applied Physics，1988，64（10）：5571-5573.

[81] Edgley D S，Breton J M，Steyaert S，et al. Characterisation of high temperature oxidation of Nd-Fe-B magnets[J]. Journal of Magnetism and Magnetic Materials，1997，173（1-2）：29-42.

[82] 郜涛. NdFeB 稀土永磁材料腐蚀机理研究[D]. 西安：西北工业大学，2000.

[83] Li Y，Evans H E，Harris I R，et al. The oxidation of NdFeB magnets[J]. Oxidation of Metals，2003，59（1-2）：167-182.

[84] Cygan D F，Mcnallan M J. Corrosion of NdFeB permanent magnets in humid environments at temperatures up to 150 ℃[J]. Journal of Magnetism and Magnetic Materials，1995，139（1-2）：131-138.

[85] Katter M，Zapf L，Blank R，et al. Corrosion mechanism of RE-Fe-Co-Cu-Ga-Al-B magnets[J]. IEEE Transactions on Magnetics，2001，37（4）：2474-2476.

[86] Yan G，Mcguiness P J，Farr J PG，et al. Environmental degradation of NdFeB magnets[J]. Journal of Alloys and Compounds，2009，478（1-2）：188-192.

[87] Zheng J W，Jiang L Q，Chen Q L. Electrochemical corrosion behavior of Nd-Fe-B sintered magnets in different acid solutions[J]. Journal of Rare Earths，2006，24（2）：218-222.

[88] Chang K E，Warren G W. The effect of absorbed hydrogen on the corrosion behavior of NdFeB alloys[J]. IEEE Transactions on Magnetics，1995，31（6）：3671-3673.

[89] Yan G，Williams A J，Farr J P G，et al. Effect of density on the corrosion of NdFeB magnets[J]. Journal of Alloys and Compounds，1999，292（1）：266-274.

[90] Yang H，Mao S，Song Z. The effect of absorbed hydrogen on the corrosion behavior of sintered NdFeB magnet[J]. Materials and Corrosion，2012，63（4）：292-296.

[91] 杨恒修. 钕铁硼镀镍层结合强度及电化学吸氢腐蚀研究[D]. 宁波：中国科学院研究生院，2011.

[92] 宋振纶. NdFeB 永磁材料腐蚀与防护研究进展[J]. 磁性材料及器件，2012，43（4）：1-6.

[93] Murakami Y，Ohashi Y，Honshima M. Improvement of the corrosion resistance on Nd-Fe-B magnet with nickel plating[C]. IEEE Transactions on Magnetics，1989，25（5）：3776-3778.

[94] Chang K E，Warren G W. The electrochemical hydrogenation of NdFeB sintered alloys[J]. Journal of

Applied Physics，1994，76(10)：6262-6264.

[95]　谢发勤，郜涛，马宗耀，等. NdFeB 永磁合金电化学腐蚀行为研究[J]. 腐蚀与防护，2001，22(9)：381-383.

[96]　姜力强，郑精武. 烧结钕铁硼在各种酸介质中的腐蚀研究[J]. 稀有金属材料与工程，2006，35(3)：340-342.

[97]　Sueptitz R，Uhlemann M，Gebert A，et al. Corrosion，passivation and breakdown of passivity of neodymium[J]. Corrosion Science，2010，52(3)：886-891.

[98]　姜力强，郑精武. 烧结钕铁硼在各种酸介质中的腐蚀研究[J]. 稀有金属材料与工程，2006，35(3)：340-342.

[99]　Harland C L，Da Vies H A. Magnetic properties of melt-spun Nd-rich NdFeB alloys with Dy and Ga substitutions[J]. Journal of Alloys and Compounds，1998，281(1)：37-40.

[100]　Wang Y，Deng Y，Ma Y，et al. Improving adhesion of electroless Ni-P coating on sintered NdFeB magnet[J]. Surface and Coatings Technology，2011，206(6)：1203-1210.

[101]　李金龙，冒守栋，孙科沸，等. 氮分压对 NdFeB 表面直流磁控溅射沉积 AlN/Al 防护涂层结构和性能的影响 [J]. 中国表面工程，2010，23(3)：80-83.

[102]　宋振纶. NdFeB 永磁材料腐蚀与反防护研究进展[J]. 磁性材料及器件，2012，43(4)：1-6.

[103]　王恩生. 钕铁硼化学转化膜防腐蚀技术[J]. 电镀与精饰，2013,35(12)：13-17.

[104]　周军，宋伟，裴晓东. 双合金法制备烧结钕铁硼磁体的研究[J]. 金属功能材料，2011，18(5)：5-7.

[105]　严芬英，赵春英，张琳. 钕铁硼永磁材料表面防护技术的研究进展[J]. 电镀与精饰，2012,34(8)：22-25.

[106]　李建. 烧结钕铁硼防腐性能研究[D]. 北京：钢铁研究总院，2010.

[107]　Filip O，El-Aziz A M，Hermann R，et al. Effect of Al additives and annealing time on microstructure and corrosion resistance of Nd-Fe-B alloys[J]. Materials Letters，2001，51(3)：213-218.

[108]　El-Moneim A A，Gebert A，Uhlemann M，et al. The influence of Co and Ga additions on the corrosion behavior of nanocrystalline NdFeB magnets[J]. Corrosion Science，2002，44(8)：1857-1874.

[109]　倪俊杰，邵鑫，周书台，等. Cu/Al 复合添加对烧结 NdFeB 抗腐蚀性及磁性的影响[J]. 稀有金属材料与工程，2013，42(12)：2536-2540.

[110]　Zhang X F，Ju X M，Liu Y L，et al. The effect of the magnetic properties of NdFeB magnets on the Zn or ZnO intergranular addition[J]. Advanced Materials Research，2013，630：30-34.

[111]　Ni J J，Wang Y K，Jia Z F，et al. Effect of intergranular addition of $Cu_{85}Sn_{15}$ on magnetic and anti-corrosion properties of Nd-Fe-B magnets[J]. Rare Metal Materials and Engineering，2016，45(8)：2111-2115.

[112]　Liu Y L，Liang J，He Y C，et al. The effect of CuAl addition on the magnetic property，thermal stability and corrosion resistance of the sintered NdFeB magnets[J]. Aip Advances，2018，8(5)：056227.

[113]　Pei Z，Ma T Y，Liang L P，et al. Improved corrosion resistance of low rare-earth Nd-Fe-B sintered magnets by $Nd_6Co_{13}Cu$ grain boundary restructuring[J]. Journal of Magnetism and Magnetic Materials，2015，379：186-191.

[114]　Warren G W，Chang K E，Ma B M，et al. Corrosion behavior of NdFeB with Co and V additions [J]. Journal of Applied Physics，1993，73(10)：6479-6481.

[115]　Nezakat M，Gholamipour R，Amadeh A，et al. Corrosion behavior of $Nd_{9.4}Pr_{0.6}$-Fe_{bal}·$Co_6B_5Ga_{0.5}Ti_xC_x$($x = 0$，1.5，3，6) nanocomposites annealed melt-spun ribbons[J]. Journal of Mag-

netism and Magnetic Materials，2009，321(20)：3391-3395.

[116] Bala H，Pawlowska G，Szymura S. Corrosion characteristics of Nd-Fe-B sintered magnets contaning various alloying elements[J]. Journal of Magnetism and Magnetic Materials，1990，87(3)：L255-L259.

[117] 于濂清，黄翠翠. Zr 对钕铁硼磁体性能稳定性的影响[J]. 稀有金属材料与工程，2009，38(3)：465-467.

[118] Jakubowicz J，Jurczyk M，Handstein A，et al. Temperature dependence of magnetic properties for nanocomposite $Nd_2(Fe，Co，M)_{14}B/\alpha$-Fe magnets[J]. Journal of Magnetism and Magnetic Materials，2000，208(3)：163-168.

[119] Jurczyk M，Jakubowicz J. Improved temperature and corrosion behaviour of nanocomposite $Nd_2(Fe，Co，M)^{14}B/\alpha$-Fe magnets[J]. Journal of Alloys and Compounds，2000，311(2)：292-298.

[120] Fernengel W，Rodewald W，Blank R，et al. The influence of Co on the corrosion resistance of sintered Nd-Fe-B magnets[J]. Journal of Magnetism and Magnetic Materials，1999，196(5)：288-290.

[121] Shi X N，Zhu M G，Zhou D，et al. Anisotropic corrosion behavior of sintered $(Ce_{0.15}Nd_{0.85})_{30}Fe_{bal}B$ permanent magnets[J]. Journal of Rare Earths，2019，37(3)：287-291.

[122] Ni J J，Ma T Y，Ahmad Z，et al. Corrosion behavior of $Al_{100-x}Cu_x(15\leqslant x\leqslant45)$ doped Nd-Fe-B magnets[J]. Materials Chemistry and Physics，2011，126(1-2)：195-199.

[123] Zhang P，Ma T Y，Liang L P，et al. Improvement of corrosion resistance of Cu and Nb Co-added Nd-Fe-B sintered magnets[J]. Materials Chemistry and Physics，2014，147(3)：982-986.

[124] Liang L P，Ma T Y，Zhang P，et al. Effects of $Dy_{71.5}Fe_{28.5}$ intergranular addition on the microstructure and the corrosion resistance of Nd-Fe-B sintered magnets[J]. Journal of Magnetism and Magnetic Materials，2015，384：133-137.

[125] Pan M X，Zhang P Y，Wu Q，et al. Improvement of corrosion resistance and magnetic properties of NdFeB sintered magnets with Cu and Zr Co-added[J]. International Journal of Electrochemical Science，2016，11：2659-2665.

[126] Li Z J，Wang X E，Li J Y，et al. Effects of Mgnanopowders intergranular addition on the magnetic properties and corrosion resistance of sintered Nd-Fe-B[J]. Journal of Magnetism and Magnetic Materials，2017，442：62-66.

[127] Mo W，Zhang L，Shan A，et al. Improvement of magnetic properties and corrosion resistance of NdFeB magnets by intergranular addition of MgO[J]. Journal of Alloys and Compounds，2008，461(1-2)：351-354.

[128] Yang L J，Bi M X，Jiang J J，et al. Effect of cerium on the corrosion behaviour of sintered (Nd，Ce)FeB magnet[J]. Journal of Magnetism and Magnetic Materials，2017，432：181-189.

[129] 曾亮亮，李家节，黄祥云，等. 晶界添加 $Dy_{80}Fe_{13}Ga_7$ 对烧结钕铁硼热稳定性和耐腐蚀性的影响[J]. 稀有金属，2019，43(7)：110-115.

[130] 杨洋，李志杰，吕森浩，等. 晶界添加 MgO/Mg 纳米粉对烧结钕铁硼磁性和抗腐蚀性的影响[J]. 稀有金属材料与工程，2020，49(4)：266-271.

[131] 李建，周义，程星华，等，烧结 NdFeB 镀镍防腐性能比较[J]. 稀土，2011，32(3)：19-23.

[132] 丁晶晶. 稀土磁性材料离子液体电沉积铝锰合金及其性能研究[D]. 杭州：浙江大学，2014.

[133] Ali A，Ahmad A，Deen K M. Impeding corrosion of sintered NdFeB magnets with titanium nitride coating[J]. Materials and Corrosion，2015，61(2)：130-135.

[134] Rampin I，Bisaglia F，Dabala M. Corrosion properties of NdFeB magnets coated by a Ni/Cu/Ni

layer in chloride and sulfide environments[J]. Journal of Materials Engineering and Performance，2010，19(7)：970-975.

[135] Wang Y，Deng Y，Ma Y，et al. Improving adhesion of electroless Ni-P coating on sintered NdFeB magnet[J]. Surface and Coating Technology，2011，206(6)：1203-1210.

[136] Cao R，Zhu L，Liu H，et al. The effect of silica sols on electrodeposited zinc coatings for sintered NdFeB[J]. Rsc Advances，2015，5(126)：104375-104385.

[137] 李拨，王成彪，王向东，等. 烧结钕铁硼电镀锌铁合金工艺与耐蚀性能[J]. 稀有金属材料与工程，2015，44(1)：174-178.

[138] Yang X K，Li Q，Zhang S，et al. Electrochemical corrosion behaviors and protective properties of Ni-Co alloy coating prepared on sintered NdFeBpermanent magnet[J]. Journal of Solid State Electrochemistry，2010，14(9)：1601-1608.

[139] 汪社明，王向东，陈小平，等. NdFeB 永磁体阴极电泳涂装工艺[J]. 磁性材料及器件，2003，34(6)：37-39.

[140] Zhang P J，Liu J Q，Xu G Q，et al. Anticorrosive property of Al coatings on sintered NdFeB substrates via plasma assisted physical vapor deposition method[J]. Surface and Coating Technology，2015，282：86-93.

[141] Rampin I，Bisaglia F，Dabala M. Corrosion properties of NdFeB magnets coated by a Ni/Cu/Ni layer in chloride and sulfide environments[J]. Journal of Materials Engineering and Performance，2010，19(7)：970-975.

[142] 王昕，张春丽. 烧结型钕铁硼电镀锌工艺研究[J]. 表面技术，2003，32(4)：40-43.

[143] 周晓燕，李冬英，邹利华，等. 铝镍钴永磁体离子镀铜活化处理对镀层性能的影响[J]. 材料保护，2020，53(10)：72-76.

[144] Walton A，Speight J D，Willianms A J，et al. A zinc coating method for NdFeB magnets[J]. Journal of Alloys and Compounds，2000，306(1-2)：253-261.

[145] Ding J，Xu B，Ling G. Al-Mn coating electrodeposited from ionic liquid on NdFeB magnet with high hardness and corrosion resistance[J]. Applied Surface Science，2014，305：309-313.

[146] Chen J，Xu B，Ling G. Amorphous Al-Mn coating on NdFeB magnets：Electrodeposition from AlCl$_3$-EMIC-MnCl$_2$ ionic liquid and its corrosion behavior[J]. Materials Chemistry and Physics，2012，134(2-3)：1067-1071.

[147] 刘伟，侯进. 钕铁硼电镀技术生产现状与展望[J]. 电镀与精饰，2012，34(4)：20-25.

[148] 田柱，李风，舒畅. 烧结钕铁硼永磁体复合电镀镍-氧化铈工艺和镀层性能[J]. 电镀与涂饰，2013，32(12)：17-20.

[149] Zhang H，Song Y W，Song Z L. Electrodeposited Ni/Al$_2$O$_3$ composite coating on NdFeB permanent magnets[J]. Key Engineering Materials，2008，373-374：232-235.

[150] Mallory G O，Hajdu J B. Electroless Placing：Fundamentals and Applications [M]. New York：The Society，1990.

[151] 金花子，吴杰，崔新宇，等. NdFeB 磁体的二次化学镀耐蚀性能[J]. 腐蚀科学与防护技术，2003，15(3)：144-146.

[152] 杨培燕，顾宝珊，纪晓春，等. 钕铁硼永磁体二次化学镀镍-磷合金镀层性能研究[J]. 电镀与精饰，2008(12)：5-8.

[153] 应华根，罗伟，严密. 烧结钕铁硼磁体表面化学镀 Ni-Cu-P 合金及防腐性能[J]. 北京科技大学学报，2007，29(2)：162-167.

[154] 吴磊，严密，应华根，等. NdFeB 磁体表面化学镀 Ni-P 合金防腐研究[J]. 稀有金属材料与工程，2007，36(8)：1398-1402.

[155] 刘炜，王憨鹰. NdFeB 磁性材料表面化学镀 Ni-W-P 合金研究[J]. 兵器材料科学与工程，2011，34(2)：35-37.

[156] 苏桂明，王宇非，马丽. 新型环保型阴极电泳漆的研制[J]. 现代涂料与涂装，2007，10(07)：19-21.

[157] 储双杰，李烈风. 阴极电泳涂装技术的发展[J]. 材料保护，1995，28(6)：14-16.

[158] 陈治良. 电泳涂装实用技术[M]. 上海：上海科学技术出版社，2009.

[159] 李志强，温翠珠，王炼石，等. 环氧树脂与丙烯酸酯单体的接枝共聚及其汽车阴极电泳涂料的性能[J]. 电镀与涂饰，2009，28(3)：59-63.

[160] 周子鹄，涂伟萍，杨卓如，等. 环氧-丙烯酸阴极电泳涂料的实验研究（Ⅰ）——合成工艺和配方[J]. 化学工业与工程，2000，17(04)：235-239.

[161] Cheng F T，Man C H，Chan W M，et al. Corrosion protection of Nd-Fe-B magnets by bismaleimide coating[J]. Journal of Applied Physics，1999，85(8)：5690.

[162] Bagherzadeh M R，Mahdavi F. Preparation of epoxy-clay nanocomposite and investigation on its anti-corrosive behavior in epoxy coating[J]. Progress in Organic Coatings，2007，60(2)：117-120.

[163] Grgur B N，Gvozdenović M M，Mišković-Stanković V B，et al. Corrosion behavior and thermal stability of electrodeposited PANI/epoxy coating system on mild steel in sodium chloride solution[J]. Progress in Organic Coatings，2006，56(2-3)：214-219.

[164] Bajat J B，Milošev I，Jovanović Ž，et al. Studies on adhesion characteristics and corrosion behaviour of vinyltriethoxysilane/epoxy coating protective system on aluminium[J]. Applied Surface Science，2010，256(11)：3508-3517.

[165] 王贤洋，徐吉林，罗军明，等. 烧结 NdFeB 表面氧化钛/环氧树脂复合涂层的耐蚀性研究[J]. 材料导报，2013，27(1)：363-366.

[166] 刘祺骏，张鹏杰，王明辉，等. 烧结 NdFeB 表面碳纳米管/环氧树脂复合涂层的性能[J]. 金属热处理，2016，41(1)：179-183.

[167] Liu Y，Tu M. The effect of epoxy coat by negative pulse electrocoating on the properties of bonded NdFeB permanent magnet[J]. Journal of Functional Materials，1999.

[168] 张守民. 铁铁硼磁体的有机溶液电镀铝研究[D]. 天津：南开大学，1999.

[169] 张兰，高玉凯，李纳，等. 石墨烯/环氧树脂复合涂层耐腐蚀性能的研究[J]. 热加工工艺，2001，50(16)：85-89.

[170] Zin I M，Lyon S B，Hussain A. Under-film corrosion of epoxy-coated galvanised steel：An EIS and SVET study of the effect of inhibition at defects[J]. Progress in Organic Coatings，2005，52(2)：126-135.

[171] Furbeth W，Stratmann M. The delamination of polymeric coatings from electrogalvanized steel-a mechanistic approach. Part 2：delamination from a defect down to steel[J]. Corrosion Science，2001，43(2)：229-241.

[172] Ramezanzadeh B，Attar M M. Studying the corrosion resistance and hydrolytic degradation of an epoxy coating containing ZnO nanoparticles[J]. Materials Chemistry and Physics，2011，130(3)：1208-1219.

[173] 方志刚，贾芳科，左禹，等. 5083 铝合金环氧涂层盐水浸泡失效研究[J]. 表面技术，2015，44(7)：86-91.

[174] Mišković-Stanković V B，M R Stanić，Dražić D M. Corrosion protection of aluminium by a cataphoretic epoxy coating[J]. Progress in Organic Coatings，1999，36(1-2)：53-63.

[175] 曹楚南，张鉴清. 电化学阻抗谱导论[M]. 北京：科学出版社，2002.

[176] Shi X M，Nguyen T A，Suo Z Y，et al. Effect of nanoparticles on the anticorrosion and mechanical

properties of epoxy coating[J]. Surface & Coatings Technology, 2009, 204(3): 237-245.

[177]　云虹，张志国，钱超，等. 纳米 SnO_2/聚苯胺/环氧复合涂层的防腐蚀性能[J]. 腐蚀与防护，2014，35(11): 1092-1097.

[178]　刘倞，胡吉明，张鉴清，等. 金属表面硅烷化防护处理及其研究现状[J]. 中国腐蚀与防护学报，2006，26(1): 59-64.

[179]　Ooij W J V, Zhu D, Stacy M, et al. Corrosion protection properties of organofunctional silanes-an overview[J]. Tsinghua Science & Technology, 2005, 10(6): 639-664.

[180]　Wim O, Technologies E. Silane treatment technology on metal surface[J]. Electroplating & Finishing, 2009, 28(10): 67-71.

[181]　Arkles B. Tailoring surfaces with silanes[J]. 1977, 7(12): 766-778.

[182]　徐溢，唐守渊，腾毅，等. 金属表面处理用硅烷试剂的水解与缩合[J]. 重庆大学学报(自然科学版)，2002，25(10): 72-74.

[183]　王雪明，李爱菊，李国丽，等. 金属表面 KH-560 硅烷膜的粘结性能研究[J]. 机械工程材料，2005，29(11): 8-10.

[184]　谢荟，何江，何德良. 水基硅烷化溶液中铝表面硅烷-铈盐杂化膜的制备及表征[J]. 电镀与涂饰，2015，34(14): 821-827.

[185]　高凯歌，郭冰，王永辉，等. 冷轧钢表面复合纳米硅烷膜的耐蚀性能研究[J]. 金属功能材料，2013，20(4): 25-31.

[186]　Hou P Y, Tolpygo V K. Examination of the platinum effect on the oxidation behavior of nickel-aluminide coating[J]. Surface and Coatings Technology, 2007, 202(4-7): 623-627.

[187]　Palanivel V, Zhu D, Oolj W J V. Nanoparticle-filled silane films as chromate replacements for aluminum alloys[J]. Progress in Organic Coatings, 2003, 47(3-4): 384-392.

[188]　王少华，谢益骏，刘丽华，等. Mg-Nd-Zn-Zr 镁合金表面超疏水 SiO_2 薄膜的制备及其表征[J]. 复旦学报(自然科学版)，2012，51(2): 190-195.

[189]　Guo X, An M, Yang P, et al. Property characterization and formation mechanism of anticorrosion film coated on AZ31B Mg alloy by SNAP technology[J]. Journal of Sol-Gel Science and Technology, 2009, 52(3): 335-347.

[190]　Svensson H, Christensen M, Knutsson P, et al. Influence of Pt on the metal-oxide interface during high temparature oxidation of NiAl bulk materials[J]. Corrosion Science, 2009, 51(3): 539-546.

[191]　汤晓东，陆伟星，田飘飘，等. 纳米 SiO_2 及无机盐改性丙烯酸树脂-有机硅烷复合钝化膜的耐蚀性能[J]. 材料保护，2014，47(1): 17-20.

[192]　Peres R N, Cardoso E S F, Montemor M F, et al. Influence of the addition of SiO_2 nanoparticle to a hybrid coating applied on an AZ31 alloy for early corrosion protecion[J]. Surface and Coatings Technology, 2016, 303: 327-384.

[193]　吕保林，王红强，刘庆业，等. NdFeB 永磁体表面磷化处理及其磷化膜的研究[J]. 材料保护，2007，40(3): 30-32.

[194]　曾荣昌，兰自栋，陈君，等. 镁合金表面化学转化膜的研究进展[J]. 中国有色金属学报，2009，19(3): 397-404.

[195]　邹庆治，黄根良. 灰铸铁磷化工艺研究[J]. 腐蚀科学与防护技术，2003，15(5): 292-294.

[196]　王垚，高飞. 锌系磷化膜对钕铁硼/Ni-P 镀层结合力的影响[J]. 热加工工艺，2012，41(2): 157-160.

[197]　李青，王菊平，张亮，等. 烧结型 NdFeB 永磁材料表面磷化膜的制备及耐蚀性能研究[J]. 中国稀土学报，2008，26(3): 339-345.

[198] 韩恩山，王焕志，张新光，等. 常温钢铁磷化处理的研究[J]. 腐蚀科学与防护技术，2006，18(5)：341-344.

[199] 张圣麟，张小麟. 铝合金无铬磷化处理[J]. 腐蚀科学与防护技术，2008，20(4)：279-282.

[200] 夏致斌. 高速钢刀具磷化处理试验研究[J]. 表面防护，2018，37(4)：42-44.

[201] 吕保林，王红强，刘庆业，等. NdFeB 永磁体表面磷化处理及其磷化膜的研究[J]. 材料保护，2007，40(3)：30-32.

[202] 李光玉，连建设，江中浩，等. 锌铝涂层的研究开发与应用[J]. 金属热处理，2003，28(9)：8-12.

[203] Wang R，Song D，Liu W，et al. Effect of arc spraying power on the microstructure and mechanical properties of Zn-Al coating deposited onto carbon fiber reinforced epoxy composites[J]. Applied Surface Science，2010，257(1)：203-209.

[204] Zhu Z X，Liu Y，Xu B S. Effect of Mg on the microstructure and electrochemical corrosion behavior of arced sprayed Zn-Al coating[J]. Advanced Materials Research，2011，154-155：1389-1392.

[205] 周文娟，许立坤，王佳，等. 缓蚀剂对硅烷锌铝涂层性能的影响[J]. 腐蚀科学与防护技术，2008，20(4)：292-294.

[206] 黄伟九，李兆峰，刘明，等. 热扩散对镁合金锌铝涂层界面组织和性能的影响[J]. 材料热处理学报，2007，28(2)：106-109.

[207] 刘燕，朱子新，马洁，等. 基于电化学阻抗谱的 Zn 及 Zn-Al 涂层的自封闭机理研究[J]. 中国表面工程，2005，2：27-30.

[208] 王明辉，张鹏杰，刘祺骏，等. 烧结 NdFeB 喷涂无铬 Zn-Al 涂层的耐蚀性能[J]. 金属热处理，2016，41(2)：38-42.

[209] Sheng H，Wu Y，Gao W，et al. Corrosion behavior of arc-sprayed Zn-Al coating in the presence of sulfate-reducing bacteria in seawater[J]. Journal of Materials Engineering and Performance，2015，24(11)：4449-4455.

[210] Yu G F，Deng Y D，Hu W B. Study on structure properties of two-step hot-dipping Zn-Al coating on steel wire[J]. Electroplating and Pollution Control，2007，3：34-37.

[211] 王俊. 热烧结锌铝涂层及其复合涂层失效过程的研究[D]. 青岛：中国海洋大学，2009.

[212] Hu H，Li N，Cheng J，et al. Corrosion behavior of chromium-free dacromet coating in seawater[J]. Journal of Alloys and Compounds，2009，472(1-2)：219-224.

[213] 柯昌美，周黎琴，汤宁，等. 绿色达克罗技术的研究进展[J]. 表面技术，2010，39(5)：103-106.

[214] 安恩朋. 热烧结锌铝涂层配方优化及制备工艺研究[D]. 武汉：武汉理工大学，2014.

[215] 姜丹. 水性无铬锌铝涂层的制备与性能研究[D]. 昆明：昆明理工大学，2009.

[216] 宋积文. 无铬水性锌铝涂层制备、性能及耐蚀机理的研究[D]. 青岛：中国海洋大学，2007.

[217] Zhang P J，Zhu M G，Li W，et al. Study onpreparation and properties of CeO₂/epoxy resin composite coating on sintered NdFeB magnet[J]. Journal of Rare Earths，2018，36(5)：544-551.

[218] 胡会利. 无铬锌铝烧结涂料的研制及耐蚀机理[D]. 哈尔滨：哈尔滨工业大学，2008.

[219] Yin L Y，Su J，Qin L L，et al. Development of microarc oxidation/sputter CeO₂ duplex ceramic anti-corrosion coating for AZ31B Mg Alloy[J]. Journal of Nanoscience and Nanotechnology，2019，19(1)：135-141.

[220] Ma C，Liu X，Zhou C. Cold-sprayed Al coating for corrosion protection of sintered NdFeB[J]. Journal of Thermal Spray Technology，2014，23(3)：456-462.

[221] Chen J，Xu B，Ling G. Amorphous Al-Mn coating on NdFeB magnets：Electrodeposition from AlCl₃-EMIC-MnCl₂ ionic liquid and its corrosion behavior[J]. Materials Chemistry and Physics，2012，134(2-3)：1067-1071.

[222] 孙宝玉，巴德纯，段永利，等. 真空热处理对镀 Al 薄膜 NdFeB 磁体组织和耐蚀性的影响[J]. 真

空科学与技术学报，2011，31(2)：221-224.

[223] Ma J，Liu X，Qu W，et al. Corrosion behavior of detonation gun sprayed Al coating on sintered NdFeB[J]. Journal of Thermal Spray Technology，2015，24(3)：394-400.

[224] 胡芳，代明江，林松盛，等. 循环氩离子轰击对磁控溅射铝膜结构和性能的影响[J]. 中国表面工程，2015，28(1)：49-55.

[225] Zhang P J，Liu J Q，Xu G Q，et al. Anticorrosive property of Al coatings on sintered NdFeB substrates via plasma assisted physical vapor deposition method[J]. Surface and Coatings Technology，2015，282：86-93.

[226] 胡芳，许伟，代明江，等. 钕铁硼永磁材料物理气相沉积技术及相关工艺的研究进展[J]. 材料导报 A：综述篇，2014，28(5)：20-23.

[227] Zhang Y Y，Zheng D J，Song G L，et al. Effect of vacuum degree on adhesion strength and corrosion resistance of magnetron sputtered aluminum coating on NdFeB magnet[J]. Materials and Corrosion，2019，70(7)：1230-1241.

[228] Cao Z Y，Ding X F，Bagheri R，et al. The deposition，microstructure and properties of Al protective coatings for NdFeB magnets by multi-arc ion plating[J]. Vacuum，2017，142：37-44.

[229] 刘家琴，曹玉杰，张鹏杰，等. 钕铁硼表面真空蒸镀 Al 膜的制备及其性能[J]. 材料热处理学报，2017，38(3)：159-166.

[230] 宋登元，王永青，孙荣霞，等. Ar 气压对射频磁控溅射铝掺杂 ZnO 薄膜特性的影响[J]. 半导体学报，2002，23(10)：1078-1082.

[231] 乜龙威. 磁控溅射 TiN 薄膜疏油疏水性能研究[D]. 保定：河北农业大学，2015.

[232] 许伟，胡芳，代明江，等. 后处理对 NdFeB 永磁体表面磁控溅射铝薄膜耐腐蚀性能的影响[J]. 电镀与涂饰，2015，34(3)：125-129.

[233] Mao S，Yang H，Li J，et al. Corrosion properties of aluminium coatings deposited on sintered NdFeB by ion-beam-assisted deposition[J]. Applied Surface Science，2011，257(13)：5581-5585.

[234] Chen E，Peng K，Yang W L，et al. Effects of Al coating on corrosion resistance of sintered NdFeB magnet[J]. Transactions of Nonferrous Metals Society of China，2014，24(9)：2864-2869.

[235] 冒守栋. 磁控溅射技术用于烧结钕铁硼防护薄膜的制备与性能研究[D]. 宁波：中国科学院研究生院，2010.

[236] Mao S，Yang H，Song Z，et al. Corrosionbehaviour of sintered NdFeB deposited with an aluminium coating[J]. Corrosion Ence，2011，53(5)：1887-1894.

[237] Mao S，Xie T，Zheng B，et al. Structures and properties of sintered NdFeB coated with IBAD-Al/Al$_2$O$_3$ multilayers[J]. Surface and Coatings Technology，2012，207：149-154.

[238] 吴坤尧，刘强，鲁媛媛，等. 磁控溅射制备 Al$_2$O$_3$ 薄膜及耐蚀性能研究[J]. 功能材料，2020，51(2)：2209-2213.

[239] 谢婷婷，冒守栋，郑必长，等. NdFeB 表面磁控溅射沉积 Ti/Al 多层膜的结构及耐腐蚀性能[J]. 中国表面工程，2012，25(3)：13-19.

[240] 王永寿. 真空蒸镀技术及其在军工中的应用[J]. 飞航导弹，1986，9：56-57.

[241] 周朝军，李双月. 真空连续镀膜在家电产品上的实际应用[J]. 模具制造，2012，14(9)：74-74.

[242] 张继东，李才巨，朱心昆，等. 不同基体真空蒸镀铝膜的附着力研究[J]. 昆明理工大学学报（自然科学版），2006，31(6)：25-27.

[243] 王茂祥，吴冲若. 真空蒸镀装饰膜工业化生产中的若干问题[J]. 真空与低温，1999，5(1)：37-40.

[244] 张鹏杰，吴玉程，曹玉杰，等. 前处理工艺对 NdFeB 表面真空蒸镀 Al 薄膜结构及性能的影响[J]. 中国表面工程，2016，29(4)：49-59.

[245] Zhang P J，Liu J Q，Xu G Q，et al. Anticorrosive property of Al coatings on sintered NdFeB

substrates via plasma assisted physical vapor deposition method[J]. Surface and Coatings Technology, 2015, 282: 86-93.

[246] 钱利华, 黄新民, 吴玉程, 等. Ni-P-SiO$_2$/TiO$_2$ 化学复合镀工艺合金[J]. 电镀与涂饰, 2004, 23 (2): 4-8.

[247] 刘炜, 王憨鹰. NdFeB 磁性材料表面化学镀 Ni-W-P 合金研究[J]. 兵器材料科学与工程, 2011, 34(2): 35-37.

[248] 田柱, 李风, 舒畅. 烧结钕铁硼永磁体复合电镀镍-氧化铈工艺和镀层性能[J]. 电镀与涂饰, 2013, 32(12): 17-20.

[249] 谢原寿, 柳全丰, 单强虹. Nd-Fe-B 粉末合金的多层电镀防护技术[J]. 材料保护, 1998, 31 (6): 6-8.

[250] Chen Z, Ng A, Yi J, et al. Multi-layered electroless Ni-P coatings on powder-sintered Nd-Fe-B permanent magnet[J]. Journal of Magnetism and Magnetic Materials, 2005, 302(1): 216-222.

[251] Lu G J, Zan G. Corrosion resistance of ternary Ni-P based alloys in sulfuric acid solutions[J]. Electrochimica Acta, 2002, 47(18): 2969-2989.

[252] 赵静. NdFeB 表面 NiP/TiO$_2$ 复合膜形成与耐蚀性研究及废液中 Ni^{2+} 去除[D]. 秦皇岛: 燕山大学, 2006.

[253] 过家驹. NdFeB 合金的腐蚀及防蚀表面处理[J]. 金属热处理, 1999, 2: 34-35.

[254] 龚捷, 杨仕清, 彭斌, 等. NdFeB 稀土永磁材料双层镀 NiP/Cr[J]. 材料工程, 2002, 2: 28-30.

[255] Iijima S. Helical microtubles of graphitic carbon[J]. Nature, 1991, 354: 56-58.

[256] Shen W D, Jiang B, Han B S, et al. Investigation of the radial compression of carbon nanotubes with a scanning probe microscope[J]. Physical Review Letters, 2000, 84(16): 3634.

[257] Ni J J, Luo W, Hu C C, et al. Relations of the structure and thermal stability of NdFeB magnet with the magnetic alignment[J]. Journal of Magnetism and Magnetic Materials, 2018, 468: 105-108.

[258] Hu Z H, Wang H J, Ma D W, et al. The influence of Co and Nb additions on the magnetic properties and thermal stability of ultra-high intrinsic coercivity Nd-Fe-B magnets[J]. Journal of Low Temperature Physics, 2013, 170(5-6): 313-321.

[259] Hu Z H, Liu G J, Wang H J. Effect of niobium on thermal stability and impact toughness of NdFeB magnets with ultra-high intrinsic coercivity[J]. Journal of Rare Earths, 2011, 29(3): 243-246.

[260] Li A H, Zhang Y M, Li W, et al. Influence of Ce content on the mechanical properties of sintered (Ce, Nd)-Fe-B magnets[J]. IEEE Transactions on Magnetics, 2017, 53(11): 6202304.

[261] Luo C, Qiu X M, Ruan Y, et al. Effect of Bi addition on the corrosion resistance and mechanical properties of sintered NdFeB permanent magnet/steel soldered joints[J]. Materials Science and Engineering A, 2020, 792: 139832.

[262] Li W, Li A H, Wang H J, et al. Study on strengthening and toughening of sintered rare-earth permanent magnets[J]. Journal of Applied Physics, 2009, 105(7): 07A703.

[263] 姚茂海, 王川, 刘宇晖, 等. Ho 对烧结钕铁硼永磁体性能的影响[J]. 稀有金属与硬质合金, 2016, 44(3): 51-55.

[264] Di J H, Guo S, Chen L, et al. Improved corrosion resistance and thermal stability of sintered NdFeB magnets with holmium substitution[J]. Journal of Rare Earths, 2018, 36(8): 826-831.

[265] 曹学静. 电泳沉积晶界扩散钕铁硼磁体磁性及机制研究[D]. 武汉: 武汉大学, 2016.

[266] 刘友好. 镝含量及分布对烧结钕铁硼材料性能的影响研究[D]. 北京: 中国科学院大学, 2013.

[267] 徐芳. 晶界结构和晶界化学对 NdFeB 材料矫顽力的影响[D]. 上海: 上海交通大学, 2011.

［268］ Kim T H，Lee S R，Kim H J，et al. Simultaneous application of Dy-X（X = F or H）powder doping and dip-coating processes to Nd-Fe-B sintered magnets［J］. Acta Materialia，2015，93：95-104.

［269］ Niu E，Chen Z A，Ye X Z，et al. Anisotropy of grain boundary diffusion in sintered NdFeB magnet［J］. Applied Physics Letters，2014，104(26)：262405.

［270］ 李文波. 纳米改性烧结 NdFeB 永磁的结构和性能［D］. 南昌：江西师范大学，2012.

［271］ 杜世举，李建，程星华，等. 烧结钕铁硼晶界扩散技术及其研究进展［J］. 金属功能材料，2016(1)：51-59.

［272］ Kim J M，Kim S H，Song S Y，et al. Nd-Fe-B permanent magnets fabricated by low temperature sintering process［J］. Journal of Alloys & Compounds，2013，551(5)：180-184.

［273］ Rodewald W，Wall B，Katter M，et al. Extraordinary strong Nd-Fe-B magnets by a controlled microstructure ［C］// Proc. of 17th International Wordshop on Rare Earth Magnets and Applications，August 18-22，2002，Delaware USA，25.

［274］ Fidler J，Schrefl T. Overview of Nd-Fe-B magnets and coercivity（invited）［J］. Journal of Applied Physics，1996，79(8)：5029-5034.

［275］ Ramesh R，Srikrishna K. Magnetization reversal in nucleation controlled magnets. I. Theory［J］. Journal of Applied Physics，1988，64(11)：6406-6415.

［276］ Ramesh R，Thomas G，Ma B M. Magnetization reversal in nucleation controlled magnets. II. Effect of grain-size and size distribution on intrinsic-coercivity of Fe-Nd-B magnets［J］. Journal of Applied Physics，1988，64(11)：6416-6423.

［277］ 刘艳丽，孙少春，张雪峰，等. 钕铁硼磁体不可逆损失的测量［J］. 内蒙古科技大学学报，2010，29(3)：289-292.

［278］ Futoshi K C/O Magnetic Materials Research Laboratory Hitachi Metals Ltd. 2-15-17. Process for production of R-T-B based sintered magnets and R-T-B based sintered magnets：US，US 20120112863 A1［P/OL］. 2012-05-23.